Energie in Naturwissenschaft, Technik, Wirtschaft und Gesellschaft

Die Frage nach der Energieversorgung ist entscheidend dafür, wie sich die Zukunft gestaltet – sowohl was technische Entwicklungsarbeit betrifft als auch wirtschaftliche Konzepte oder einen gesellschaftlichen Wandel. Je nach räumlicher Betrachtungsebene (global, national oder regional) stehen unterschiedliche Fragestellungen, Sichtweisen oder Herausforderungen im Vordergrund.

Die Titel dieser Buchreihe wollen somit auf neue Perspektiven aufmerksam machen, und in interdisziplinärer Weise Facetten rund um die Energieerzeugung, -nutzung, -verteilung, -wirtschaft und Wirtschaftlichkeit sowie zur Bedeutung für Umwelt und Gesellschaft beleuchten.

Um dies zu erreichen, bearbeiten in der Reihe *Energie in Naturwissenschaft, Technik, Wirtschaft und Gesellschaft* Autoren aus unterschiedlichen wissenschaftlichen Disziplinen zusammen ein Thema und entzünden gemeinsam eine Diskussion zu energiespezifischen Fragestellungen aus mehreren Blickwinkeln.

Wolfgang Osterhage • Hartmut Frey

Transformation radioaktiver Abfälle

Von der Zwischenlagerung über die Endlagerung bis zur Transmutation

2., überarbeitete und korrigierte Auflage

Springer

Wolfgang Osterhage
Wachtberg, Deutschland

Hartmut Frey
Esslingen am Neckar, Deutschland

ISSN 2366-6242 ISSN 2366-6250 (electronic)
Energie in Naturwissenschaft, Technik, Wirtschaft und Gesellschaft
ISBN 978-3-658-38518-7 ISBN 978-3-658-38519-4 (eBook)
https://doi.org/10.1007/978-3-658-38519-4

Die Deutsche Nationalbibliothek verzeichnet diese Publikation in der Deutschen Nationalbibliografie; detaillierte bibliografische Daten sind im Internet über http://dnb.d-nb.de abrufbar.

Springer

Planung: Dr. D. Fröhlich.
Springer ist ein Imprint der eingetragenen Gesellschaft Springer Fachmedien Wiesbaden GmbH und ist ein Teil von Springer Nature.
Die Anschrift der Gesellschaft ist: Abraham-Lincoln-Str. 46, 65189 Wiesbaden, Germany

Vorwort

Eine Konsequenz aus der technischen Nutzung der Kernphysik, insbesondere in Forschung, Energieumwandlung, aber auch Medizin ist die Erzeugung von radioaktiven Abfällen. Neben der natürlichen Radioaktivität hat man es also mit der künstlichen, von Menschen induzierten Radioaktivität zu tun. Dazu gehören insbesondere die Hinterlassenschaften der friedlichen Nutzung der Kernenergie durch Kernspaltung. Im Zuge des weltweiten Einsatzes von Kernreaktoren zur Elektrizitätserzeugung und als Antriebstechnik z. B. in U-Booten wurde ein Problem virulent, das es vorher nicht gegeben hatte: die Behandlung, Lagerung und letztendliche Entsorgung radioaktiver Abfälle. Ein Problem, das bis heute und in Zukunft stetig anwächst, da viele Länder weiterhin die Kernkraft als wichtigen Energieträger einsetzen.

Welche Optionen existieren?

Die zurzeit bevorzugte Option ist die Endlagerung der Abfälle in unterschiedlicher Form – je nach Intensität der Aktivität (leicht, mittel, hoch) in unterirdischen Gesteinsformationen. Letztendlich bedeutet das aber Verweildauern von fast geologischen Zeiträumen, auf jeden Fall weit über alle uns bekannten geschichtlichen Zeiträume hinaus.

Parallel zur Suche nach geeigneten Endlagerstätten existiert aber noch ein weiterer Ansatz: Transmutation. Dieses Buch beschäftigt sich also mit diesen beiden Optionen.

Die Autoren danken dem Springer-Verlag für die Möglichkeit über diese technische und gesellschaftliche Problematik publizieren zu dürfen. Ein ganz besonderer Dank geht an die Springer-Redaktion und das Team von Daniel Fröhlich für die andauernde Unterstützung bei unserem Vorhaben.

Esslingen am Neckar, Deutschland — Hartmut Frey
Wachtberg, Deutschland — Wolfgang Osterhage
Juni 2022

Inhaltsverzeichnis

Abkürzungsverzeichnis[1]

ADNA	Accelerator Driven Neutron Applications
ADS	Accelerator Driven Systems
ALFRED	Advanced Lead Fast Reactor Demonstrator
ANDRA	Agence nationale pour la gestion des déchet radioactifs
ASTRID	Advanced Sodium Technological Reactor for Industrial Demonstration
BASE	Bundesamt für die Sicherheit der nuklearen Entsorgung
BBE	Blei-Bismut-Eutektikum
BGE	Bundesgesellschaft für Endlagerung
BGZ	Gesellschaft für Zwischenlagerung
BIGR	Schnellneutronen Impuls Grafit Reaktor
BIR	Schnellneutronen Impuls Reaktor
CEA	Commissariat à l'énergie atomique
CERCER	keramisches Magnesiumoxid
CERMET	Keramik-Metall-Brennstoff
CERN	Conseil européen pour la recherche nucléaire
CEZ	Tschechischer Energiekonzern
COVRA	Centrale organisatie voor radioactief afval
CRC	Cyclotron Resource Centre
CRP	Coordinated Research Project
DIAMEX	Diamide Extraction
DoE	Department of Energy
EBIS	Electron Beam Ion Source
ECR	Electron Cyclotron Resonance
EdF	Electricité de France
EFIT	European Demonstration Facility for Industrial Transmutation
ENRESA	Empresa Nacional de Residuos Radioactivos

[1] (mit Ausnahme Tab. 8.1)

ESS	European Spallation Source
FACET	Facility for Advanced Accelerator Experimental Tests
GANEX	Grouped Actinides Extraction
GDR	Giant Dipole Resonance
GEM*STAR	Green Energy Multiplier*Subcritical Technology for Alternative Reactors
GSI	Gesellschaft für Schwerionenforschung
HEZ	High Enrichment Zone
HF	Hochfrequenz
IAEA	International Atomic Energy Association
ISTC	International Science and Technology Center
ITEP	Institut für Theoretische und Experimentelle Physik
JNFL	Japan Nuclear Fuel Ltd.
LEZ	Low Enrichment Zone
LINAC	Linear Accelerator
LWR	Leichtwasser-Reaktor
MEGAPIE	Megawatt pilot experiment
MEZ	Medium Enrichment Zone
MOSART	Molten Salt Actinide Recycler and Transmuter
MOX	Mischoxid
MPIPKS	Max-Planck-Institut für Physik komplexer Systeme
MSRE	Molten Salt Reactor Experiment
MUCIS	Multicusp Ion Source
MYRRHA	**M**ultipurpose h**Y**brid **R**esearch **R**eactor for **H**igh-tech **A**pplications
NDA	Nuclear Decommissioning Authority
NEA	Nuclear Energy Agency
NUMO	Nuclear Waste Management Organization of Japan
NWMO	Nuclear Waste Management Organisation
OCRWM	Office of Civilian Radioctive Waste Management
OECD	Organisation for Economic Cooperation and Development
P&T	Partitionierung und Transmutation
PUREX	Plutonium-Uranium Recovery by Extraction
RANDEC	Radioactive Waste Management and Nuclear Facility Decommissioning Technology Center
RAWRA	Radioactive Waste Repositary Authority
ROSATOM	Staatliche Atomenergiegesellschaft Russlands
SAD	sub-critical assembly
SCK-CEN	Studiecentrum voor Kernenergie – Centre d'Etude de l'énergie Nucléaire
SINQ	Paul-Scherrer-Institut-Neutronenquelle
SKB	Schwedische Kernbrennstoff und Abfall Management Gesellschaft
SNS	Spallation Neutron Source
SPHINX	Spent Hot Fuel Incinerator in Neutron Flux

SPT	Spaltprodukt-Transmutator
STFC	Science and Technology Facilities Council
TMSR	Thorium Molten Salt Reactor
VNIIEF	Kerntechnischen Zentrum des Gesamtrussischen Wissenschaftlichen Forschungsinstituts für Experimentalphysik der Russischen Föderation
XT-ADS	experimentelles ADS

Einführung

1

Bis in die zweite Hälfte des 19ten Jahrhunderts waren der Begriff „Radioaktivität“ und damit die in diesem Zusammenhang stehenden physikalischen Prozesse sowohl der Fachwelt als auch der sonstigen Öffentlichkeit unbekannt. Obwohl – wie wir heute wissen – natürliche Radioaktivität existierte und ihr Menschen (in geringem Masse) ausgesetzt waren, brauchte sich bis zu ihrer Entdeckung niemand zu sorgen. Doch dann kam es zu Entdeckungen auch mit Hilfe gezielter Experimente, die nicht nur das existierende Weltbild der klassischen Physik ins Wanken brachten, sondern letztendlich auch zu enormen gesellschaftlichen Auswirkungen führten. Henri Becquerel und das Ehepaar Curie entdeckten den radioaktiven Zerfall, dessen Strahlung kurze Zeit später durch Ernest Rutherford klassifiziert wurde. Das „Atomzeitalter“ war angebrochen.

Die weitere Entwicklung soll hier im Einzelnen nicht aufgeführt werden. Die Konsequenzen, die uns hier interessieren, betreffen die Auswirkungen, die durch die technische Nutzung kernphysikalischer Erkenntnisse hervorgerufen wurden. Denn neben der natürlichen Radioaktivität hatte man es plötzlich mit der künstlichen, von Menschen induzierten Radioaktivität zu tun. Dazu gehören insbesondere die Hinterlassenschaften der friedlichen Nutzung der Kernenergie durch Kernspaltung, aber auch die aus anderen technischen und medizinischen Anwendungen. Erst im Zuge des weltweiten Einsatzes von Kernreaktoren zur Elektrizitätserzeugung und als Antriebstechnik z. B. in U-Booten wurde ein Problem virulent, das es vorher nicht gegeben hatte: die Behandlung, Lagerung und letztendliche Entsorgung radioaktiver Abfälle. Ein Problem, das bis heute und in Zukunft stetig anwächst, da viele Länder weiterhin die Kernkraft als wichtigen Energieträger einsetzen.

In Deutschland haben sich die Gegner der Kernenergie durchgesetzt und ein Moratorium zum Einsatz der Kernenergie erreicht. Neben Sicherheitsaspekten war das Entsorgungsproblem eines der Hauptargumente. Trotz allem verbleiben jedoch die materiellen Hinterlassenschaften der vergangenen Nutzung, die weiterhin der Aufmerksamkeit bedürfen.

W. Osterhage, H. Frey, *Transformation radioaktiver Abfälle*, Energie in Naturwissenschaft, Technik, Wirtschaft und Gesellschaft,
https://doi.org/10.1007/978-3-658-38519-4_1

Sehr früh hatte man festgestellt, dass sich Radioaktivität nicht „abstellen“ lässt. Es gibt weder chemische noch physikalische Methoden, das zu erreichen, da es sich dabei um ein nicht zu überwindendes Naturgesetzt handelt. Welche Optionen also bleiben?

In den Anfängen hat man sich zunächst noch nicht systematisch mit dem Problem auseinandergesetzt. Radioaktive Abfälle verblieben in Forschungseinrichtungen und Kernkraftwerken, wurden teilweise ziemlich sorglos gelagert, bis das Problem als ein quantitatives erkannt wurde. Seitdem sind in den einzelnen Ländern Zuständigkeiten und Organisationen entstanden, die sich gezielt mit dieser Problematik beschäftigen. Unterstützt werden die nationalen Behörden dabei durch internationale Organisationen.

Zurück zu den Optionen: unstrittig ist, dass radioaktive Stoffe, insbesondere aus Kernkraftwerken, zunächst zwischengelagert werden müssen, um ein Abklingen der Radioaktivität abzuwarten. Dabei handelt es sich nicht nur um Spaltprodukte, sondern zusätzlich auch um künstliche Radionuklide, die in Strukturmaterialien induziert wurden und insbesondere um Actinoide mit Ordnungszahlen über 92 hinaus. Ein Sonderproblem stellt das Plutonium dar, das einerseits gezielt erbrütet wurde, um als Spaltmaterial für Waffen, aber auch als Brennstoff in Reaktoren zu dienen. – Die dann folgende zurzeit bevorzugte Option ist die Endlagerung der Abfälle in unterschiedlicher Form – je nach Intensität der Aktivität (leicht, mittel, hoch). Letztendlich bedeutet das Verweildauern von fast geologischen Zeiträumen, auf jeden Fall weit über alle uns bekannten geschichtlichen Zeiträume hinaus.

Parallel zur Suche nach geeigneten Endlagerstätten existiert aber noch ein weiterer Ansatz: Transmutation. Wenn es gelingt, radioaktive Stoffe durch unterschiedliche Methoden, u. a. durch Beschuss mit Teilchen oder Strahlung in solche Folgestoffe umzuwandeln, die z. B. kürzere Halbwertszeiten besitzen als die Ausgangsstoffe, dann könnte die Lagerungsdauer unter Umständen reduziert werden. Auf den ersten Blick wären solche Methoden zwar unwirtschaftlicher als Endlagerung, aber in Anbetracht der Last, die zukünftigen Generationen durch die Endlagerung zugemutet würde, ethisch verantwortlicher. Gegenwärtig werden solche Verfahren im Labormaßstab in internationaler Zusammenarbeit entwickelt.

Dieses Buch beschäftigt sich also mit den beiden genannten Optionen:

- Endlagerung und
- Transmutation.

Wir beginnen mit einem historischen Abriss der Entdeckung der Radioaktivität durch Henri Becquerel und das Ehepaar Curie. Die Systematisierung ihrer Forschungsergebnisse führt dann zu den physikalischen Gesetzmäßigkeiten von Zerfallsübergängen, der Klassifizierung radioaktiver Strahlung und ihrer Eigenschaften. Das bringt uns schließlich zur Formulierung der Zerfallsgesetze und ihrer Parameter.

Wenn wir uns dann den eigentlichen Quellen der Radioaktivität zuwenden, stoßen wir auf eine Reihe von fundamentalen Zerfallsreihen, die natürliche Radionuklide enthalten. Über den Kernspaltungsmechanismus gelangen wir zum Reaktor in unterschiedlichen Ausführungen: Leichtwasser-, Druckwasser-, Siedewasser-, Schwerwasser-Reaktoren, dann den gasgekühlten bis hin zu den schnellen Brutreaktoren. Mittlerweile gibt es Weiterentwicklungen hin zu sog. Kleinreaktoren und Salzschmelzereaktoren.

Als Kernbrennstoffkreislauf werden die Arbeitsschritte und Prozesse bezeichnet, die der Fertigung des Kernbrennstoffs und seiner Behandlung, bzw. Entsorgung nach dem Einsatz im Reaktor, dienen. Er beginnt bei der Gewinnung der Rohstoffe, führt dann in mehreren Stufen zur Erz-Aufbereitung gefolgt von Anreicherung, der Fertigstellung des eigentlichen Brennstoffs bis hin zur Herstellung von einsetzbaren Brennelementen. Am Ende des Zyklus steht dann der radioaktive Abfall in den abgebrannten Brennelementen, die entnommen, gelagert und wiederaufbereitet werden müssen. Brennstoffkreisläufe können unterschiedliche Ausprägungen haben, die wir vorstellen.

Danach wenden wir uns den Aspekten der Endlagerung zu. Neben den rein technischen Gesichtspunkten, wie z. B. Behälter und Verglasung, spielen geologische Fragen die entscheidende Rolle. Dabei geht es nicht nur um Abfälle aus dem eigentlichen Reaktorbetrieb, sondern auch um die radioaktiven Hinterlassenschaften nach Anlagenstilllegungen.

Wie bereits eingangs erwähnt, fallen in allen Ländern, in denen radioaktive Abfälle entstehen, die Zuständigkeiten an dafür besonders geschaffene Organisationen. Diese werden für Deutschland und die wichtigsten Staaten im Einzelnen vorgestellt, für andere in einer Tabelle zusammengefasst. Auch auf die Rolle internationaler Organisationen wie die IAEA wird kurz eingegangen.

Dann wenden wir uns den Fragen der Transmutation zu. Wir beginnen auch hier zunächst mit einem historischen Rückblick auf die Arbeiten von Rutherford und die Entdeckung der induzierten Radioaktivität.

Es folgt eine Übersicht über heute existierende Transmutationsverfahren: P&T, Brutreaktoren, Reaktoren der IV. Generation, ADS-Systeme mit ihren Spallationsquellen. Danach werden einige ausgewählte Transmutationsprojekt vorgestellt:

- PHENIX
- EUROTRANS
- MYRRHA
- BN-800
- ASTRID
- SPHINX

Andere Verfahren basieren auf Teilchenbeschuss. Daneben gibt es eine Reihe von Projekten zur Transmutation von Waffen-Plutonium im Rahmen des ISTC-Zentrums in Moskau.

Die meisten Transmutationsprojekte befassen sich mit der Umwandlung von minoren Actinoiden. Am Schluss werden drei Verfahren zur Transmutation von Spaltprodukten vorgestellt:

- Transmutation durch Beschuss mit γ-Strahlen
- Transmutation durch stimulierten radioaktiven Zerfall
- Transmutation durch Abbremsverfahren.

Radioaktivität

2

2.1 Historie

Die Curies
Im Sommer des Jahres 1903 besuchte Ernest Rutherford mit seiner Frau Mary die Curies in Paris. Marie Curie erhielt ihren Doktortitel zufällig an dem Tag von deren Ankunft. Gemeinsame Freunde hatten eine Feier arrangiert. „Nach einem sehr lebendigen Abend", erinnert sich Rutherford, „zogen wir uns gegen 11 Uhr in den Garten zurück, wo Professor Curie uns eine Röhre brachte, die teilweise mit Zinksulfid überzogen war, und die eine große Menge in Lösung befindliches Radium enthielt. Die Luminosität war brillant in der Dunkelheit, und es war ein passendes Finale zu einem unvergesslichen Tag." Der Zinksulfid-Überzug fluoreszierte weiß und machte dadurch den Ausstoß der energiereichen Teilchen aus dem Radium auf seinem Weg das Periodische System entlang von Uran bis Blei sichtbar in der Dunkelheit des Pariser Abends. Das Licht war hell genug, sodass Rutherford Pierre Curies Hände sehen konnte, „in einem sehr entzündeten und schmerzhaften Zustand nachdem sie den Radiumstrahlen so ausgesetzt waren." Geschwollene Hände durch Strahlungsverbrennungen war eine weitere Bestätigung dafür, zu was in Materie enthaltene Energie fähig war.

Während damals eine junge Frau den Haushalt in Ordnung hielt, ihr Baby versorgte und Pfannen auf den Herd stellte, machte eine Physikerin in einem verkommenen Labor an der Schule für Physik in Paris eine der wichtigsten Entdeckungen der modernen Wissenschaft.

Nach Röntgens Entdeckung der nach ihm benannten Strahlung beschäftigte sich Henri Becquerel mit dem Gedanken, ob man nicht feststellen könnte, ob solche Strahlen nicht eventuell von fluoreszierenden Körpern nach vorheriger Bestrahlung durch Licht emittiert würden.

W. Osterhage, H. Frey, *Transformation radioaktiver Abfälle*, Energie in Naturwissenschaft, Technik, Wirtschaft und Gesellschaft,
https://doi.org/10.1007/978-3-658-38519-4_2

Henri Becquerel war der erste Physiker, der das Phänomen beobachtet, dem später Marie Curie die Bezeichnung „Radioaktivität“ geben würde. Aber die Natur der Strahlung und ihr Ursprung bleiben zunächst ein Enigma.

Marie Curie musste einen Laborplatz finden, auf dem sie ihre Experimente mit Pechblende durchführen konnte. Sie bekam ein kleines Studio mit Glaswänden im Parterre der Physikschule, nachdem ihr Mann Pierre mehrfach beim Direktor vorgesprochen hatte. Es handelte sich dabei um eine Art dumpfen Lagerraum, in dem nutzlose Maschinen und Holz herumlagen. Die technische Ausstattung war rudimentär, der Komfort gleich Null. Ihre technische Einrichtung bestand aus einer Ionisationskammer, einem Elektrometer und einem piezoelektrischem Quarz.

Nach mehreren Wochen wurden erste Ergebnisse sichtbar. Marie Curie hatte das Gefühl, das diese geheimnisvolle Strahlung eine atomare Eigenschaft war. Vielleicht war es nur Zufall, dass diese Strahlung durch Becquerel zuerst bei Uran entdeckt worden war, und deshalb immer in Verbindung mit Uran gesehen wurde. Nun musste man sie auch woanders suchen. Warum sollten nicht auch andere Materialien diese Eigenschaft besitzen?

Sie schlug als Bezeichnung den Begriff „Radioaktivität“ vor. Die entdeckte Radioaktivität war allerdings erheblich stärker als man aus der Menge von Uran und Thorium vermutet hatte.

Auch nach zehn oder zwanzig Wiederholungen blieb sie bei ihrer Schlussfolgerung, dass das Uran und das Thorium in der Versuchsmenge des Minerals nicht allein für die Intensität der Strahlung verantwortlich sein konnten.

Die Wissenschaftlerin beantwortete diese Frage mit sicherer Logik: diese Mineralien enthielten mit Sicherheit eine radioaktive Substanz, die gleichzeitig ein bis dahin unbekanntes chemisches Element war: ein neues Element.

Noch vier Jahre vorher hatte sie geschrieben: „Das Leben ist für uns nicht leicht. Aber was soll's? Wir müssen Ausdauer haben und darüber hinaus Vertrauen in uns selbst. Wir müssen daran glauben, dass wir irgendeine Begabung besitzen, und dass wir danach streben, egal, was es kostet.“

In einer ersten Kommunikation an die Akademie, vorgetragen durch Professor Gabriel Lippmann und veröffentlicht in deren Proceedings am 12. April 1898, verkündete Marie Sklodovska Curie die mögliche Präsenz eines neuen Elements mit starker Radioaktivität in Pechblende-Erzen. Das war die erste Etappe der Entdeckung von Radium.

Die verfügbare Kraft hatte sich nunmehr verdoppelt, nachdem sich nun auch ihr Mann an den Experimenten beteiligte. Zwei Hirne, vier Hände suchten nun das unbekannte Element in jenem kleinen feuchten Arbeitsraum an der Rue Lhomond. Von diesem Augenblick an war es unmöglich, die einzelnen Arbeitsanteile zwischen den beiden jeweils zu unterscheiden.

Im Juli 1898 waren sie in der Lage, die Entdeckung einer dieser Substanzen mit Sicherheit zu verkünden. In den Proceedings of the Academy konnte man lesen:

> „Wir glauben, dass die Substanz, die wir aus der Pechblende extrahiert haben, ein Metall enthält, das bisher noch nicht beobachtet wurde, und sich in seinen analytischen Eigenschaften ähnlich dem Wismut verhält. Sollte sich die Existenz dieses neuen Metalls bestätigen, schlagen wir vor, es Polonium zu nennen, abgeleitet vom Namen des Landes, aus dem einer von uns stammt.“

Sie lebten in einer kleinen Wohnung in der Rue de la Glacière. Das Papier war entworfen worden von Marie und Pierre Curie und einem Mitarbeiter namens Gustave Bémont. Einige Zeilen daraus lauteten: „All die Gründe, die wir benannt haben, führen uns zu der Überzeugung, dass die neue radioaktive Substanz ein neues Element enthält, für dessen Namen wir RADIUM vorschlagen. Die neue radioaktive Substanz enthält mit Sicherheit eine starke Portion Barium; trotzdem ist ihre Radioaktivität enorm. Deshalb muss die Radioaktivität von Radium ebenfalls enorm sein“ [1].

Becquerel

Wenige Monate, nachdem Röntgen seine Entdeckung der X-Strahlen veröffentlichte, machte Becquerel seine für die Welt ebenso sensationelle Entdeckung der Radioaktivität. Damit gab es erste Hinweise darauf, dass Atome eine Struktur besitzen, obwohl es damals so noch nicht interpretiert wurde. Tatsächlich machte Becquerels Entdeckung zunächst keinen großen Eindruck, weil sie quasi im Fahrwasser Röntgens gemacht wurde. Er wurde zu seiner Entdeckung gebracht, indem er Röntgens Bemerkung berücksichtigte, dass X-Strahlen von den Glaswänden der Röhre abstrahlten, wenn sie mit Kathodenstrahlen bombardiert wurden. Außerdem wies das Glas eine sichtbare Fluoreszenz an diesen Punkten auf. Indem er annahm, dass es einen Zusammenhang geben müsste zwischen dieser Fluoreszenz und der Emission von X-Strahlen, machte sich Becquerel auf, verschiedene Materialien zu untersuchen, von denen bekannt war, dass sie fluoreszierten, unter ihnen bestimmte Uransalze. Nach einer Anzahl von Experimenten folgerte Becquerel, dass Strahlung derjeniger Uranverbindungen, die er untersucht hatte, Materie unterschiedlicher Dicke zu durchdringen in der Lage waren.

Natürlich nahm man an, dass es sich dabei um eine Art X-Strahlung handelte. Es gab eine Reihe von Ähnlichkeiten: die Durchdringungskraft der Strahlung, die Tatsache, dass Fotoplatten belichtet werden konnten, und nicht zuletzt die Beobachtung, dass die Strahlung auf ihrem Wege die Luft ionisierte. Letzteres war besonders wichtig, da das eine einfache Methode war, Strahlung zu entdecken und zu messen. Kurz nach Becquerels ersten Beobachtungen fand man, dass auch Thorium ähnliche Eigenschaften besaß, und mehrere Jahre später entdeckten dann Pierre und Marie Curie im Zuge ihrer systematischen Untersuchungen andere Substanzen, unter ihnen das Radium.

Antoine Henri Becquerel wurde am 15. Dezember 1852 in Paris geboren – der dritte aus einer Linie bedeutender Wissenschaftler. Sowohl sein Vater als auch sein Großvater waren bekannte Physiker gewesen. Jeder von ihnen hatte nacheinander den Lehrstuhl für Physik am Musée d'Histoire Naturelle inne, und jeder beeinflusste auf seine Art die Karrierewahl des jungen Becquerel. Seine Zeitgenossen waren Hertz, Röntgen und J. J. Thomson, die allesamt wichtige Rollen in den frühen Stadien der Quantenphysik spielten, jene Epoche, die zur fruchtbarsten Periode der gesamten Wissenschaftsgeschichte werden sollte. Nach ganz gewöhnlicher Schulzeit besuchte Becquerel die École Polytechnique, wo er seinen Doktorgrad in den Wissenschaften erwarb. Im Jahre 1875 begab er sich in den Dienst der Regierung als Ingenieur in der Abteilung für Straßen und Brücken. Im Jahre 1894 wurde er Chefingenieur. Mittlerweile unterrichtete er Physik dort, wo sein

Vater und Großvater es getan hatten, und im Jahre 1892, nachdem sein Vater gestorben war, folgte er ihm auf dessen Lehrstuhl nach. 1889 wurde er zum Mitglied des Institut de France erwählt und 1895 wurde er Professor für Physik an der École Polytechnique.

Seine frühen Arbeiten beschäftigten sich im Wesentlichen mit verschiedenen Eigenschaften des Lichts, einschließlich der Polarisation, Absorption in Kristallen und Phosphoreszenz. Im Jahre 1896 entdeckte er die Radioaktivität, zunächst Becquerel-Strahlen genannt. Danach setzte er seine Untersuchungen auf diesem Gebiet fort bis zu seinem Tode in der Bretagne im Jahre 1908. Ihm wurden die Rumford-Medaille der Royal Society verliehen, sowie der Nobelpreis zusammen mit Pierre und Marie Curie im Jahre 1903.

Ausgangspunkt für Becquerels Untersuchungen war die Entdeckung, dass Fotoplatten, die er für Experimente zur Phosphoreszenz benötigte, bereits belichtet waren, als er sie einsetzen wollte. Sie hatten sich in der Nähe von Uransalzen befunden, die er untersuchen wollte. Um dem auf den Grund zu gehen, ging er systematisch vor.

Nacheinander führte er folgende Experimente durch:

(1) Eine Fotoplatte mit einer Bromid-Emulsion wurde in zwei Lagen dickes, schwarzes Papier eingewickelt. Das Papier war dick genug, um eine Belichtung über einen ganzen Tag zu verhindern. Dann legt er ein Stückchen der phosphoreszierenden Substanz darauf und überließ alles dem Tageslicht über einen ganzen Tag.
(2) Dann legte er eine Münze bzw. ein Stück Metallblech in einer bestimmten Form zwischen die Fotoplatte und der Uranverbindung.
(3) Als nächstes deckte er die Platte mit einem Aluminiumblech ab und legt das Uransalz darauf.
(4) Im Folgeschritt schob er ein Stück Kupferblech zwischen das Aluminium und der Fotoplatte.
(5) Um chemische Reaktionen auszuschließen, präparierte er das Uransalz so, dass es in konvexer Form die Fotoplatte nur an einer Stelle berührte und
(6) schließlich konstruierte er eine Halterung, mittels der das Salz über der Fotoplatte suspendiert wurde.

Im einfachsten Fall erschien ein dunkler Fleck auf der Fotoplatte (s. Abb. 2.1).

Bei der Münze und dem Blech (Malteserkreuz) wurden die Umrisse der beiden Gegenstände vor hellem Hintergrund sichtbar.

Die Intensität der Einfärbung der Fotoemulsion änderte sich mit der Dicke des Aluminiumblechs. Das Kupferblech konnte die Strahlung zwar dämpfen, aber nicht komplett aufhalten

Nachdem er die Phosphoreszenz des Uransalzes durch Beleuchtungsexperimente als Quelle für diese Phänomene ausgeschlossen hatte, ebenso das Sonnenlicht, kam er zu der Erkenntnis, dass die Uranverbindung eine Strahlung aussandte, die dickes Papier, Aluminium und Kupfer durchdringen konnte. Später setzte er andere Uranverbindungen ein und kam zu dem Ergebnis, dass die Strahlung nicht von den phosphoreszierenden Salzen her-

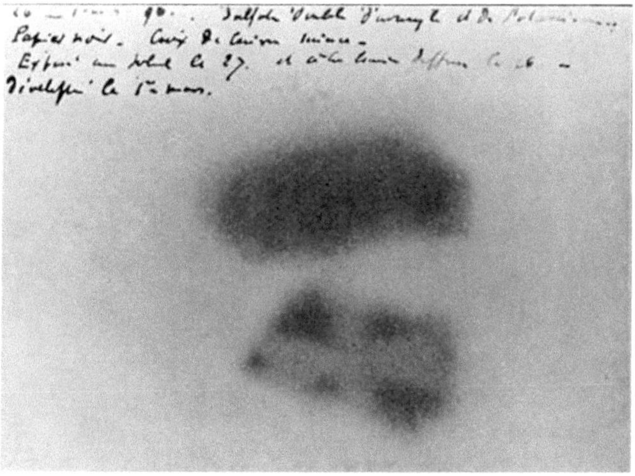

Abb. 2.1 Abschirmung radioaktiver Strahlen durch ein Malteserkreuz auf der Fotoplatte

rührte, sondern vom Uran als Element selbst. Außer dem Vergleich mit der kurz vorher entdeckten Röntgenstrahlung konnte Becquerel damals noch keine Erklärung dieser Beobachtungen geben [2].

2.2 Physikalischer Hintergrund

Die Radioaktivität wurde Anfang 1896 entdeckt, aber erst Ernest Rutherford identifizierte diese Strahlung drei Jahre später. Er fand heraus, dass sie aus zwei Komponenten bestand:

- eine, die ziemlich schnell von dünnen Schichten absorbiert wurde und
- eine andere, die erheblich durchdringender war.

Diesen gab er die Bezeichnung α- und β-Strahlen. Später fand man heraus, dass eine weitere noch durch dringendere Strahlung, die Gamma-Strahlung, die beiden anderen Strahlenarten begleitete.

Schon bald stellte sich heraus, dass es sich dabei um Folgeerscheinungen aus dem Zerfall schwerer Atomkerne handelte. Dieser Zerfall war nicht durch äußere Maßnahmen, z. B. chemische Reaktionen, zu beeinflussen. Er deutete außerdem an, dass der Atomkern eine Struktur haben musste und nicht aus einem einzigen Brocken Materie bestand.

Weiterhin stellte sich heraus, dass beim Zerfall eines Atomkerns ein neuer Atomkern entstand. Auch dieser Atomkern war wieder radioaktiv, sodass auch er zerfällt – solange, bis ein stabiler Atomkern erreicht wird. Abb. 2.2 zeigt eine Serie typischer Zerfallsübergänge, die ihren Lauf von unterschiedlichen instabilen Isotopen her nehmen können (Tl, Pb, Bi, Po). Die Strahlenarten sind unterschiedlich gekennzeichnet (s. Legende im Bild

Abb. 2.2 Zerfallsübergänge

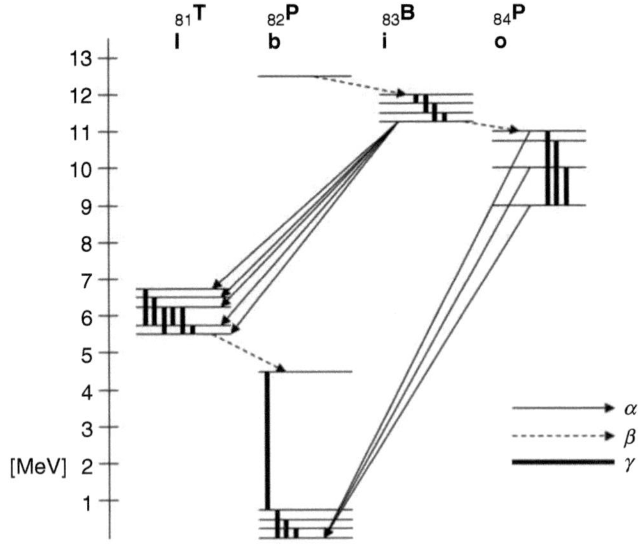

selbst). Gezeigt wird, dass es zum einen unterschiedliche Wege zu einem stabilen Endkern geben kann, zum anderen Zerfälle aus verschiedenen Anregungszuständen erfolgen können.

Drei Arten von Strahlung sind also bekannt:

- α-Zerfall (He-Kerne)
- β-Zerfall (Elektronen) und
- γ-Strahlung.

Die Zerfallswahrscheinlichkeit eines Atomkerns hängt von der Anzahl noch vorhandener Atomkerne ab und nicht z. B. vom Alter eines bestimmten Atomkerns. Ein Maß für die Zerfallswahrscheinlichkeit von Isotopen wird durch die Halbwertszeit ausgedrückt. Die Halbwertszeit ist diejenige Zeitspanne, nach der die Hälfte der anfänglich vorhanden gewesenen Kerne einer bestimmten Art zerfallen ist. Halbwertszeiten natürlich radioaktiver Kerne liegen zwischen 10^{-7} [s] und mehr als 10^{14} Jahren.

Die auftretende γ-Strahlung zeigt ähnliche Charakteristika, wie sie beim sichtbaren Licht beobachtet werden: ihre Spektren deuten auf Anregungszustände des Atomkerns hin, ganz ähnlich wie die Energieniveaus der Elektronenschalen (s. Abb. 2.3). A' bezeichnet den angeregten Zustand eines Kerns A. Er kann entweder unter Aussendung eines γ-Quants in den Grundzustand übergeben oder unter Aussendung von β-Strahlung unterschiedlicher Energien sowohl vom angeregten als auch vom Grundzustand zerfallen.

Emittierte β-Teilchen besitzen dagegen keine diskreten Energiezustände, sondern folgen einem kontinuierlichen Spektrum (s. Abb. 2.4).

Diese Beobachtung lässt sich schwer vereinbaren mit der Tatsache, dass sowohl Ursprungskern als auch Endkern sehr wohl diskrete Energiezustände besitzen. Außerdem

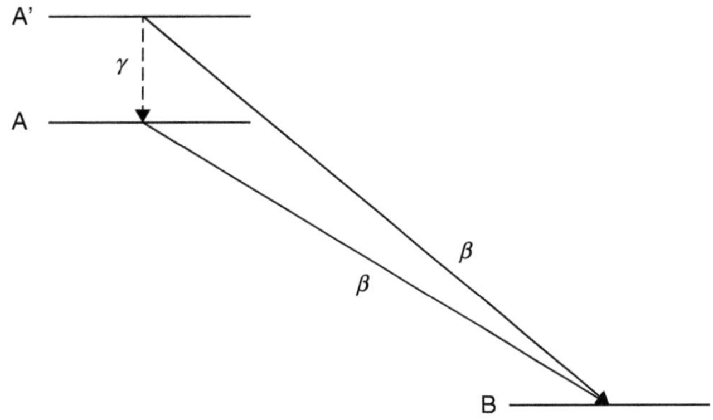

Abb. 2.3 Zerfall eines isomeren Kerns

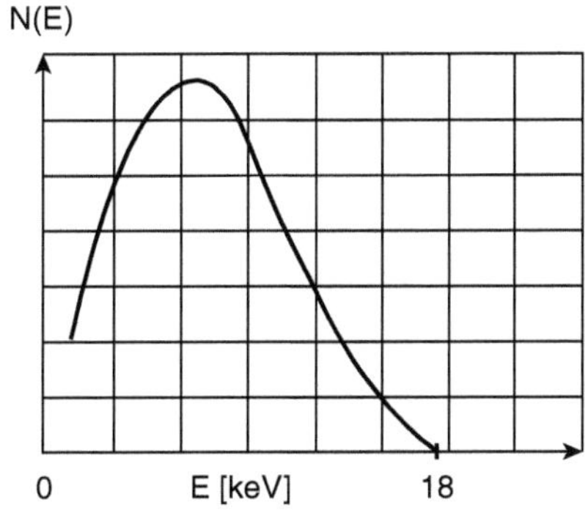

Abb. 2.4 Kontinuierliches β-Spektrum

sind im Kern keine Elektronen vorhanden. Diese doppelte Problematik wird aufgelöst durch folgende Beziehung:

$$n \rightarrow p + e^- + \bar{\upsilon}_e \tag{2.1}$$

Diese Beziehung sagt aus, dass sich ein Neutron in ein Proton umwandeln kann. Dabei wird ein Elektron frei. Das erklärt einerseits die Ordnungszahländerung nach oben und anderseits die Existenz eines Elektrons. $\bar{\upsilon}_e$ steht für ein neues Teilchen: das Neutrino, in diesem Fall aus Erhaltungsgründen ein Anti-Neutrino. Ein Neutrino besitzt eine extrem kleine Masse. Seine Existenz ist aus Energiegründen notwendig. Es gibt noch zwei weitere Gründe für die Existenz des Neutrinos: die Erhaltungssätze für Impuls und Drehimpuls des Atomkerns. Darauf soll an dieser Stelle nicht weiter eingegangen werden.

Die schwache Wechselwirkung ist verantwortlich für den β-Zerfall. Dabei wandelt sich ein Neutron in ein Proton um, und es entstehen ein Elektron und das zugehörige Antilepton seiner Generation, das Anti-Elektronneutrino. Nun wissen wir, dass die Nukleonen nicht elementar sind, sondern aus Quarks bestehen. Also muss beim β-Zerfall ein Up-Quark zum Down-Quark werden, wie in Abb. 2.5 dargestellt.

Das Neutron besitzt zwei Down-Quarks und ein Up-Quark, das Proton zwei Up und ein Down-Quark. Die Umwandlung eines Down- in ein Up-Quark erfolgt unter Aussendung

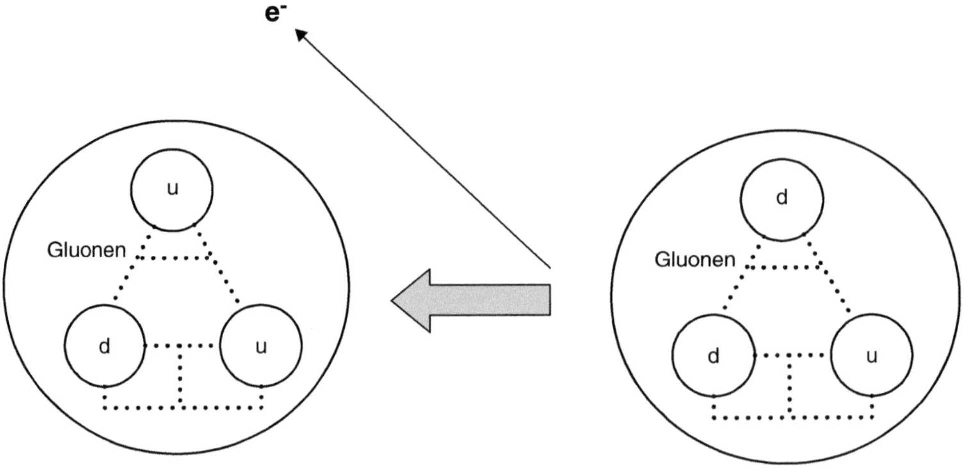

Abb. 2.5 β-Zerfall

des Elektrons und eines Anti-Elektronneutrinos. Dadurch stimmt die Ladungsbilanz wieder. Die gestrichelten Linien zwischen den Quarks symbolisieren die Bindung durch die Gluonen, der „See" aus (weiteren) virtuellen Gluonen und Quark-Antiquark-Paaren ist hier der Übersichtlichkeit halber nicht dargestellt.

Neben der natürlichen Radioaktivität gibt es inzwischen eine fast unüberschaubare künstliche Radioaktivität, die durch Beschuss von Atomkernen und durch Kernspaltung erzeugt wird.

Wir wollen nun das eben Gesagte etwas vertiefen. Für einen stabilen Kernaufbau ist eine Nukleonenkonfiguration notwendig, in der die anziehend wirkenden Kernkräfte mit den abstoßend wirkenden Coulomb-Kräften im Gleichgewicht sind. Dies ist für Kerne der Fall, bei denen das Verhältnis von Neutronen- zu Protonenzahl zwischen 1 und 1,56 liegt und deren Protonenzahl 82 nicht überschreitet. Alle anderen Kernarten suchen unter Aussendung von Strahlung in diesen Bereich stabiler Nukleonenkonfiguration zu gelangen. Bei derartig instabilen Kernen wird formal unterschieden zwischen solchen, die in der Natur zu finden sind, den sog. natürlich radioaktiven Strahlern, und solchen, die aus stabilen Gebilden durch Zufuhr von Energie oder Einschuss von Kernteilchen hergestellt werden, den sog. künstlich radioaktiven Strahlern. Für beide Arten gelten jedoch die gleichen Gesetzmäßigkeiten, auf die nun genauer eingegangen werden soll.

Die radioaktiven Umwandlungen oder „Zerfälle" von instabilen Atomkernen sind in der Hauptsache durch 3 Eigenschaften gekennzeichnet:

- die Art der vom Kern ausgesandten Teilchen,
- die Energie dieser Teilchen und
- die Zeitspanne, in der die, zu einem gewissen Zeitpunkt vorhandene, Anzahl instabiler Atomkerne zur Hälfte zerfallen ist, die sog. Halbwertszeit.

Die Art und die Energie des ausgesandten Teilchens hängen von der Nukleonkonfiguration und dem Anregungszustand des radioaktiven Atomkerns ab. Wie schon erwähnt, sind die α-Teilchen doppelt positiv geladene He-Kerne. Sie bestehen aus zwei Protonen und zwei Neutronen, die eine besonders stabile Konfiguration besitzen. Sie werden vorwiegend von schweren, instabilen Kernen ($Z > 82$) ausgesandt. Wird allgemein der instabile Kern mit X bezeichnet und der durch die Aussendung des Teilchens resultierende Folgekern mit Y, so gilt für den α-Zerfall:

$$_{Z}X^{A} \rightarrow {}_{Z-2}Y^{A-4} +_{2} \alpha^{4} \tag{2.2}$$

Diese allgemeine Gleichung kann man durch den α-Zerfall des Uranisotops $_{92}U^{238}$ verdeutlichen:

$$_{92}U^{238} \rightarrow {}_{90}Th^{234} +_{2} \alpha^{4} \tag{2.3}$$

Der Ausgangskern $_{92}U^{238}$ zerfällt aus seinem Grundzustand in den Kern $_{90}Th^{234}$, ein Thoriumisotop, das ebenfalls nicht stabil ist. Wird bei vielen Zerfällen von U^{238}-Kernen die Energie der ausgesandten α-Teilchen bestimmt, so kann festgestellt werden, dass zwei verschiedene Energien von α-Teilchen vorkommen, die mit verschiedenen Häufigkeiten auftreten, nämlich $E_1 = 4{,}18$ MeV zu ca. 77 % und $E_2 = 4{,}13$ MeV zu ca. 23 %. E_1 entspricht dem Übergang in den Grundzustand des $_{90}Th^{234}$, während E_2 dem Übergang zu einem angeregten Zustand des $_{90}Th^{234}$ zugeordnet werden kann. Dieser angeregte Zustand geht durch Emission eines γ-Quants der Energie von ca. 50 keV in den Grundzustand über. Dieses Beispiel soll zeigen, dass beim radioaktiven Zerfall einer Nuklidsorte in der Regel nicht nur ein, sondern mehrere Teilchen (hier: α,γ) abgestrahlt werden können, die sich in ihrer Art und Energie unterscheiden.

Die von instabilen Kernen ausgesandten β-Teilchen sind negative oder positive Elektronen, die meist, wenn sie aus dem Atomkern stammen, mit β^- und β^+ bezeichnet werden. Die Aussendung eines β^--Teilchens, der „β^--Zerfall", tritt auf, wenn der instabile Atomkern durch Umwandlung eines Kernneutrons in ein Kernproton eine stabilere Nukleonenkonfiguration anstrebt. Der β^--Zerfall ist infolgedessen bei Kernen mit Neutronenüberschuss anzutreffen. Instabile Kerne mit Protonenüberschuss suchen ihre Stabilität durch Umwandlung eines Kernprotons in ein Kernneutron unter Aussendung eines β^+-Teilchens zu erreichen. Beim β^--Zerfall wird also die Kernladungszahl Z des Folgekerns um 1 erhöht, während sie beim β^+-Zerfall um 1 erniedrigt wird. Die Massenzahl A bleibt bei beiden Zerfallsarten unverändert. Als allgemeine Formeln ergeben sich:

$$\beta^{-}\text{Zerfall}: {}_{Z}X^{A} \rightarrow {}_{Z+1}Y^{A} + \beta^{-} \tag{2.4}$$

$$\beta^{-+}\text{Zerfall}: {}_{Z}X^{A} \rightarrow {}_{Z-1}Y^{A} + \beta^{+} \tag{2.5}$$

Als Beispiel eines β^--Zerfalls diene das schon aufgetretene $_{90}Th^{234}$:

$$_{90}Th^{234} \rightarrow {}_{91}Pa^{234} + \beta^{-} \tag{2.6}$$

Das Thoriumisotop zerfällt in das Protaktinium, das seinerseits wiederum nicht stabil ist und unter Aussendung eines β-Teilchens weiter zerfällt. Auch bei diesen β-Zerfällen können Übergänge zu angeregten Zuständen des Folgekerns erfolgen, sodass gleichzeitig Emission von γ-Quanten stattfinden kann. Das beim Zerfall ausgesandte negative Elektron ist als Teilchen stabil. Das gilt auch für das beim β^+-Zerfall ausgesandte Positron, jedoch vereinigt es sich am Ende seiner Bahn mit einem negativen Elektron und beide „zerstrahlen" in 2 γ-Quanten, die als „Vernichtungsstrahlung" bezeichnet werden.

Eine andere Möglichkeit, ein Kernproton in ein Kernneutron zu verwandeln, besteht für den Kern im Einfang eines Hüllenelektrons. Bei diesem sog. Elektroneneinfang wird die Kernladungszahl des Folgekerns wie beim β^+-Zerfall um eins erniedrigt. Die Hüllenelektronen können aus allen besetzten Schalen eingefangen werden, wobei allerdings der Einfang aus der kernnächsten Schale am wahrscheinlichsten ist. Bei der Besetzung der durch den Einfang freigewordenen Plätze durch andere Hüllenelektronen wird eine charakteristische Röntgenstrahlung des Folgekerns ausgesandt, woran dieser Prozess erkannt werden kann.

2.3 Zerfallsgesetz

Ist eine radioaktive Substanz vorhanden, die aus einer großen Anzahl N radioaktiver Atomkerne der gleichen Art besteht, so kann man fragen, wie viele Kernzerfälle pro Zeiteinheit auftreten, d. h. wie groß die „Aktivität" der Substanz ist, und nach welcher Gesetzmäßigkeit die Aktivität mit der Zeit abklingt.

Die Wahrscheinlichkeit, dass irgendein Kern pro Zeiteinheit zerfällt, nennt man die „radioaktive Zerfallskonstante". Die Aktivität A der Substanz, also die Gesamtzahl von Zerfällen pro Zeiteinheit, ist dann gegeben durch:

$$A = \lambda N \tag{2.7}$$

Die Abnahme zerfallender Kerne mit der Zeit, dN/dt errechnet sich nach:

$$dN / dt = -\lambda N \tag{2.8}$$

Daraus ergibt sich für die Gesamtzahl der Zerfälle in der Zeit t:

$$\int_0^t dN / N = -\int_0^t \lambda dt \tag{2.9}$$

Ist N_0 die Anzahl radioaktiver Kerne zum Zeitpunkt t = 0, so gilt:

$$\ln(N / N_0) = -\lambda t \tag{2.10}$$

mit:

N = Anzahl der Kerne zur Zeit t
N_0 = Anzahl der Kerne zur Zeit t = 0
λ = Zerfallskonstante

Die Zerfallskonstante λ ist spezifisch für jedes Radionuklid. Man bezeichnet nun eine Atomsorte, die durch ihre Massenzahl und ihre Ordnungszahl definiert ist, als Nuklid. Kann ein Nuklid auf mehrere Weisen zerfallen, so erhält man eine Gesamtzerfallskonstante, die sich aus den einzelnen Zerfallskonstanten λ_i errechnen lässt:

$$\lambda = \lambda_1 + \lambda_2 + \ldots \quad (2.11)$$

Dazu gibt es auch die jeweils zugehörige partielle Aktivität:

$$dN_i / dt = -\lambda_i N = \lambda_i N_0 e^{-\lambda_t} \quad (2.12)$$

mit

dN_i/dt : Zerfälle der Zerfallsart i
N : Anzahl der Kerne zur Zeit t
N_0 : Anzahl Kerne zur Zeit t = 0
λ_i : Zerfallskonstante für Zerfallsart i
λ : Gesamtzerfallskonstante

Zerfallskonstante und Halbwertszeit $T_{1/2}$ sind miteinander verknüpft. Ersetzt man N durch $N_0/2$ und t durch $T_{1/2}$ erhält man:

$$\frac{1}{2} = e^{-\lambda_{T1/2}} \text{ und} \quad (2.13)$$

$$\ln(1/2) = -\lambda T_{1/2} \quad (2.14)$$

und damit

$$T_{1/2} = \ln 2 / \lambda = 0{,}693/\lambda \quad (2.15)$$

Trägt man die Aktivität über der Zeit im halblogarithmischen Maßstab auf, erhält man die grafische Darstellung der Halbwertszeit wie in Abb. 2.6. Die lineare Darstellung findet sich in Abb. 2.7.

Die Lebensdauer eines einzelnen instabilen Kerns kann Werte zwischen 0 und ∞ betragen. Insofern lässt sich dazu keine Aussage treffen. Dem gegenüber ist aber eine durchschnittliche Lebensdauer τ einer Bezugsmenge von Kernen definiert. Sie errechnet sich aus der Summe der Lebenszeiten aller zu einem bestimmten Zeitpunkt vorhandenen Kerne bezogen auf deren ursprüngliche Anzahl. Die Änderung der Anzahl von Kernen, die innerhalb eines Zeitintervall zwischen t und t + dt zerfallen, ist:

$$dN = \lambda N \; dt \quad (2.16)$$

Wenn N_0 die ursprüngliche Anzahl war, so existiert zu einem Zeitpunkt t nur noch die Anzahl

$$N = N_0 e^{-\lambda_t} \quad (2.17)$$

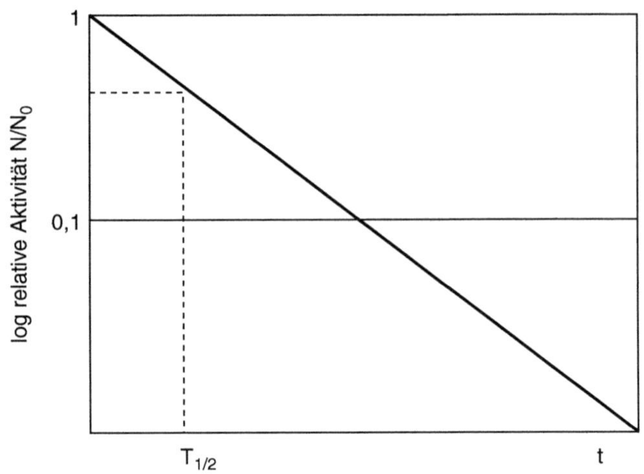

Abb. 2.6 Halblogarithmische Darstellung der Aktivität

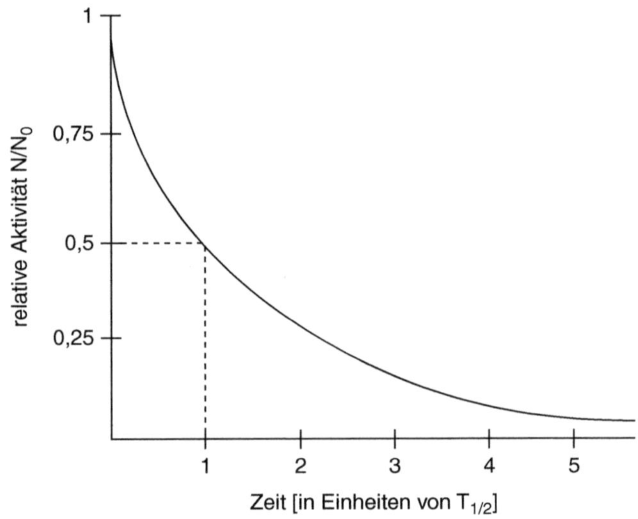

Abb. 2.7 Lineare Darstellung der Aktivität

Daraus folgt:

$$dN = \lambda N_0 e^{-\lambda t} dt \tag{2.18}$$

und für die gesamte Lebensdauer aller Kerne

$$L = \int_0^\infty t \; N_0 \lambda e^{-\lambda t} dt = N_0 / \lambda \tag{2.19}$$

Die gesuchte mittlere Lebensdauer

$$\tau = L / N_0 \tag{2.20}$$

errechnet sich also zu

$$\tau = 1/\lambda \tag{2.21}$$

Daraus ergibt sich folgender Zusammenhang zwischen der mittleren Lebensdauer und der Halbwertszeit:

$$\tau = T_{1/2}/0{,}693 = 1{,}44\,T_{1/2} \tag{2.22}$$

Literatur

1. Eve Curie: „Madame Curie", Pocket Books, New York, 1946
2. Morris H. Shamos (Ed.): „Great Experiments in Physics", Dover Publication, New York, 1987

Quellen radioaktiven Materials

3

Alle Elemente auf der Erde, die schwerer sind als das Eisen, wurden bei der Entstehung der Erde aus dem Weltall eingefangen. Entstanden sind sie in massereichen Sternen; bei Supernova-Explosionen (Abb. 3.1) oder ähnlichen gewaltigen Ereignissen wurden sie ins All geschleudert. Weil die radioaktiven Isotope zum Teil extrem lange Halbwertszeiten besitzen, ist ihre Aktivität bis heute kaum abgeklungen. Beispiele für Isotope, die immer noch aktiv sind: Vanadium $_{23}V^{50}$, Germanium $_{32}Ge^{76}$, Cadmium $_{48}Cd^{113}$ und $_{48}Cd^{116}$, verschiedene Tellur-Isotope (Te) und vor allem Uran $_{92}U^{238}$ und $_{92}U^{235}$ sowie Thorium $_{90}Th^{232}$. Manchmal bilden radioaktive Isotope auch Zerfallsreihen, und zwar immer dann, wenn das Tochterisotop wieder radioaktiv ist.

3.1 Zerfallsreihen

In der Natur gibt es drei große Zerfallsreihen: **Die Thorium-Reihe, die Uran-Actinium-Reihe und die Uran-Radium-Reihe,** Abb. 3.2.

Eine vierte Reihe – die Neptunium-Reihe – war bereits „ausgestorben“, da das langlebigste Isotop dieser Reihe – das Neptunium-237 – nur eine Halbwertszeit von 2,144 × 10^6 Jahren besitzt. Diese Zerfallsreihe wurde durch die Nutzung der Kernenergie „wiederbelebt“, weil dabei auch $_{93}Np^{237}$ entsteht.

3.1.1 Natürliche Radionuklide

Betrachtet man die drei natürlichen Zerfallsreihen, so fällt auf, dass sie alle mit demselben stabilen Element enden: dem Blei (Pb); und alle Reihen laufen über Radon (Ra). Radon ist ein relativ schweres Edelgas. Es entsteht im Erdboden oder im Mauerwerk, kann durch

W. Osterhage, H. Frey, *Transformation radioaktiver Abfälle*, Energie in Naturwissenschaft, Technik, Wirtschaft und Gesellschaft,
https://doi.org/10.1007/978-3-658-38519-4_3

Abb. 3.1 Supernova. (Bildquelle: ESA)

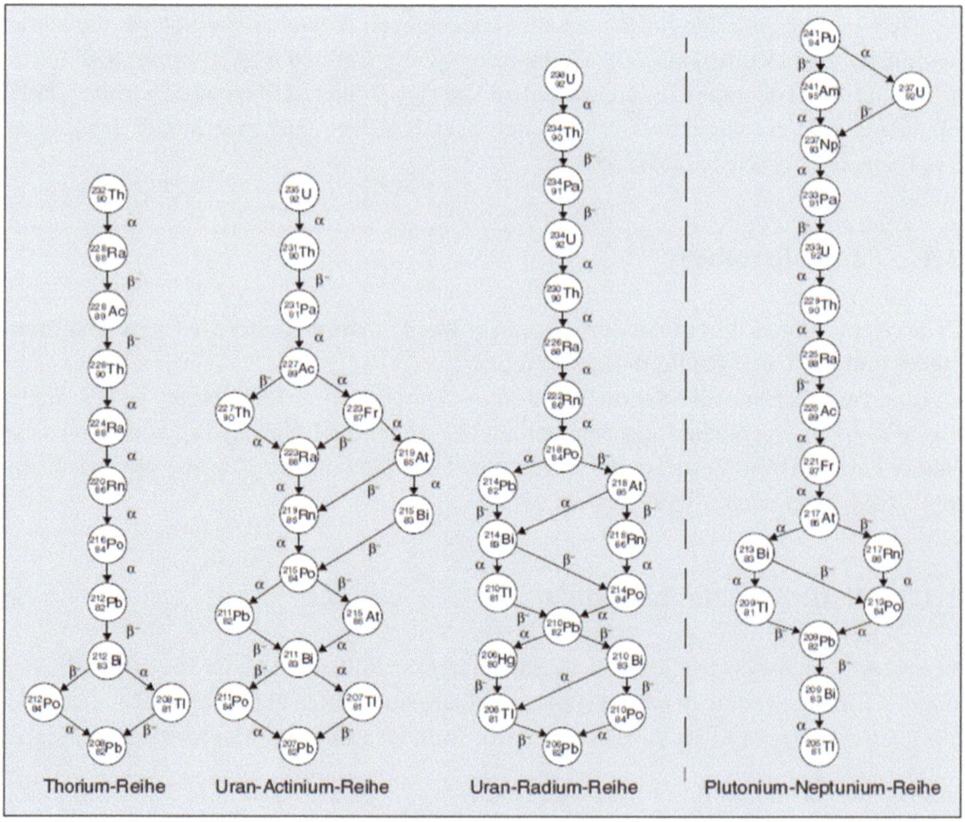

Abb. 3.2 Die natürlichen Th, U-Ac und R-Ra Zerfallsreihe und die künstliche Pu-Np-Zerfallsreihe

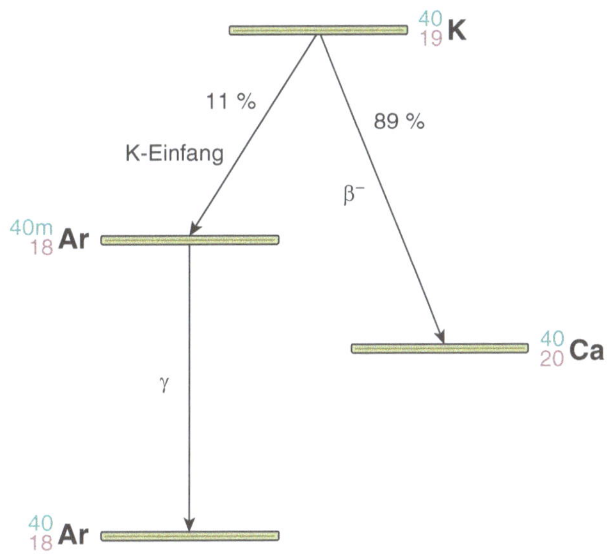

Abb. 3.3 Zerfallsschema von K^{40} im menschlichen Körper

Ritzen und Spalten austreten, und gelangt in die Luft. Von Bedeutung für die Strahlenexposition ist das aus dem Zerfall des Ra^{226} stammende Ra^{222}. Die Halbwertszeit des langlebigsten Radon-Isotops beträgt knapp vier Tage. Die mittlere Ra-222-Aktivität der Luft im Freien beträgt 15 Bq/m^3. Und es gibt noch weitere radioaktive Isotope, die sich in Elementen befinden, die für den Körper lebensnotwendig sind. Kalium (K) ist so ein Element; es spielt besonders für die Reizweiterleitung in den Nerven eine Rolle. In jedem Menschen befinden sich etwa 2 g K pro Kilogramm Körpergewicht, darunter etwa 0,0117 Prozent radioaktives K^{40}.

Diese Atome können auf zwei Wegen zerfallen, Abb. 3.3.

Entweder sie wandeln sich per Betazerfall zu ${}_{25}Ca^{40}$ um (in 89 Prozent aller Fälle) oder sie fangen ein Elektron der innersten Elektronenschale ein (K-Einfang) und verwandeln sich dabei in angeregte ${}_{18}Ar^{40}$-Atome, die beim Fall in den Grundzustand γ-Strahlung (siehe Kapitel physikalischer Hintergrund) abgeben.

3.1.2 Künstliche Radionuklide

Die Kernenergie zählt zu den Energiequellen, die praktisch keine Luftschadstoffe oder Treibhausgase während der Energieerzeugung emittieren. Schätzungen zufolge werden im gesamten nuklearen Brennstoffkreislauf, einschließlich des Uran-Erzabbaus und der Errichtung von Kernkraftwerken, je kWh erzeugten Stroms 2,5–2,6 g CO_2 emittiert. Das ist rd. 20–25 mal geringer als die Emissionen aus gasbefeuerten Kraftwerken, der saubersten aller verfügbaren fossilen Energiequellen,[1] Abb. 3.4.

[1] Quelle IAEO, USB.

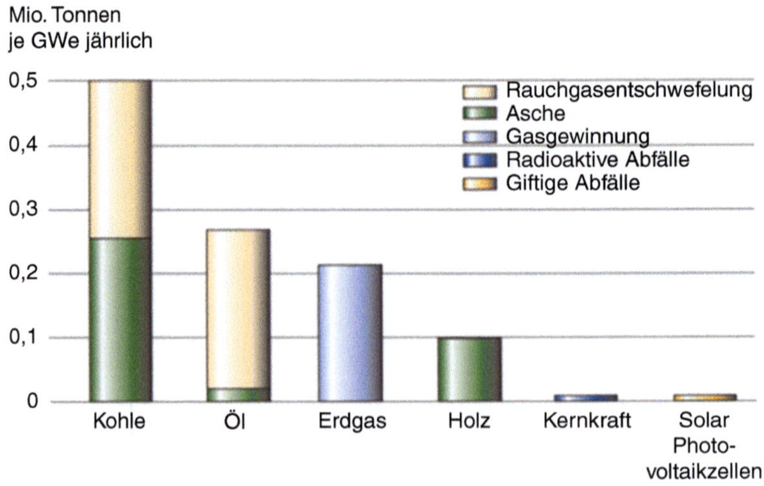

Abb. 3.4 Gesamte Abfallproduktion je Energieträger

Die Kernenergienutzung hat jedoch auch Nachteile, neben der neuerlichen Präsenz der Neptunium-Reihe, deren Elemente in Folge von Reaktorunfällen Gebiete langfristig radioaktiv kontaminieren. Dieses Risiko lässt sich reduzieren, wenn man dazu übergeht Kernkraftwerke unterirdisch zu bauen. Dieses Konzept wurde bereits in den siebziger Jahren durchgerechnet mit dem Ergebnis, dass sich die Baukosten etwa um das 1,5-fache erhöhen würden.

Das Grundprinzip der Kernreaktoren, die Kernspaltung wurde 1939 von Otto Hahn und Fritz Strassmann[2] entdeckt. Sie zeigten, dass ein Uranatom mit der Kernmassenzahl 235 – also 92 Protonen und 143 Neutronen – mit signifikanter Wahrscheinlichkeit ein langsam fliegendes Neutron (ca. 2 km pro Sekunde) einfängt und dabei in zwei Bruchstücke gespalten wird. Neutronen und γ-Strahlen werden dabei emittiert. Das vom Urankern eingefangene Neutron versetzt den Kern in so starke Deformationsschwingungen, dass er sich spaltet. In Abb. 3.5 ist dieser Spaltprozess nach Weinberg[3] und Wigner in seiner zeitlichen Abfolge dargestellt.

In Oklo im afrikanischen Staat Gabun hatte sich in dem dortigen Uranvorkommen vor rund zwei Milliarden Jahren auf natürliche Weise eine Kettenreaktion in Gang gesetzt und einen natürlichen Kernreaktor gebildet.

Mehrere Bedingungen waren dafür erforderlich. Zum einen genügend spaltbares Uran. Dies war vorhanden. Vor zwei Milliarden Jahren enthielt das Uranerz noch ungefähr drei Prozent spaltbares $_{92}U^{235}$, das entspricht der Größenordnung in angereicherten Kernbrenn-

[2] Otto Hahn und Fritz Straßmann: *Über den Nachweis und das Verhalten der bei der Bestrahlung des Urans mittels Neutronen entstehenden Erdalkalimetalle*. In: *Naturwissenschaften*. Band 27, 1939, S. 11–15, https://doi.org/10.1007/BF01488241.

[3] Alvin M. Weinberg: *The First Nuclear Era*. Springer Science & Business Media, 1994, ISBN 978-1-56396-358-2, S. 206–207.

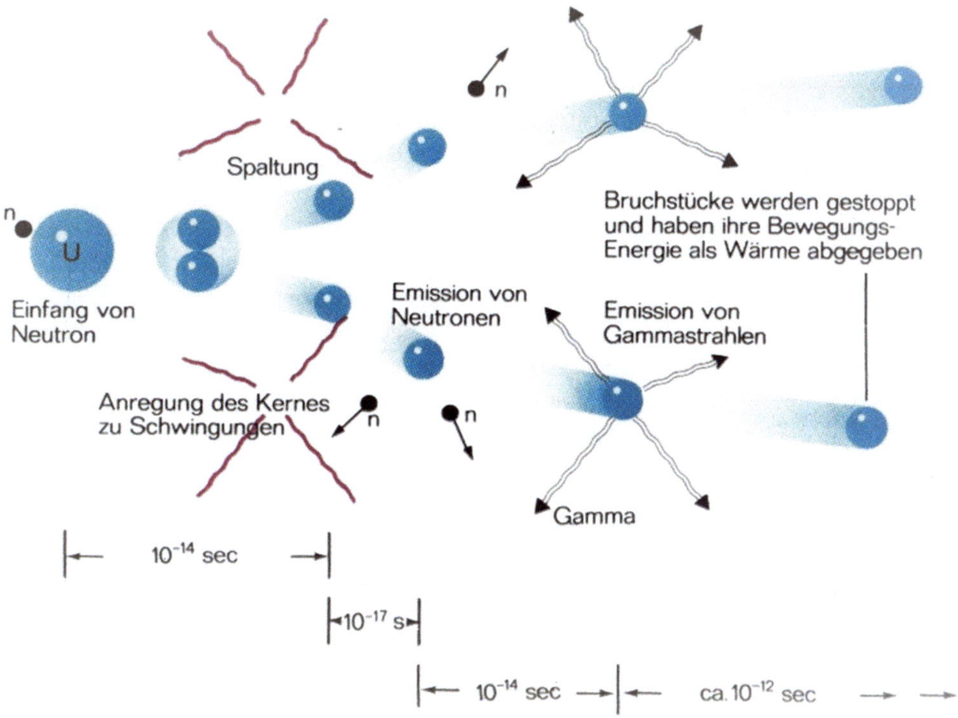

Abb. 3.5 Spaltprozess des Urankerns in seiner zeitlichen Abfolge

stoffen, wie sie in Leichtwasserkernreaktoren verwendet werden.[4] Im Natururan, wie es gegenwärtig abgebaut wird, finden sich die Isotope $_{92}U^{238}$ zu 99,27 %, $_{92}U^{235}$ zu 0,72 %, $_{92}U^{234}$ zu 0,0055 % und $_{92}U^{236}$ in Spuren. Das Isotopenverhältnis der Uranisotope ändert sich im Laufe der Zeit, da $_{92}U^{238}$ und $_{92}U^{235}$ unterschiedlich schnell zerfallen. Die Häufigkeit des dritten natürlichen Isotops $_{92}U^{234}$ bleibt im Verhältnis zur Häufigkeit des $_{92}U^{238}$ konstant, da $_{92}U^{234}$ ein Zerfallsprodukt des $_{92}U^{238}$ ist und mit diesem im Gleichgewicht steht.

Wie in einem heutigen Kernkraftwerk musste die Kettenreaktion in Oklo gestartet und gesteuert werden. Der Start war relativ einfach: Uran-Kerne können nicht nur radioaktiv zerfallen, sondern sich in seltenen Fällen auch spontan spalten. Da dieser Vorgang ganz der künstlich angeregten Kernspaltung entspricht, werden auch dabei Neutronen frei. Diese Neutronen spalteten weitere $_{92}U^{235}$-Kerne. Eine weitere Bedingung für den Betrieb des Naturreaktors war: Grundwasser. Wasser bremst Neutronen effektiv ab durch die Neutroneneinfangreaktion $^{1}H(n,\gamma)^{2}H$.

Als Grundwasser in die Uranerzvorkommen von Oklo eindrang, setzte dadurch eine auf natürliche Weise kontrollierte nukleare Kettenreaktion ein. Das Naturkernkraftwerk hatte eine durchschnittliche Leistung von etwas unter 100 Kilowatt, allerdings lief dieser „Reaktor“ wohl über mehrere Jahrtausende.

[4] Frey, H.: Rolle rückwärts zur Kernenergie, In Press, Springer-Verlag 2021.

3.2 Allgemeine Klassifikationen der Kernreaktionen

Die Kerntechnik ist gegenwärtig eher empirisch und manche ihrer Konzeptionen und Theorien gelten durchaus noch nicht als abgeschlossen und gesichert. Atomkerne sind aus Protonen und Neutronen zusammengesetzt, die gemeinsam als Nukleonen bezeichnet werden und die Masse des Kerns bestimmen (vgl. Kapitel Radioaktivität).

Das Proton besitzt eine positive elektrische Ladung von der Größe der Elementarladung e, seine Masse ist fast 1836 mal größer als die des Elektrons, also etwa 10^{-24} g. Es ist ein stabiles Teilchen, d. h. es zerfällt in freiem Zustand nicht. Das Neutron dagegen ist elektrisch neutral, seine Masse unterscheidet sich nur unwesentlich von der des Protons. Im freien Zustand ist es instabil; beim Zerfall entsteht ein Proton. Wegen der Ladungsneutralität des Neutrons kann dies Materie fast ohne Mühe durchdringen.

Ladung und Masse sind die grundlegenden Eigenschaften, die meist schon eindeutig festgelegt sind, Abb. 3.6 gibt einen Überblick über die gegenwärtig bekannten Atomkerne.

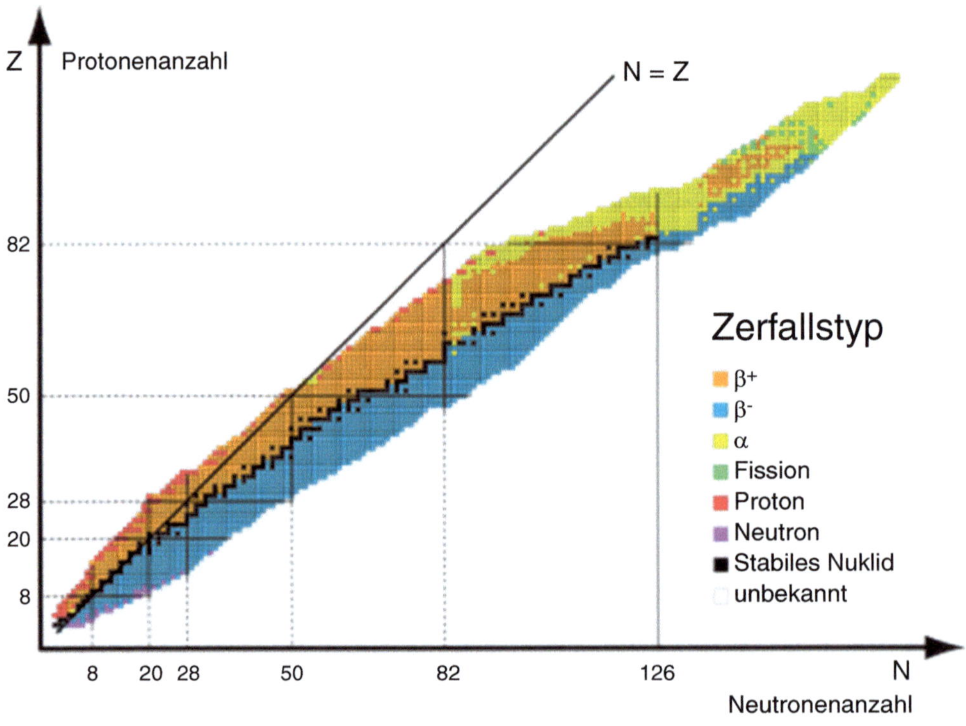

Abb. 3.6 Übersicht über die bekannten Atomkerne. Die hell gezeichneten Kästchen stellen die in der Natur vorkommenden, die schwarz gezeichneten, die künstlich erzeugten Kerne dar. An den Koordinatenachsen sind außer den magischen Protonen- und Neutronenzahlen auch einige bekannte Elemente eingezeichnet. Die Abweichung von der Geraden N = Z macht den Neutronenüberschuss in Kernen deutlich. (Quelle: Kernforschungszentrum Karlsruhe)

Abb. 3.7 Veranschaulichung von Atomkernen; die Darstellung ist nur symbolisch

Entsprechen die Protonen- oder Neutronenzahl oder beide einer sogenannten *magischen Zahl,* sind diese Kerne besonders stabil. Solche magischen Zahlen sind:

$$2, 8, 20, 28, 40, 50, 82, 126$$

Diese magischen Kerne zeichnen sich geometrisch durch eine hohe Symmetrie aus; sie sind weitgehend kugelförmig. Kerne mit Neuronen- oder Protonenzahlen weit entfernt von den magischen Zahlen, sind entweder zwetschgenförmig oder spiegelförmig, was Abb. 3.7 symbolisch dargestellt ist.[5]

Zu den deformierten, von der Kugelgestalt abweichenden Kernen gehören die instabilen Isotope. Nach den Gesetzen der Elektrodynamik und der Quantenelektrodynamik kann der Aufbau des Atomkerns aus Protonen und Neutronen nicht beschrieben werden. Ein grundlegend neues Kraftgesetz ist erforderlich, um erklären zu können, warum die Protonen – also Ladungen mit positivem Vorzeichen – innerhalb des Atomkerns so dicht zusammengehalten werden. Die neue Kraft muss viel stärker sein als die elektrostatische, denn sie muss die elektrostatische Abstoßung der Protonen überwinden. Diese Kernkraft ist etwa 100-mal stärker als die Kräfte zwischen Ladungen. Sieht man von der vergleichsweisen schwachen elektrostatischen Abstoßung ab, so sind die Kernkräfte zwischen Proton-Proton *(p,p)*, Proton-Neutron *(p,n)* und Neutron-Neutron *(n,n)* alle gleich groß. Ihre Reichweite ist allerdings sehr klein, nämlich etwa 1,5 fm (das sind $1{,}5 \times 10^{-15}$ m).

Wie jedem Körper, der sich um eine Achse dreht, ein Drehmoment und ein Drehimpuls zugeordnet werden kann, so auch den Bausteinen der Atomwelt (innerer Drehimpuls, sog. Spin). Eine weitere Eigenschaft, die jedoch mehr willkürlich als exakt festgelegt werden kann, ist die Größe des Atomkerns. Man kann nicht, wie bei einem makroskopischen Objekt, mit einem Maßstab den Kern vermessen, nicht weil die technischen Hilfsmittel unzureichend sind, sondern weil alle Beobachtungen im Mikrokosmos, also auch an Kernen, statistischer Natur sind. Der Kernradius beträgt für Uran z. B. etwa 10^{-14} m; für die Dichte der Kernmaterie ergibt sich somit der kaum vorstellbare Wert von etwa 200 Billionen Gramm pro cm^3; das bedeutet anschaulich, dass man sich die Masse eines Supertankers auf Stecknadelgröße komprimiert vorstellen muss, um eine solche Dichte zu bekommen. Beachtenswerte Eigenschaften dieser Kernkräfte sind u. a.:

[5] Quelle H, Frey, Vorlesung Kernphysik, Uni Kaiserslautern.

(a) Ladungssymmetrie und -unabhängigkeit; d. h. dass unter gleichen Bedingungen die Kraft zwischen zwei Neutronen gleich der Kraft zwischen zwei Protonen und Neutronen ist.
(b) Austauschkräfte: Analog zur chemischen, kovalenten Bindung, die durch Elektronenaustausch verursacht wird, stellt man sich vor, dass die Kernkräfte durch einen Partikelaustausch zwischen Nukleonen zustande kommen. Diese Austauschteilchen sind nach heutigem Stand der Teilchenphysik die Gluonen.[6,7]

3.3 Kernreaktortypen

3.3.1 Leichtwasserreaktoren

3.3.1.1 Druckwasserreaktoren

Eine Methode der Reaktorklassifizierung beruht auf dem verwendeten Kühlmittel. Rund 80 % der gegenwärtig betriebenen Reaktoren werden mit natürlichem Wasser gekühlt und moderiert.[8]

Von den mit Wasser moderierten Kernreaktoren gibt es zwei Haupttypen: Die Druckwasserreaktoren (DWR), von denen es auch eine russische Variante gibt (WWER), und die Siedewasserreaktoren (SWR). In der Mehrzahl der übrigen 20 % der Reaktoren erfolgt die Kühlung durch schweres Wasser oder Gas. Abb. 3.8. zeigt in etwa die Verbreitung der wichtigsten Typen kommerzieller Reaktoren weltweit.

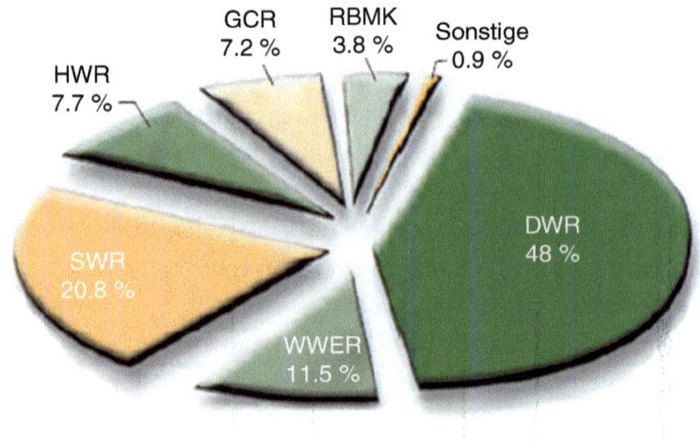

Abb. 3.8 Reaktortypen im Einsatz weltweit. (Stand 2015)

[6] K. Namakura *et al.* (Particle Data Group): *Review of Particle Physics*. In: *Journal of Physics G*. 37, Nr. 7A, 2010, S. 075021. bibcode: 2010JPhG...37g5021N. https://doi.org/10.1088/0954-3899/37/7A/075021.

[7] John Ellis: *Those were the days: discovering the gluon*. In: *CERN Courier*. Band 49, Nr. 6, 2009, S. 15–18 (englisch, cern.ch).

[8] Quelle: IAEO.

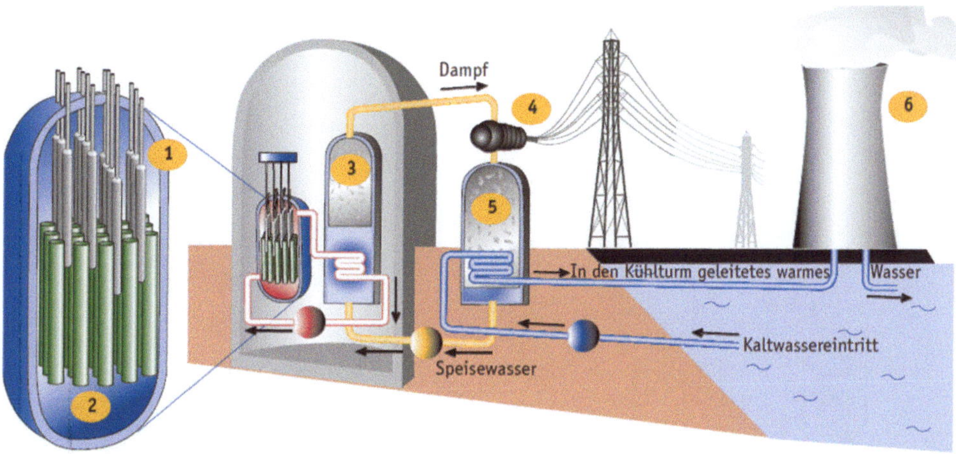

Abb. 3.9 Kühlkreisläufe des Druckwasser-Kernkraftwerks (Schema), indirekter Kreislauf. 1 – Reaktor: Der Kernbrennstoff (grün) heizt das Wasser im Druckbehälter auf. Die Steuerstäbe (grau) absorbieren Neutronen zur Steuerung bzw. Beendigung des Spaltprozesses. 2 – Kühlmittel und Moderator: Brenn- und Steuerstäbe sind von Wasser umgeben, das als Kühlmittel und Moderator fungiert. 3 – Dampferzeuger: Heißes Wasser aus dem Reaktor wird durch einen Dampferzeuger gepumpt, damit Hochdruckdampf entsteht. 4 – Turbinengenerator: Der Dampf treibt die Turbine zur Stromerzeugung an. 5 – Kondensator: entnimmt Wärme, um Dampf wieder in Wasser umzuwandeln. 6 – Kühlturm: führt Wärme ab, damit das Kühlwasser wieder nahezu die Temperatur der Umgebungsluft erhält.

Druckwasserreaktoren nutzen natürliches Wasser gleichzeitig als Kühlmittel und als Moderator, Abb. 3.9. Das Kühlmittel wird unter hohem Betriebsdruck gehalten (rd. 15,5 MPa bzw. 150 bar), damit es während des Betriebs nicht verdampft.

Steuerstäbe bestehen aus Materialien, die Neutronen absorbieren, wie z. B. Bor, Silber, Indium, Cadmium und Hafnium. Sie werden in den Reaktor eingefahren, um die Zahl der Neutronen zu reduzieren und so den Spaltvorgang, wenn erforderlich, zum Stillstand zu bringen bzw. bei Reaktorbetrieb die Energieerzeugung hinsichtlich Höhe und räumlicher Verteilung im Reaktor zu regulieren.

Abb. 3.10 zeigt die Komponenten des Kühlkreislaufs. (Quelle: Deutsche Reaktorstudie, Kernkraftwerke, Hrsg. BMFT, Verlag TÜV Rheinland GmbH, Köln)

Das Wasser des Primär-Kreislaufs wird aus dem Dampferzeuger heraus wieder zum Reaktor-Druckgefäß zurückgepumpt, wo es wiederum im Reaktorkern erhitzt wird. In das Reaktor-Druckgefäß tritt das Wasser dabei durch einen Stutzen ein, fließt seitlich am Kernbehälter entlang nach unten und strömt von unten nach oben durch die Brennelemente. Dabei wird das Wasser, das mit einer Temperatur von rund 300 °C aus dem Dampferzeuger kommt, zurück in das Reaktor-Druckgefäß gepumpt und auf die Kühlmittel-Austrittstemperatur von 340 °C erhitzt.

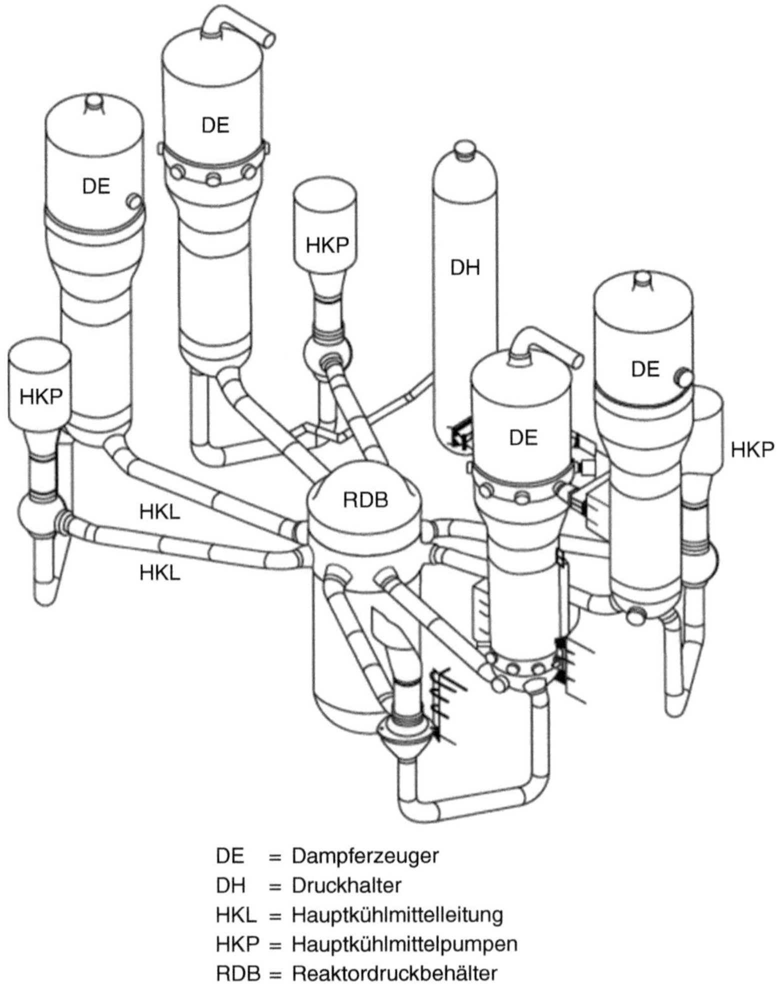

Abb. 3.10 Komponenten des Reaktorkühlkreislaufs eines Druckwasserreaktors

Der Dampferzeuger ist im Prinzip ein Rohrbündelwärmeübertrager.[9] Das Wasser strömt mit dem hohen Druck aus dem Reaktordruckgefäß, möglichst auf alle Rohre gleichmäßig verteilt, einmal durch das Rohrbündel, das Dampf erzeugende Speise-Wasser umspült die Rohre von außen.

Das Kühlmittel wird mit leistungsstarken Pumpen umgepumpt und gibt seine Wärme in einem Dampferzeuger an den getrennten Sekundärwasserkreislauf ab. Der so erzeugte Dampf treibt den Strom produzierenden Turbinengenerator an (vgl. Abb. 3.9).

[9] Grassman, P. und F. Widmer: Einführung in die thermische Verfahrenstechnik, Verlag Walter de Gruyter. Berlin, New York (1980).

Ein 1 300 MW Druckwasser-Kernkraftwerke hat prinzipiell vier primäre Kühlkreisläufe mit je einem Dampferzeuger und einer Hauptkühlmittelpumpe (Umwälzpumpe). Ein wesentlicher Aspekt des Druckwasserreaktors ist, dass der Wasserdruck im Reaktordruckgefäß und in Kühlkreisläufen so hochgehalten wird, dass das Wasser nicht siedet und im Primär-Kreislauf kein Dampf entsteht.

WWER-Reaktoren (Abkürzung für Wasser-Wasser Energiereaktor) hierbei handelt es sich um in Russland entwickelte Druckwasserreaktoren. WWER-Reaktoren werden in der Russischen Föderation, der Ukraine, in Armenien, Bulgarien, Finnland, der Slowakischen Republik, der Tschechischen Republik und in Ungarn betrieben. WWER-Reaktoren der ersten Generation müssen sicherheitstechnisch aufwendig nachgerüstet werden. Infolgedessen wurden einige dieser Reaktoren abgeschaltet, so z. B. in Bulgarien und in der Slowakischen Republik.

3.3.1.2 Siedewasserreaktoren (SWR)

Siedewasserreaktoren sind ebenso wie die Druckwasserreaktoren Leichtwasserreaktoren. Beide Reaktortypen haben deshalb sehr viele Gemeinsamkeiten. In zwei wesentlichen Punkten gibt es allerdings Unterschiede. Siedewasser-Reaktoren arbeiten mit einem wesentlich geringeren Druck – etwa 70 bar – als Druckwasser-Reaktoren. Deshalb kann das Wasser sieden und im Reaktordruckbehälter wird Dampf erzeugt. Dieser Dampf wird ohne Zwischenschalten eines Wärmeübertrages direkt dazu verwendet, die Turbine anzutreiben und wird durch entsprechende Dampfleitungen dorthin geführt.[10] Um Kosten zu sparen wurden zunächst Siedewasserreaktoren mit Direktkreislauf und Zwangskonvektion, analog alter Dampfheizungen, Abb. 3.11, gebaut.

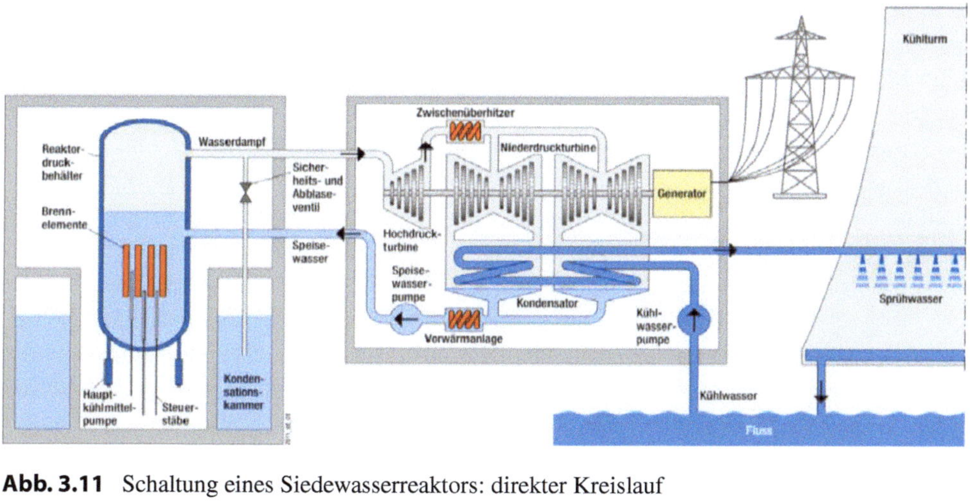

Abb. 3.11 Schaltung eines Siedewasserreaktors: direkter Kreislauf

[10] Quelle: Alfred Böttcher, KFA Jülich.

Dies hat zur Folge, dass die Radioaktivität, die sich im Primärkreislauf entwickelt, aus dem Reaktorgebäude zur Turbine gelangt. Insgesamt waren im Jahre 2020 in Ländern noch rund 20 SWR in Betrieb, die meisten in Japan und den Vereinigten Staaten. Gebaut werden gegenwärtig keine SWR. Die Konzeption ohne Dampferzeuger vereinfacht die Konstruktion gegenüber der eines DWR; jedoch wird die den Generator antreibende Turbine radioaktiv kontaminiert.

Radioaktive Stoffe im Dampf von Siedewasserreaktoren sind: Aktivierte Ionen (z. B. $_{11}Na^{24}$), Metallpartikel aus den Rohr- und Behälterwerkstoffen (z. B. $_{27}Co^{60}$) und wasserlösliche Spaltprodukte (z. B. $_{55}Cs^{137}$, $_{43}Tc^{99m}$). Das Stickstoffisotop $_{7}N^{16}$, das durch Aktivierung aus dem Sauerstoffisotop $_{8}O^{16}$ entsteht, hat den größten Anteil an der Radioaktivität. $_{7}N^{16}$ hat eine Halbwertszeit von 7 Sekunden, weitere radioaktive Isotope sind die Edelgase $_{36}Kr^{85}$ und $_{54}Xe^{133}$. Der Übergang von Jodisotopen aus dem Reaktorwasser in den Dampf wird einerseits von der Wasserlöslichkeit und andererseits von der Flüchtigkeit des Iods bzw. seiner chemischen Verbindungen bestimmt. Von den instabilen Isotopen besitzt der Betastrahler $_{53}I^{129}$ mit 15.700.000 Jahren eine sehr lange Halbwertszeit. Daneben gibt es vier Isotope mit mehr als einem Tag Halbwertszeit: $_{53}I^{124}$ (4,2 Tage), $_{53}I^{125}$ (59 Tage), $_{53}I^{126}$ (13 Tage) und $_{53}I^{131}$ (8,0 Tage).

Zur Reduzierung der Verunreinigung der Radioaktivität entwickelte man ein Zweikreissystem, bei dem außer Dampf auch das aufgeheizte Kühlwasser in einem Dampferzeuger zur Erzeugung von Dampf für die Niederdruckstufen der Turbine produziert wird.

3.3.1.3 Schwerwasserreaktoren (HWR)

Vierunddreißig HWR waren bzw. sind noch weltweit in sechs Ländern in Betrieb, davon 6 in ihrem Ursprungsland Kanada und die übrigen in Argentinien, Indien, Korea, Pakistan und Rumänien. Bekannt unter der Bezeichnung CANDU-Reaktoren (Abkürzung für Canadian Deuterium Uranium) werden sie mit schwerem Wasser (D_2O; Wasser, das das schwerere Deuteriumisotop enthält) betrieben, das gleichzeitig Kühlmittel und Moderator ist. Abb. 3.12 zeigt das Schema eines Schwerwasserreaktors

Schweres Wasser ermöglicht den Einsatz von Natururan als Brennstoff, ohne Notwendigkeit der Urananreicherung und der damit verbundenen Kosten. Jedoch setzt die Produktion von schwerem Wasser eine spezifische Anlage voraus, in der D_2O von natürlichem Wasser getrennt wird. Die D_2O-Konzentration wird in diesen Anlagen von ihrem natürlichen Wert von weniger als 0,1 % auf die im CANDU-Reaktor verwendete Konzentration von 99 % erhöht. Wie beim Druckwasserreaktor wird das Kühlmittel durch einen Dampferzeuger geleitet, um in einem getrennten Kreislauf natürliches Wasser zum Sieden zu bringen. Ein Vorteil des CANDU-Konzepts besteht darin, dass der Brennelementwechsel während des Betriebs stattfinden kann, während die DWR- und SWR-Reaktoren bei einem Brennelementwechsel abgeschaltet werden müssen. Diese Eigenschaften ermöglichen eine hohe Verfügbarkeit, erhöhen gleichzeitig aber auch die Komplexität des Betriebs.

Der Moderator D_2O wird im CANDU-Reaktor (**CAN**ada **D**euterium **U**ranium) praktisch drucklos und bei niedrigen Temperaturen (etwa 70 °C) eingesetzt, was zur besseren Moderation beiträgt.

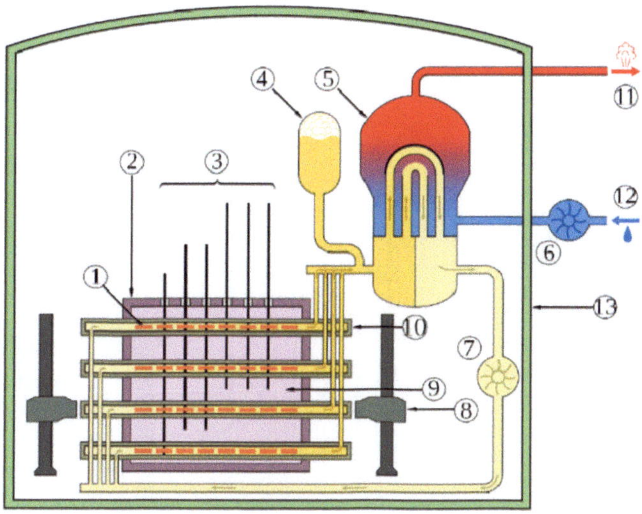

Abb. 3.12 Schema einer Schwerwasserreaktors (CANDU-System). 1. Brennelement. 2. Moderatortank (Calandria) (drucklos). 3. Steuerstäbe. 4. Schwerwasserreservoir für Primärkreislauf. 5. Dampferzeuger. 6. Zirkulationspumpe für Sekundärkreislauf (Leichtwasser). 7. Zirkulationspumpe für Primärkreislauf. 8. Brennelement-Wechselmaschine. 9. Schweres Wasser als Moderator. 10. Druckröhre. 11. Dampf des Sekundärkreislaufes. 12. Kaltwasserrückfluss von der Turbine. 13. Containment

Durch den Moderatortank verlaufen horizontale Druckrohre, in denen sich die Brennstabbündel (Brennelemente) befinden. Der UO_2-Brennstoff befindet sich in einem Zircaloy Rohr. In jedem Druckrohr sind mehrere Bündel hintereinander angeordnet. Das unter Druck stehende Kühlmittel wird beim Umströmen der Brennelemente erwärmt und gibt die Wärme im Dampferzeuger an ein mit normalem (leichtem) Wasser arbeitendes Wasser-Dampf-System zur Stromerzeugung ab. Die Brennelemente können einzeln während des laufenden Betriebes gewechselt werden, wenn das betreffende Druckrohr durch Schließen von Ventilen vom Kühlkreislauf getrennt wird.

Im Jahr 2010 wurden in China erstmals Versuche begonnen, abgebrannten Brennstoff aus normalen Leichtwasserreaktoren in CANDU-Reaktoren wiederzuverwenden. Dazu wird der alte Brennstoff, welcher immer noch ausreichend $_{92}U^{235}$ enthält, mit abgereichertem Uran verschnitten, um Brennstoff herzustellen, der Natururan entspricht.

3.3.1.4 RBMK (Siedewasser-Druckröhrenreaktor)

Siebzehn RBMK sind heute noch in Betrieb, davon 15 in der Russischen Föderation und zwei in Litauen. Die Bezeichnung ist eine russische Abkürzung für einen Siedewasserreaktor großer Leistung. Natürliches Wasser wird als Kühlmittel und Grafit als Moderator verwendet. Wie beim Siedewasserreaktor beginnt das Kühlmittel zu sieden, wenn es den Reaktorkern passiert, und der entstehende Dampf wird direkt in die Turbinengeneratoren geleitet, Abb. 3.13.

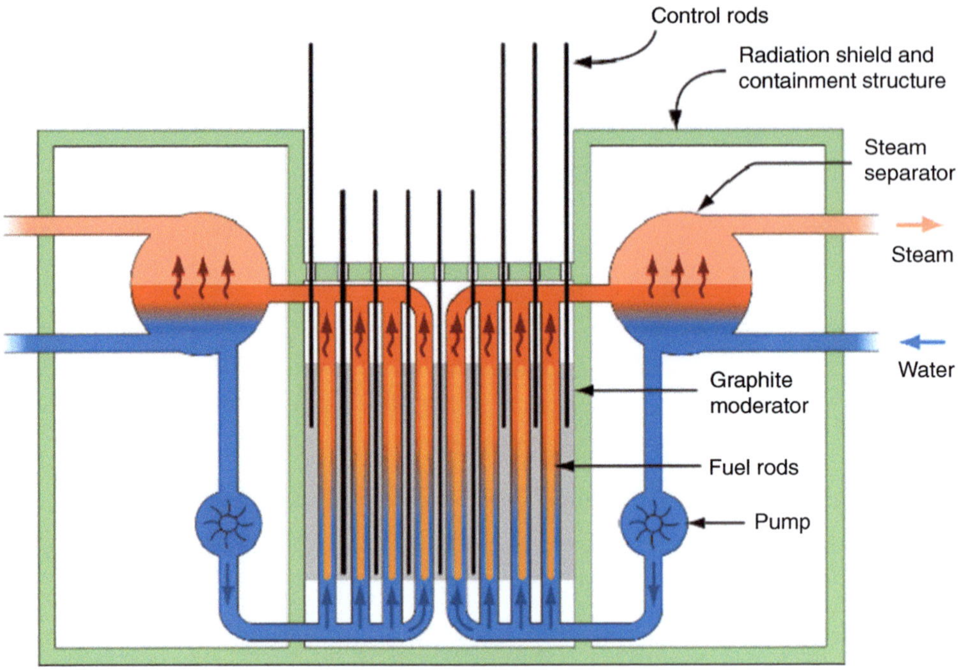

Abb. 3.13 Vereinfachte Schnittdarstellung des RBMK

Damit die Wärmeübertragung innerhalb des Reaktorkerns zwischen den Grafitblöcken verbessert wird, zirkuliert ein Gasgemisch aus Helium und Stickstoff in den Spalten zwischen den Grafitblöcken. Die Steuerstäbe enthalten Borcarbid (B_4C) und können teils von oben, teils von unten in den Reaktorkern eingefahren werden.

Der Reaktor hat zwei getrennte Kühlsysteme mit jeweils vier Pumpen, welche jeweils eine Hälfte des Reaktorkerns kühlen. Im Normalbetrieb sind drei Pumpen in Betrieb, während eine weitere Pumpe betriebsbereit als Reserve dient. Falls es zu einer Überhitzung des Kernes kommt oder die Stromversorgung unterbrochen ist, wird ein Kern-Notkühlsystem automatisch gestartet. RBMK-Reaktoren, eine sehr frühe Konstruktion, wurden häufig gebaut. Einige RBMK-Reaktoren werden derzeit auch ohne die andernorts vorgeschriebenen Sicherheitseinrichtungen und -merkmale betrieben. Der Unfall von Tschernobyl (Ukraine) im Jahr 1986 ereignete sich in einem Reaktor dieses Typs.

3.3.1.5 Gasgekühlte Kernreaktoren

Gasgekühlte grafitmoderierte Reaktoren wurden bereits in den 1950er-Jahren entwickelt, zunächst primär für militärische Zwecke (Plutoniumproduktion). Sie waren die ältesten kommerziell genutzten Kernreaktoren mit dem Kühlmittel Kohlenstoffdioxid. Wegen der aus einer Magnesiumlegierung hergestellten Brennstabhülle heißt dieser Reaktortyp *Magnox-Reaktor*.

Dieser Reaktortyp,[11] Abb. 3.14, eine primär englische Entwicklung, konnte sich wirtschaftlich gegen die Leichtwasserreaktoren nicht durchsetzen, auch aufgrund von Konstruktionsmängeln.

In Fortsetzung des Magnox[12]-Typs wurde der Advanced Gas-cooled Reactor (AGR) entwickelt, Abb. 3.15.

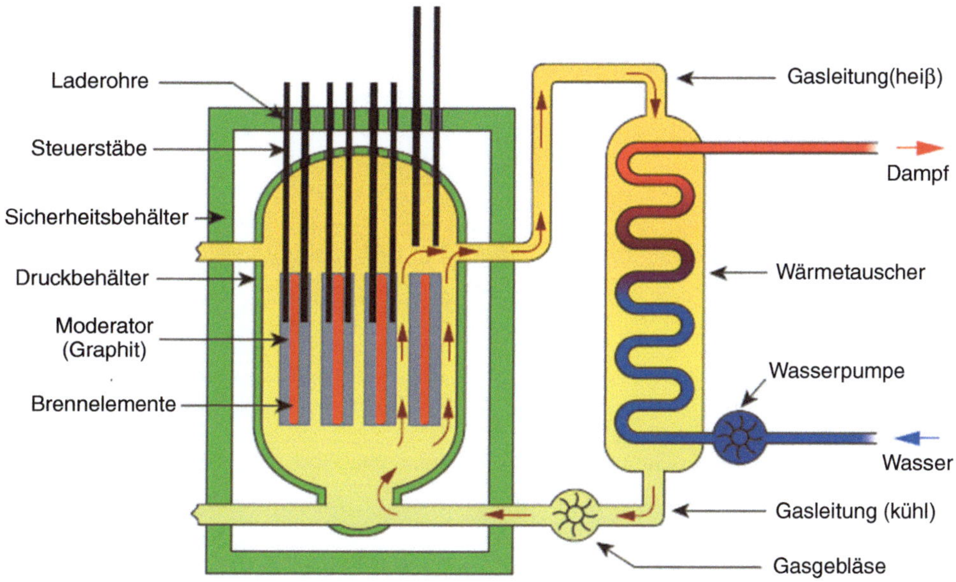

Abb. 3.14 Schema eines Magnox-Reaktors

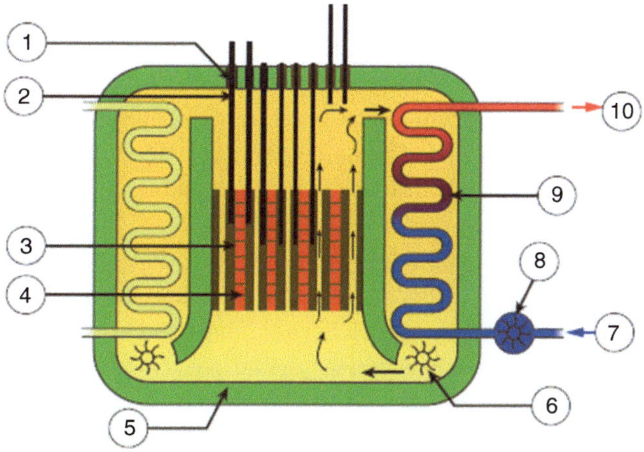

Abb. 3.15 Advanced Gas-cooled Reactor (AGR). 1. Steuerstabdurchführung. 2. Steuerstab. 3. Brennstabhülle. 4. Brennstab. 5. Sicherheitscontainment. 6. Gasumlaufsystem. 7. Wasserzufuhr. 8. Umwälzpumpe. 9. Wärmeübertrager. 10. Heißwasser

[11] Quelle: Alfred Böttcher, KFA Jülich.

[12] Magnox https://de.wikipedia.org/wiki/Magnox-Reaktor-Reaktor.

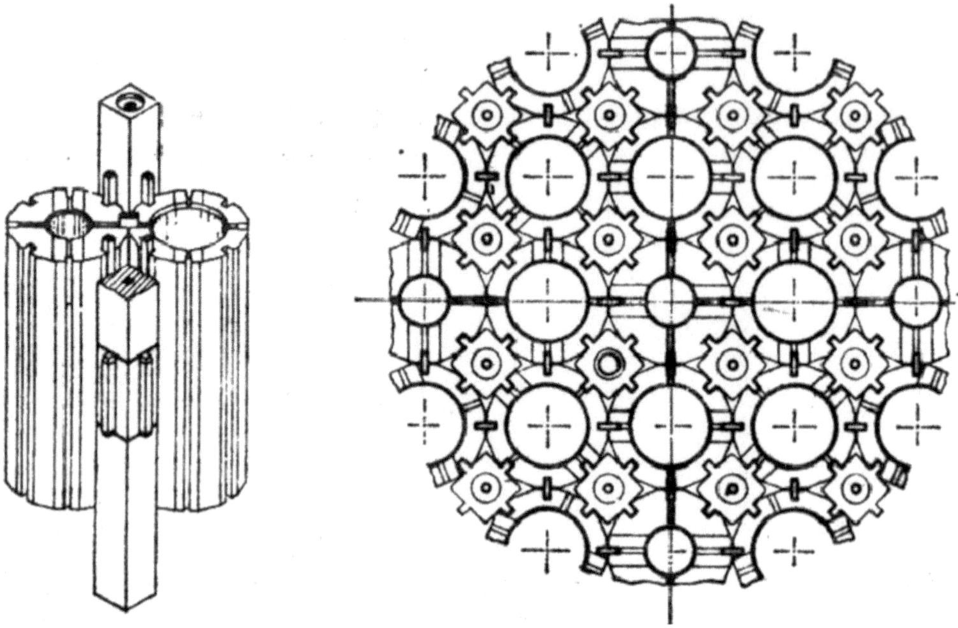

Abb. 3.16 Anordnung eines Grafitmoderators mit Brennstabaufbau

Im Unterschied zu den Magnox-Reaktoren verwendet der Advanced Gas-cooled Reactor (AGR) leicht angereichertes (2,5 %) Urandioxid (UO_2) statt Uranmetall als Brennstoff. Dies ermöglicht höhere Leistungsdichten und Kühlmittelaustrittstemperaturen und damit einen besseren thermischen Wirkungsgrad η_{th}. AGR haben mit 42 % den höchsten Wirkungsgrad aller bisherigen Kernkraftwerke erzielt. Abb. 3.16 zeigt einen typischen Moderatorenaufbau eines gasgekühlten Reaktors mit Brennstabanordnung, wie er verwendet wurde.

Gas als Kühlmedium hat gegenüber Flüssigkeiten mit ihren wesentlich höheren spezifischen Wärmekapazitäten eine geringere Neutronenabsorption. Mit Gas sind prinzipiell höhere Temperaturdifferenzen möglich und damit ist ein höherer thermischer Wirkungsgrad erreichbar.

Das Kühlmedium Gas verändert sich dabei jedoch stark. Die temperaturabhängige axiale Auslegung der Kühlkanäle in unterschiedliche Zonen bei einem stabförmigen Reaktorkern und damit die Bestimmung des Druckabfalls im stationären Betrieb und der daraus abgeleiteten Pumpleistung ist daher besonders relevant. Auch hängt der Wärmeübergang empfindlich von den Eigenschaften der Strömung im Kühlkanal ab. Da wegen der geringen Wärmeübergangszahlen die Temperaturdifferenzen Hülle-Kühlmittel groß sind, wirkt sich jede Zustandsänderung sehr stark auf die Hüllentemperatur aus. Die Beziehungen zur Beschreibung von Wärmeübergang und Druckabfall, abhängig von Dichte, Zähigkeit, Wärmeleitfähigkeit und bei nichtidealen mehratomigen Gasen sind auch von der spezifischen Wärme und damit temperatur- und damit ortsabhängig. Dadurch erhöht sich der numerische Berechnungsaufwand. CO_2 ist als Kühlmedium günstiger als ein

Edelgas, weil es billig ist und gute physikalische Eigenschaften besitzt und bei Temperaturen, bei denen es noch nicht durch Grafit reduziert wird, wenig chemisch aktiv ist.

So hat CO_2 im Vergleich zu Helium (He) eine hohe, auf die Volumeneinheit bezogene spezifische Wärme $c_p{\cdot}\rho$, dadurch kann das je Sekunde umgewälzte Volumen geringer als bei He sein. He hat dafür eine höhere Wärmeleitfähigkeit und erfordert dadurch für den erwünschten Wärmeübergang eine weniger hohe Kühlmittelgeschwindigkeit. He bietet im Vergleich zu CO_2, die Vorteile, dass es nicht chemisch verändert oder zersetzt werden kann und das Hauptisotop $_2He^4$ durch Neutronenbestrahlung nicht aktiviert wird. Allerdings entsteht aus dem kleinen $_2He^3$-Anteil von 0,00014 % fast quantitativ Tritium (T). Außerdem werden in reinem He die Oxid-Schutzschichten auf Metallen zerstört. Geringe Mengen an Korrosionsmittel wie Wasserdampf im Helium können dies zwar beheben, aber nur auf Kosten einer ständigen Korrosion der Grafitkomponenten durch den Wasserdampf. Versuche, diesem Problem durch Einsatz korrosionsbeständiger keramischer Werkstoffe (z. B. Siliciumcarbid) zu begegnen, verliefen bisher selbst im Labormaßstab erfolglos. He diffundiert als einatomiges Gas sehr leicht durch feste Materialien, so dass eine Dichtigkeit gegen He schwer erreichbar ist, man rechnet mit 0,3 % pro Tag.

Ein weiterer Nachteil von He liegt darin, dass seine Viskosität mit steigender Temperatur zunimmt. Das kann dazu führen, dass heiße Bereiche weniger gut durchströmt und damit schlechter gekühlt werden.

Heliumkühlung erfordert – wie jede Gaskühlung – hohe Systemdrücke für eine ausreichende Wärmeabfuhr. Damit werden Druckentlastungsstörfälle durch Leckagen im Primärkreislauf bei Reaktoren ohne Volldruckcontainment als zusätzliche Barriere zu einem Risiko.

Nachteilig für alle gasförmigen Kühlmedien ist, dass der Bereich des wärmeerzeugenden Reaktorkerns groß sein muss. Ferner sind die erforderlichen Pumpleistungen relativ hoch (ca. 8 % der erzeugten elektrischen Energie).

Für die Nutzung der Wärme des gasförmigen Kühlmediums gibt es im Prinzip zwei Möglichkeiten:

Die Verwendung eines Wasser-Dampf-Arbeitsprozesses über den Einsatz eines Wärmeübertrages, oder die direkte Umwandlung der Wärme des Kühlmediums in einer Gasturbine.

Der Aufbau des Reaktorkerns von gasgekühlten Reaktoren entwickelte sich in verschiedene Richtungen

Einerseits nutzt man stabförmige Elemente, die zu einem den ganzen Kern bildenden Bündel zusammengefasst und parallel in axialer Richtung durchströmt werden, Abb. 3.16.

Das andere Konzept nutzt als Brennelemente Grafitkugeln[13] von ca. 6 cm Durchmesser, Abb. 3.17, die im Inneren Kernbrennstoff oder auch Brutstoff (^{232}Th) enthalten; der Reaktorkern ist eine Kugelschüttung. Die ersten grundlegenden Arbeiten und Patente zu Kugelhaufenreaktoren gehen auf den US-Wissenschaftler Farrington Daniels aus den 1940er-Jahren zurück.

---

[13] Quelle; NUKEM GmbH, Hanau.

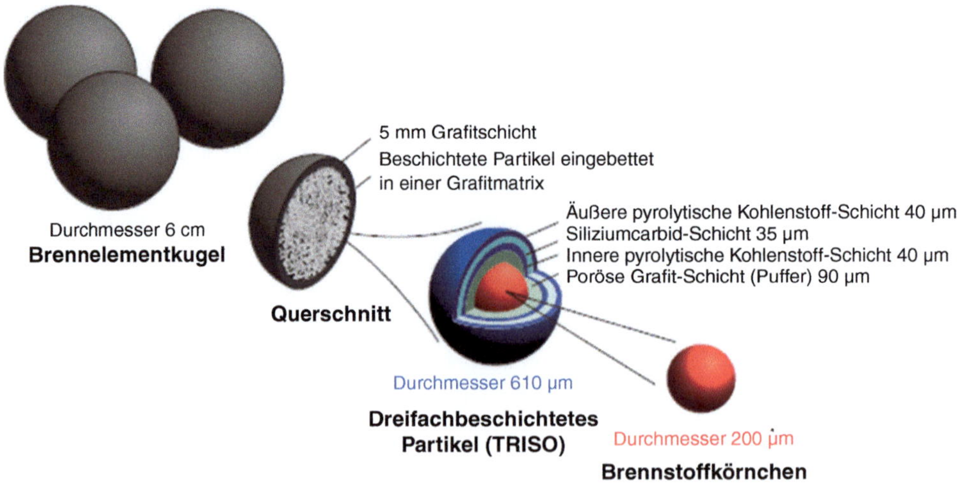

Abb. 3.17 Brennelement und beschichtetes Teilchen eines Kugelhaufen-Hochtemperaturreaktors

Die „coated particles" sind in den Grafitkugeln eingebettet. Jede Brennelementkugel enthielt ca. 1 g $_{92}U^{235}$ und ca. 10 g $_{90}Th^{232}$ in Form von Mischoxiden aus beiden Kernbrennstoffen. Das Schema eines Kugelhaufenreaktors zeigt Abb. 3.18. Der prinzipielle Vorteil dieser Anordnung liegt vor allem darin, dass man während des Reaktorbetriebs laufend abgebrannte Brennelemente unten abziehen und oben durch neue ersetzen kann.[14]

Wird Thorium verwendet, müssen die frischen Brennelementkugeln hochangereichertes $^{235}UO_2$ (~ 93 %) enthalten, d. h. hochangereichertes Uran und natürliches Thorium im Verhältnis 1:5 bis 1:10. Aus dem Thorium wird durch Neutroneneinfang und anschließende Betazerfälle $_{92}U^{233}$ erbrütet. Das $_{92}U^{233}$ wird teilweise zusätzlich zum $_{92}U^{235}$ gespalten und so direkt zur Energiegewinnung mit ausgenutzt; das entspricht dem Erbrüten und der Verbrennung des Plutoniums bei Verwendung von $_{92}U^{238}$ als Brutmaterial im Standardbrennstoff.

Bei der Aufarbeitung eines Mischoxidbrennelementes (vgl. Abschn. 4.3.7) lässt sich kein brauchbarer Brennstoff zurückgewinnen: Aus $_{92}U^{235}$ entsteht in einer Nebenreaktion zur Spaltung $_{92}U^{236}$, das man im Mischoxid praktisch nicht mehr vom erbrüteten Brennstoff $_{92}U^{233}$ trennen kann. Wegen des vergleichsweise hohen Einfangquerschnitts von $_{92}U^{236}$ für thermische Neutronen eignete sich das aus einer Wiederaufarbeitung von HTR- Brennelementen gewonnene Uran damit nicht zur Rückführung in einen HTR-Reaktorkern. Versuche, an Stelle eines Mischoxids getrennte Uran- und Thoriumpartikel zu verwenden, um reines $_{92}U^{233}$ bei der Wiederaufarbeitung erhalten zu können, kamen nicht über das Experimentierstadium hinaus (*feed/breed Konzept*).

Die real erreichbaren und aktuell (z. B. im chinesischen HTR-PM) angestrebten Abbrände liegen kaum über denjenigen von konventionellen Leichtwasserreaktoren, d. h. die

[14] Frey, H.: Leybold-Heraeus GmbH, Alfred Böttcher, KFA, Jülich.

Abb. 3.18 Schema eines Kugelhaufenreaktors. 1. Reaktorkern. 2. Kugelzugabeeinrichtung. 3. Vereinzelner. 4. He-Abfuhrsystem. 6. Kugelabfuhreinheit. 8. Behälter für beschädigte Kugeln

Brennstoffnutzung ist kaum besser. Zudem konnte der HTR nicht als thermischer Thorium-Brüter realisiert werden, wie es ursprünglich geplant war, d. h., er erbrütete weniger Spaltstoff als er verbrauchte. Mit einem aktuell erreichbaren Brutverhältnis von nur $< 0{,}5$ ist die für Kugelhaufenreaktoren verwendete Bezeichnung als *Nahebrüter* oder *Hochkonverter* daher kaum gerechtfertigt.

Die brennstofffreie Schale der Brennelemente ist zusammen mit der Grafitmatrix für die mechanische Festigkeit des Brennelements verantwortlich. Grafit sublimiert erst bei ca. 3500 °C, d. h. bis nahe dieser hohen Temperatur wird ein Schmelzen der Brennelemente vermieden. Jedoch wird schon oberhalb von 1600 °C in erheblichem Umfang Radioaktivität aus den Brennelementen freigesetzt. Dennoch stellt der Erhalt der mechanischen Stabilität gemeinsam mit der vergleichsweise geringen Leistungsdichte einen begrenzten sicherheitsrelevanten Vorteil gegenüber den in Leichtwasserreaktoren üblicherweise verwendeten *Brennstäben* dar, die anfälliger für Überhitzungen sind. Allerdings sind die Kugelbrennelemente brennbar (Entzündungstemperatur ca. 650 °C) und ein Unfall mit Lufteintritt in den Reaktor könnte zu einem Grafitbrand mit hoher Radioaktivitätsfreisetzung führen. Leckagen des Dampferzeugers mit Wasser/Dampfzutritt in den Kern können zu chemischen Reaktionen mit Grafit unter Bildung brennbarer Gase (Wasserstoff und Kohlenmonoxid) führen.

Der Demonstrations-Kugelhaufenreaktor THTR-300 mit einer berechneten elektrischen Leistung von 300 MW_{el}, basierte auf dem Versuchsreaktor AVR, enthielt keinerlei Halterungen oder Führungen für die Brennelementkugeln, sondern diese bildeten unter ihrem Eigengewicht eine Kugelschüttung. Rechnerisch wurde im Normalbetrieb eine maximale Kerntemperatur von ca. 1050 °C erreicht. Im Zentrum lagen die Temperaturen aber höher, wie Messungen in Heißgassträhnen auswiesen.

Im Kern des Reaktors befanden sich nur Materialien, die auch einer Temperatur weit oberhalb der Betriebstemperatur standhalten konnten. Allerdings ergaben sich durch das Hineindrücken von Absorberstäben beim Herunterfahren des Reaktors sehr ungleichmäßige mechanische Belastungen der Kugeln, was zu Kugelbrüchen und ungleichmäßigem Abbrand führte. Insgesamt wurden 25.000 beschädigte Brennelemente gefunden, was etwa das Tausendfache der Erwartungen für einen 40-jährigen Betrieb war.

Ein weiteres Problem, das mit den Materialeigenschaften zusammenhing, ist die Gewährleistung einer hohen Druckfestigkeit auch bei Temperaturerhöhung durch geringere Kühlung, bedingt durch den hohen Strömungswiderstand, der Brennelementkugeln. Übertemperaturen in schlechter gekühlten Bereichen führte zu Kugelbruch, der das Kugelabfuhrsystem außer Betrieb setzte und den Reaktor damit funktionsunfähig machte. Im Betrieb des THTR haben sich auch das „Kugelfließen“ und die Kugelentnahme als weitere Schwachstellen herausgestellt. Über der Entnahmestelle bildeten sich häufig stabile, gewölbeartige Kugelpackungen, die das Fließen der Schüttung verhinderten und so die planmäßige Entnahme unmöglich machten. Außerdem flossen die Kugeln sehr ungleichmäßig, was zu zusätzlichen Störungen in der Kernbrennstoffverteilung führte.

Wegen der Reibungsprobleme und aufgrund des Kugelbruchs flossen die Kugeln nicht so wie erwartet, sondern im Zentrum um einen Faktor 5 bis 10 schneller als am Rand. Das führte dazu, dass der Reaktor im unteren Zentrum um mindestens 150 °C zu heiß wurde.

Heliumkühlung erfordert – wie jede Gaskühlung – hohe Systemdrücke für eine ausreichende Wärmeabfuhr.

Damit werden Druckentlastungsstörfälle durch Leckagen im Primärkreislauf zu einem Risiko in aktuellen Kugelhaufenreaktorkonzepten, die alle kein Volldruckcontainment als zusätzliche Barriere enthalten. Um diesem Risiko zu entgehen, wurde als Alternative zu Helium eine Flüssigsalzkühlung vorgeschlagen, die einen drucklosen Betrieb ermöglicht.

3.3.1.6 Schnelle Brutreaktoren

Energie produzierende Leistungsreaktoren erzeugen über die Dauer des Abbrands etwa 90 % ihrer Leistung durch Spaltung von ${}_{92}U^{235}$. Der Nettokonversionsfaktor beträgt 0,223–0,26, bei den Leichtwasserreaktoren, 0,3–0,36 bei gasgekühlten Reaktoren, so dass über die Abbrandperiode nur eine begrenzte Menge von Plutonium erzeugt wird. Zu erwähnen sind Konzepte für sog. „Fortschrittliche Druckwasserreaktoren“ *(Advanced Pressurized Water Reactors)* oder Siedewasserreaktoren „mit reduzierter Moderation“. Sie würden mit konventionellen Brennstoffen und Kühlmitteln arbeiten, aber durch ihre Konstruktion hohe Konversionsraten von 0,7 bis 1,0 erreichen (daher gelegentlich auch als *Hochkonverter* bezeichnet), wären also „beinahe“ Brutreaktoren. Im schnellen Neutronenspektrum lassen sich dagegen Brut- bzw. Konversionsraten bis nahezu 1,5 erreichen – d. h. mit allen notwendigen parasitären Absorbern, wie Kühlmittel, Hüll- und Strukturmaterial – erzielen.

In den bisher beschriebenen Reaktortypen handelt es sich um thermische Reaktoren, da die Kernspaltung größtenteils durch thermische Neutronen ausgelöst wird.

Schnelle Reaktoren sind so konzipiert, dass sie schnellere Neutronen mit sehr viel höherer kinetischer Energie nutzen. Im Wesentlichen erzeugen schnelle Reaktoren mehr Neutronen je Spaltung als thermische Reaktoren. Diese Überschussneutronen können für die Umwandlung von Brutstoffen, wie beispielsweise $_{92}U^{238}$ und $_{90}Th^{232}$, in spaltbares Material durch Neutroneneinfang genutzt werden. Dieser neu entstehende Spaltstoff kann wiederum den Reaktor mit Brennmaterial versorgen. Es ist möglich, Brutreaktoren zu konzipieren, die mehr Kernbrennstoff produzieren als sie verbrauchen. Der Schnelle Brüter, Abb. 3.19, ermöglicht es somit, die Vorkommen von Natururan über 50-mal effizienter auszunutzen, benötigt hierzu für viele Reaktorarten allerdings den Aufbau einer Plutoniumwirtschaft.

Seine Bezeichnung bedeutet nicht, dass er „schnell brütet“, sondern verweist nur auf die schnellen Neutronen. Für das $_{92}U^{238}$ gibt es nur wenige andere Nutzanwendungen neben dessen Einsatz im Brutreaktor. Durch eine Verbundwirtschaft aus Brutreaktoren, Wiederaufarbeitung und Leichtwasserreaktoren könnte der Uranvorrat der Erde etwa 60-mal so viel Energie liefern, als wenn nur das $_{92}U^{235}$ gespalten würde. In der Theorie ergäbe die restlose Ausnutzung des $_{92}U^{238}$ sogar einen über 100-mal höheren Nutzfaktor, der jedoch technisch derzeit nicht realisierbar ist.

Durch die Nutzung des Metalls Thorium $_{90}Th^{232}$ lässt sich die Ressourcen-Lage der Kernkraft nochmals bedeutend verbessern, da die natürlichen Thorium-Vorkommen die des Urans um ein Vielfaches übersteigen.

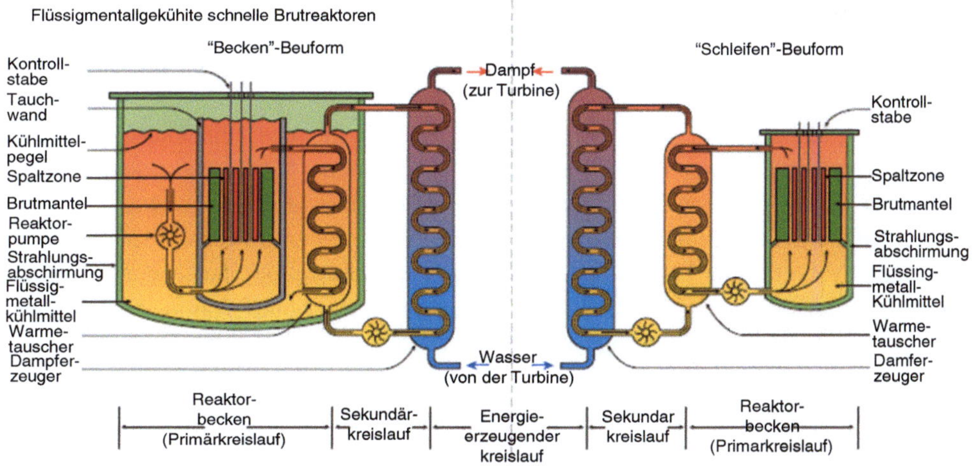

Abb. 3.19 Schneller Brutreaktor in Becken-Bauweise (links) und in Schleifen-Bauweise (rechts)

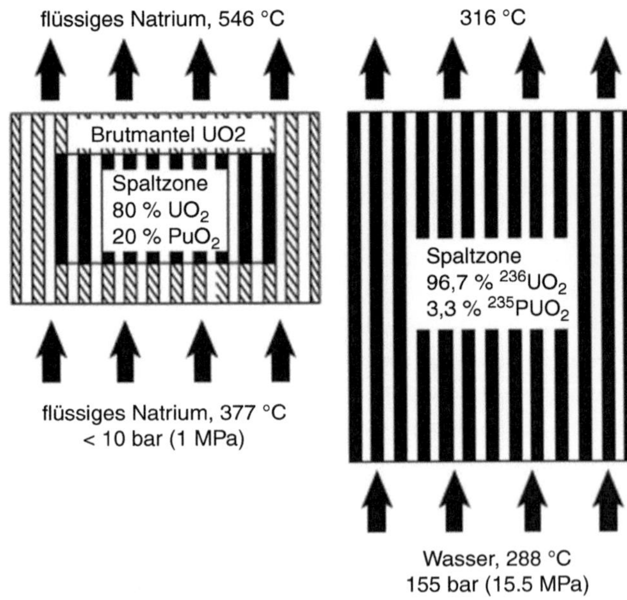

Abb. 3.20 Größenvergleich des Reaktorkerns eines Schnellen Brüters (links) und mit dem eines Leichtwasserreaktors

Allerdings ist die Häufigkeit der Kernspaltungen mit schnellen Neutronen beim Plutonium geringer als beim angereicherten Brennstoff der Leichtwasserreaktoren. Der Schnelle Brüter benötigt daher eine höhere Konzentration an Spaltstoff etwa 20 bis 30 %, also fast zehnmal mehr als bei Leichtwasser-Reaktoren. Dies hat folgende Konsequenzen: Der Reaktorkern eines Schnellen Brüters besteht im Prinzip aus zwei verschiedenen Zonen. Im Inneren befinden sich Brennstäbe, die eine Mischung von etwa 80 % UO_2 aus Natururan und 20 % PuO_2. In dieser Zone laufen überwiegend Kernspaltungen ab. Drum herum befindet sich ein *Brutmantel,* Abb. 3.20, der möglichst nur aus ${}_{92}U^{238}$ bestehen sollte. Man verwendet hierfür bevorzugt Uran, das noch weniger als die 0,7 % ${}_{92}U^{235}$ des Natururans besitzt. Es handelt sich hierbei um *abgereichertes Uran,* das in den Uran-Anreicherungsanlagen übrig bleibt. In diesem Brutmantel wird ${}_{92}U^{238}$ in ${}_{94}Pu^{239}$ umgewandelt. Man unterscheidet demgemäß eine innere und äußere Brutrate. Die hohe Konzentration des Spaltstoffs der inneren Zone hat zur Folge, dass der Reaktorkern wesentlich kompakter und damit kleiner ist, als bei den Leichtwasserreaktoren. Deshalb muss das Kühlmittel eine höhere Wärmekapazität besitzen, als Wasser. Wasser würde außerdem als unerwünschter Moderator wirken.

Als Kühlmittel wurde daher schon frühzeitig flüssiges Natrium verwendet, das durch niedrigen Schmelz- und hohen Siedepunkt, geringen Absorptionsquerschnitt, günstiges Korrosionsverhalten gegenüber Stählen und Zirkonium und hohen Wärmeübergang gute Eigenschaften als Kühlmittel bietet. Neben Natrium werden auch Legierungen von Natrium und Kalium verwendet.

Werkstoffe für Rohrleitungen, Wärmetauscher, Absperrschieber usw. müssen aus hochtemperaturfestem, austenitischem Stahl gefertigt werden. Zur Reduzierung der Korrosionsgeschwindigkeit muss das flüssige Kühlmittel höchstrein und entgast sein, d. h. während des Betriebs muss das Kühlmittel laufend gereinigt werden. Rohrleitungen sollten zudem doppelwandig gefertigt werden, wobei der Ringspalt evakuiert werden sollte, um bei Leckagen mittels Sensoren den Druckanstieg messen und das Leck bestimmen zu können.

Die einzigen Brutreaktoren im kommerziellen Betrieb sind der BN-600 (Leistung 600 MW brutto) und der BN-800 (800 MW brutto) in Russland. Beide Reaktoren sind in der Poolbauweise konzipiert.

Russland ist auf dem Gebiet der natriumgekühlten Brüter technisch führend. So soll die 800 MW starke BN-800-Serie von OKBM Afrikantov auch im chinesischen KKW Sanming zum Einsatz kommen. In Planung ist der BN-1200 als Nachfolger des BN-800.

Neben der höheren Leistung von 1200 MW soll der BN-1200 noch über höhere Sicherheitsstandards bei einem Brutverhältnis bis zu 1,45 verfügen. Mit Stromentstehungskosten von 2,3 ct/kWh wird gerechnet. Der nächste natriumgekühlte Schnelle Reaktor dürfte 2023 in Indien in Betrieb gehen. Nach 25 Jahren Stillstand haben zudem die USA die Entwicklung Schneller Brüter wieder aufgenommen. Zunächst will das Energieministerium einen Testreaktor bauen lassen.

Bei den natriumgekühlten Brütern wird für das Primärsystem meist die integrale Bauweise benutzt. Hier sind Kern, Umwälzpumpen und die Natrium-Natrium-Zwischenwärmetauscher in einem gemeinsamen natriumgefüllten zylindrischen Behälter eingesetzt, Abb. 3.21.

Der Superphénix war ein Pool-Reaktor. Der gesamte Primärkreislauf mit all seinen Komponenten und dem Kern befand sich weitgehend drucklos (bis auf den hydrodynamischen Druck zwischen heißen- und kaltem Plenum sowie dem hydrostatischen Druck des Natriums) in einem großen natriumgefüllten Becken mit 21 m Durchmesser und 17,3 m Höhe. Dieser Natriumpool war in ein heißes und ein kaltes Plenum unterteilt, die Unterteilung erfolgte durch eine ringförmige Reaktorkerntragestruktur und eine diese umgebende torusförmige sowie eine konusförmige Struktur. Die torusförmige Struktur übernahm dabei die Druckdifferenz zwischen den beiden Räumen während die konusförmige Struktur den Thermoschock abschirmte.

Das Natrium durchströmte den Kern von unten nach oben was der Naturumlaufrichtung entsprach und die Entfernung von Gasblasen aus dem Kernbereich fördern sollte. Es verließ den Kern mit einer Temperatur von 545 °C und strömte in das obere heiße Plenum. Von dort trat es in die insgesamt 8 Zwischenwärmeübertrager ein wo es das Natrium im Sekundärkreislauf aufheizte und dabei auf 395 °C abgekühlt wurde. Es floss nun in das kalte Plenum, wo es von den vier primären Hauptkühlmittelpumpen in die Verteilerkammer unter der Reaktortragplatte gepumpt wurde; von dort aus durchströmte es dann den Kern. Ein kleiner Teil strömte auch durch einen Wärmeschutzmantel entlang der Tankwand, der die Wärmebelastung des Pools senkt.

Die feste Abdeckung und Abschirmung (gegenüber der Gammastrahlung des Aktivierungsprodukts $_{11}Na^{24}$ im Primärkreislauf) des Pools nach oben war eine ringförmige Stahlbetonplatte, welche den Natriumtank trug. An dieser waren auch die Zwischenwärmeübertrager, die Primärpumpen und zwei Reinigungsvorrichtungen aufgehängt; der Pool hatte keine Durchführungen unterhalb der Natriumoberfläche. Gekühlt wurde die Reaktorgrube

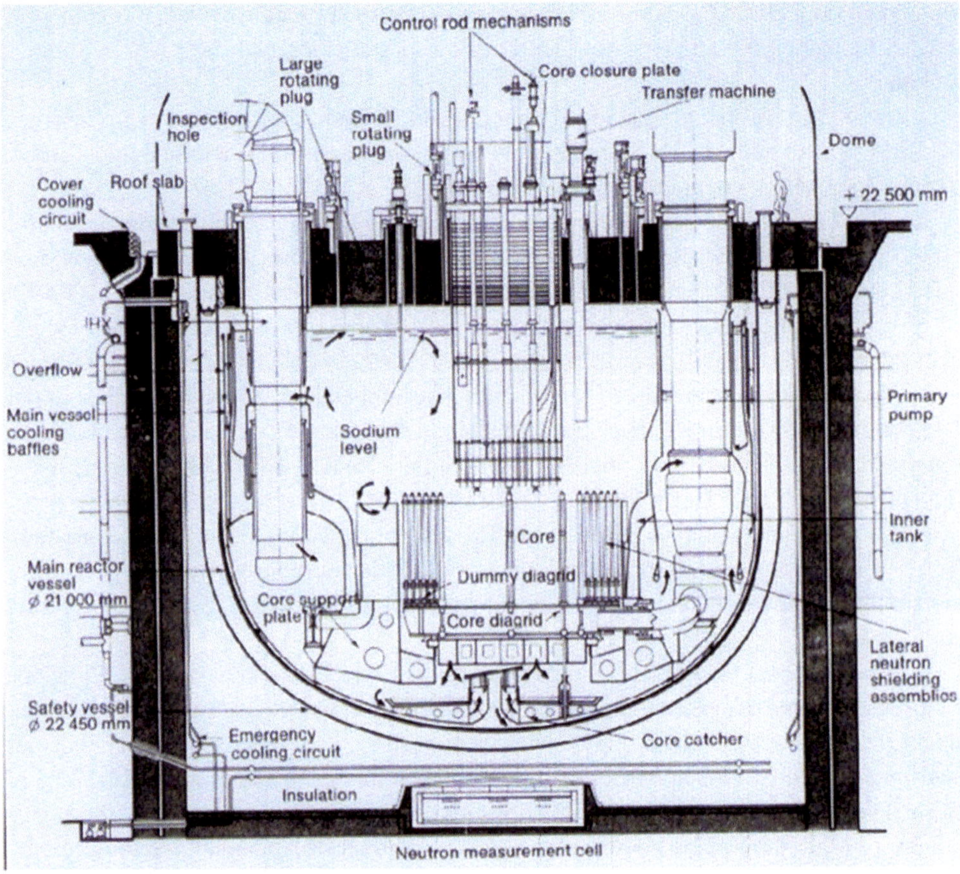

Abb. 3.21 Primärbehälter eines natriumgekühlten Brutreaktors (Poolbauweise). Stillgelegter Schneller Brüter Superphénix

an der Innenseite von einer Legierung aus Natrium und Kalium, die bei Raumtemperatur flüssig ist. Die Abdeckplatte wurde durch eine metallische Wärmeisolierung geschützt, in der sich Argon als Schutzgas befand. Der Reaktorpool war von einem Sicherheitsbehälter umgeben, der im Fall eines Lecks auslaufendes Natrium auffangen und verhindern sollte, dass der Natriumfüllstand ein unzulässiges Niveau unterschreitet.

Abb. 3.22 zeigt einen Blick in das Reaktorgehäuse des russischen Schnellen Brüters BN 800, der seit 2015 in Betrieb ist.

Während in Deutschland, den USA, Frankreich und Japan die Entwicklung Schneller Brüter aus technischen oder politischen Gründen gescheitert ist, hält Russland an diesem Reaktortyp fest, weil der Brennstoff praktisch nie ausgeht, die Versorgung also für unabsehbare Zeit gesichert ist. Auch der atomare Abfall aus Leichtwasserreaktoren lässt sich in diesen Anlagen verwerten. Allerdings müssen zuvor in einer Wiederaufarbeitungsanlage Uran und Plutonium vom wirklichen Atommüll getrennt werden.

Abb. 3.22 Blick in das Reaktorgebäude des russischen Schnellen Brüters BN 800

3.3.2 Lebensdauer von Kernreaktoren

Viele der heute betriebenen Reaktoren wurden in den siebziger und achtziger Jahren gebaut und 2015, teilweise nach einer Laufzeit von 40 Jahren, abgeschaltet. In Studien, die die Betriebserfahrungen, Erfahrungen mit dem Austausch von radioaktiven Bauteilen und Erfahrungen mit dem Verhalten von bestrahlten Materialein analysierten, konnte gezeigt werden, dass sich die auftretenden Probleme so lösen lassen, dass einer längeren Betriebsdauer für viele Reaktoren – insbesondere für Druckwasser- und Siedewasserreaktoren – nichts entgegenstehen würde. Im Januar 2003 beispielsweise hat die nationale Atomsicherheitsbehörde der Vereinigten Staaten für zehn Atomkraftwerke eine Verlängerung der Betriebsdauer auf 60 Jahre genehmigt, d. h. 20 Jahre über die in der Betriebslizenz ursprünglich vorgesehene Dauer hinaus. Andere Länder, wie die Russische Föderation, planen derzeit ebenfalls, die Laufzeit existierender Reaktoren zu verlängern. In vielen Ländern werden Entscheidungen über die Betriebsdauer von Kernkraftwerken im Rahmen der regelmäßigen Erneuerung der Betriebsgenehmigungen getroffen, die gemäß dem neuesten Stand der Technik Informations- und Sicherheitsauflagen sowie umfassende Sicherheitsanalysen vorsehen.

3.4 Kleinreaktoren

Während die bisherigen Kernkraftwerke der 2. und 3. Generation eine elektrische Leistung von typischerweise mindestens 600 MW_{el} liefern, die pro Reaktorblock bis zu 1600 MW_{el} erreichte, soll der Leistungsbereich der Minireaktoren zwischen 1 und 100 MW_{el} liegen.

Weil die üblichen großen Kernkraftwerke (KKW), meist aus Sicherheitsbedenken, von den Städten entfernt erbaut wurden, wurde ihre Abwärme, die etwa 70 % der aus dem Kernbrennstoff gewonnenen Energie beträgt, nur in die Umwelt abgegeben.

Minikernreaktoren sollen nicht nur Strom erzeugen, sondern auch die Abwärme zur Heizung von Gebäuden nutzen. Sie sind für die Verwendung in Stadtnähe konzipiert; in der Regel unterirdisch gebaut, durch passive Kühlsysteme gegen den Ausfall von Pumpen geschützt und zudem oftmals inhärent sicher, vielfach für Jahrzehnte mit Brennstoff ausgerüstet und während ihres Betriebes wartungsfrei, analog einer wartungsfreien Batterie, die kontrolliert und gesteuert mittels eines KI-Systems nur von einem Service-Personal ab und zu kontrolliert wird.

Die Grundidee ist, Reaktormodule in Fabriken zu bauen, in denen die Anforderungen an die Qualitätskontrolle hoch, die Zeitpläne sicherer und die Kosten normalerweise kontrollierbar sind.[15] Dadurch soll die Nuklearindustrie sehr viel mehr dem Flugzeugbau gleichen als der Verfahrenstechnologie, mit ihren stets neuen Spezifikationen. Die Luftfahrtindustrie baut sehr zuverlässig sehr komplizierte Maschinen, mit vorhersagbaren Preisen und vereinbarten Lieferterminen. Durch die „standardisierte", fabrikmäßige Produktion von modularen Reaktoren sollen sowohl die Investitionskosten, wie auch die Bauzeiten eines solchen Systems minimiert werden.[16]

Die durchweg hohe Sicherheit,[17] durch die ihre Akzeptanz bei der Bevölkerung erhöht werden kann, und ihre oft unterirdische Bauweise prädestiniert diese Systeme als stadtnahe Energielieferanten.

Kleinreaktoren wurden in größerer Stückzahl gebaut; überwiegend als Antrieb in Atom-U-Booten, Handelsschiffen und Eisbrechern. In Russland wurden etwa 20 Typen mit unterschiedlichen Reaktortechniken entwickelt und gebaut. Seit 1976 arbeiten in einer abgelegenen Region Sibiriens 4 kleine Einheiten eines Siedewasser-Reaktors, die mit einer Leistung von 62 MW_{th} (thermisch) und 11 MW_{el} (elektrisch) Strom und Heizwärme liefern.

3.4.1 In der Entwicklung befindliche Kleinreaktoren

3.4.1.1 Leichtwasser-Kleinreaktoren

Leichtwasserreaktoren soll es auch im Kleinformat geben: Babcock & Wilcox strebt ein aus modularen, unterirdisch installierten 125 MW_e-LWR-Reaktorblöcken bestehendes

[15] Nuclear Reactor Technologies. Online verfügbar: https://www.energy.gov/ne/nuclear-reactor-technologies.

[16] Nuclear Reactor Technologies. Online verfügbar: https://www.energy.gov/ne/nuclear-reactor-technologies.

[17] Buchholz, S. et al. (2015): Studie zur Sicherheit und zu internationalen Entwicklungen von Small Modular Reactors (SMR). Abschlussbericht (GRS-376). GRS – Gesellschaft für Anlagen und Reaktorsicherheit gGmbH, Köln.

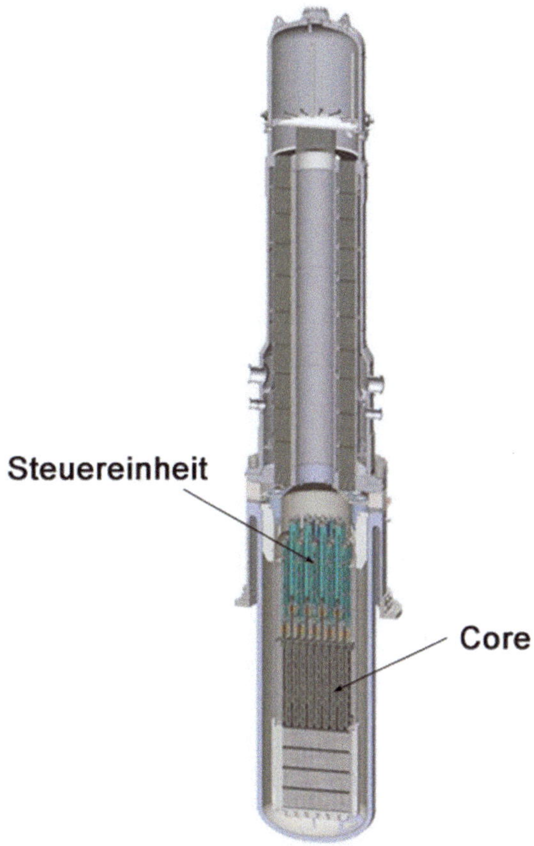

Abb. 3.23 mPower Reaktor von Babcock & Wilcox

Kraftwerk an, Abb. 3.23. Bei Brennelemente-Wechsel oder Reparaturarbeiten muss nur ein Modul heruntergefahren und ggf. herausgenommen werden, während die übrigen weiterlaufen.

Ein Vorteil ist die kostengünstige und qualitativ überlegene Komplettfertigung eines Moduls in einer Fabrik, von der es zur Kraftwerksbaustelle transportiert und eingebaut werden kann. Vorteile sind auch die erweiterten Sicherheitsfunktionen, wie passive Sicherheit, keine aktiven Kernkühlsysteme, keine Notstromaggregate, sondern Batterieversorgung.

Der mPower-Reaktor soll bei einer Verfügbarkeit von 95 % für 60 Jahre funktionieren und innerhalb von 36 Monaten zu errichten sein. Bei einem Betrieb mit auf weniger als 5 % angereichertem Uran sollen Abbrände von mehr als 40 GWd/Tonne erreicht werden. Das Konzept wurde 2009 erstmalig vorgestellt, eine Testeinrichtung wurde 2012 in Virginia, USA. in Betrieb genommen. Durch die Tennessee Valley Authority (TVA) als Betreiber wurde eine Interessensbekundung zur Errichtung und zum Betrieb von bis zu vier Einheiten des mPower abgegeben. Die Entwicklungsarbeiten wurden Anfang 2017 wegen mangelnder Nachfrage eingestellt.

NuScale Power ist eine Gesellschaft mit beschränkter Haftung mit Sitz in Tigard, Oregon, die kleine modulare Reaktoren (SMRs) entwickelt und vermarkten will. Ab 2025 sollen die Kleinreaktoren kommerziell erhältlich sein. NuScale plant derzeit das erste NuScale-Kraftwerk in Idaho.

Das SMR-Design von NuScale, Abb. 3.24, hat einen Reaktorbehälter von 2,7 m Durchmesser und eine Höhe von 20 m. Das Design von NuScale verwendet zur Kühlung Wasser und soll mit schwach angereicherten Brennelementen betrieben werden, basierend auf Brennelementen für Leichtwasserreaktoren. Jedes Modul soll in einem unterirdischen Becken aufbewahrt werden und etwa 60 Megawatt Strom erzeugen. Das Wasser soll im Naturumlauf d. h. ohne Pumpen im Kreis zirkulieren.

Ein Kraftwerk soll aus 1 bis 12 Modulen, Abb. 3.25, bestehen und bei 12 Modulen eine Leistung von 540 MW_{el} liefern, wobei das Einzelmodul 45 MW_{el} beisteuert. Das Notkühlsystem des Reaktors arbeitet passiv und bedarf keiner Stromversorgung. Das einzelne Reaktormodul soll komplett in einer Fabrik innerhalb von 36 Monaten gefertigt werden; die Montage soll am Betriebsort unterirdisch erfolgen.

Ein Modul soll eine Verfügbarkeit von mehr als 95 % bei einer Betriebszeit von 60 Jahren haben. Bei einem Betrieb mit auf weniger als 4,95 % angereichertem Uran soll ein noch nicht näher bestimmter Abbrand erreicht werden. Bereits 2003 wurde eine erste Testanlage in Betrieb genommen. Ab 2008 wurde eine Konzeptbewertung durch die U.S. NRC beantragt. Die erste kommerzielle Anlage soll im Jahr 2023 in Idaho gebaut werden.[18]

Die zwölf Module arbeiten in einem mit 28 Millionen Liter Wasser gefüllten Pool. Die Reaktoren sind so konstruiert, dass sie sich bei Stromausfall von außen selbst abschalten. So werden die Kontrollstäbe von Elektromagneten in Position gehalten. Ohne Strom fallen sie in den Kern und unterbrechen die nukleare Kettenreaktion. Ohne Strom schließen sich die Ventile, die den Dampf auf die Turbine leiten. Stattdessen öffnen sich andere, die den Dampf in außen montierte Wärmeübertrager leiten. Die geben die Nachzerfallswärme an den Pool ab. „Das funktioniert passiv, automatisch, ohne weitere Eingriffe von außen, ohne weiteres Kühlwasser oder Strom."

In Russland wurde unter anderem der **VKT-12** entwickelt, ein kleiner transportabler 12 MW_{el} Reaktor. Der VKT-12 soll nur alle 10 Jahre einen Brennstoffwechsel benötigen. Der Reaktorbehälter hat einen Innendurchmesser von 2,4 m und eine Höhe von 4,9 m. Das Konzept basiert auf den ersten Siedewasserreaktoren. Daraus entstand die VK-Baureihe. Der erste VK steht im Research Institute of Atomic Reactors Melekess. Es handelt sich um einen VK-50 mit 50 Megawatt netto und 62 Megawatt brutto, der den Prototyp der VK-Reaktoren darstellt. Hergestellt wird der VK-Reaktor von der Firma OKBM.

[18] Advances in Small Modular Reactor Technology Developments. A Supplement to: IAEA Advanced Reactors Information System (ARIS). IAEA – International Atomic Energy Neue Reaktorkonzepte Agency, Vienna, Austria. Online verfügbar: https://www.iaea.org/nuclearenergy/nuclearpower/Downloadable/SMR/files/IAEA_SMR_Booklet_2014.pdf.

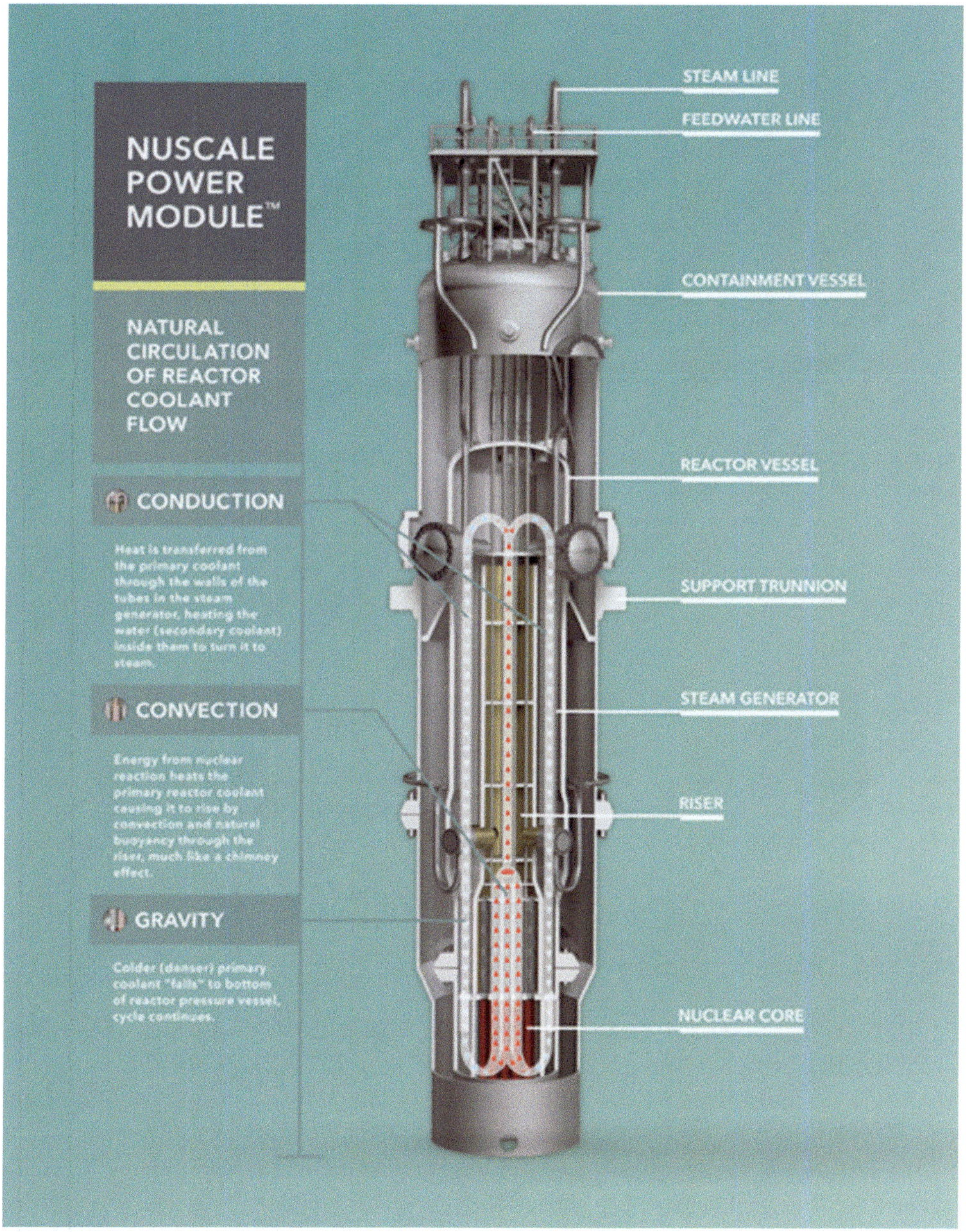

Abb. 3.24 SMR-Design von NScale mit Naturumlauf. (Quelle: NScale Prospekt)

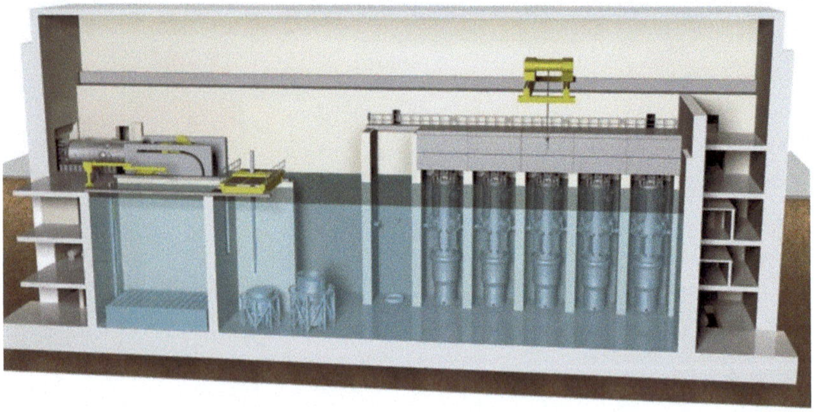

Abb. 3.25 Querschnitt eines Reaktorgebäudes, wie es die US-amerikanische Firma NuScale Power entworfen hat. (NuScale Power, LLC.)

Abb. 3.26 Kernkraftwerk *Akademik Lomonossow*

Als Nachfolger der schon länger in Eisbrechern eingesetzten KLT-40-Reaktoren entwickelte OKBM den 35 MW_{el} -Druckwasserreaktor KLT-40S. Er soll als schwimmendes Kraftwerk eingesetzt werden, das entlegene Hafenstädte 35 bis 40 Jahre lang mit Strom und Wärme versorgen kann, Abb. 3.26.[19]

Die „Akademik Lomonossow" ist 144 Meter lang und rund 30 Meter breit. Sie wurde in einer Werft in Sankt Petersburg gebaut.

Schwimmende SMR (Smart Modular Reactor) werden derzeit auch z. B. von der kanadischen Fa. *Dunedin Energy Systems* für abgelegene Bergbauprojekte in den USA sowie als „Integraler Leichtwasser-Reaktor" vom chinesischen *Nuclear Power Institute* in Chengdu in Kooperation mit der britischen *Lloyd's Register* konzipiert. Solche Anlagen müssen nicht nur den Sicherheits-Vorgaben der IAEO genügen, sondern auch denen der Internati-

[19] Quelle: Staatliche Universität Moskau.

onalen Seeschifffahrts-Organisation IMO, die mittlerweile diesbezüglich einen vorläufigen Anforderungskatalog aufgestellt hat; allerdings sind hier noch weitere Regularien und technische Anforderungen notwendig, z. B. auch für den Fall des Sinkens der Anlagen. Dabei steht die internationale Genehmigungspraxis insgesamt vor der Herausforderung der vorgesehenen länderübergreifenden standortgebundenen und hochstandardisierten Produktionen, also quasi von Typ- statt Einzelzulassungen.

Auch das Korea Atomic Energy Research Institute KAERI arbeitet seit 1997 an einem modularen „System-Integrated Modular Advanced Reactor (SMART)“: Ein 330 MW_{th} bzw. 100 MW_{el} – Reaktor, der für Stromerzeugung, Meerwasserentsalzung und Fernwärmeversorgung eingesetzt werden soll.

In Argentinien wird *Carem-25* (Leistung 27 MW), Abb. 3.27, von der Internationalen Atomenergiebehörde (IAEO) als Forschungsreaktor titulierter Prototyp entwickelt. Die IAEO überwacht die Entwicklungsarbeiten.

Beim argentinischen Carem-25 handelt es sich um einen integralen Leichtwasserreaktor. Die argentinischen Entwickler stufen dieses Reaktorkonzept selbst als einen inhärent siche-

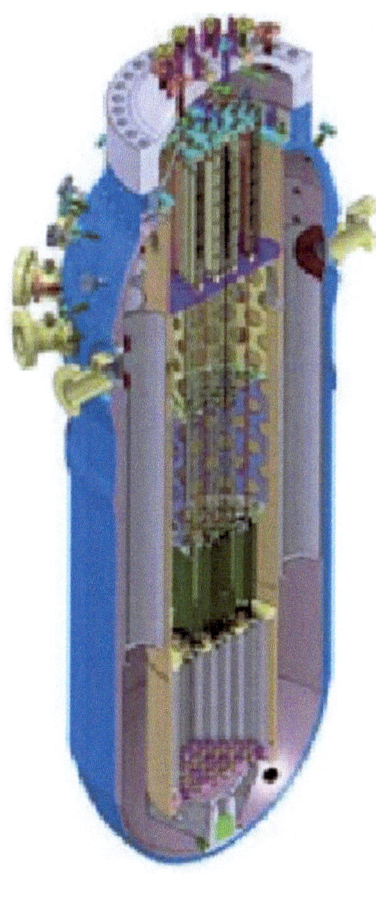

Abb. 3.27 Prinzipienbild des Reaktordruckbehälters des Carem-25

ren Reaktor der Generation IV ein.[20,21] Beim Carem-25 sind sowohl der Druckhalter, die Steuerstäbe als auch zwölf gleichartige Dampferzeuger innerhalb des Reaktordruckbehälters untergebracht. Dieser weist eine Höhe von 11 m und einen Durchmesser von 3,2 m auf.

Die Entwicklung dieses Reaktorkonzepts begann im Jahr 1984. Von 2001 bis 2002 wurde das Konzept vom Generation IV International Forum (GIF) evaluiert und 2006 als prioritäres nationales Entwicklungsprojekt in Argentinien gelistet. Im Jahr 2009 wurde der Sicherheitsbericht für den Carem-25 bei der argentinischen Aufsichtsbehörde eingereicht, 2012 wurde mit ersten Bauarbeiten am Standort begonnen. Teilerrichtungsgenehmigung erteilt. Offizieller Baubeginn war im Februar 2014. Mit der Inbetriebnahme sollte gemäß[22] 2018 begonnen werden. Es ist vorgesehen die Leistung auf 300 oder 600 MW_{el} anzuheben.

Beim Carem-25 sind sowohl der Druckhalter, die Steuerstäbe als auch zwölf gleichartige Dampferzeuger innerhalb des Reaktordruckbehälters untergebracht. Dieser weist eine Höhe von 11 m und einen Durchmesser von 3,2 m auf. Der Reaktor wird mit Leichtwasser gekühlt. Der primäre Kühlkreislauf erfolgt durch Naturumlauf, d. h. es sind keine Hauptkühlmittelpumpen erforderlich. Der Kühlmitteldruck wird mit 12,25 MPa angegeben, die Kühlmitteltemperatur soll bei 284 °C am Kerneintritt und 326 °C beim Kernaustritt betragen. Im sekundären Kühlkreislauf wird das Speisewasser durch elektrisch betriebene Pumpen in die Dampferzeuger gefördert.

Der sekundäre Kühlkreislauf befindet sich bis zu den Speisewasser- bzw. Frischdampfabschlussarmaturen innerhalb des Sicherheitsbehälters. Er steht im Normalbetrieb unter einem Druck von 4,7 MPa und soll dazu ausgelegt sein, auch bei einem Bruch eines Dampferzeugerheizrohrs dem primärseitigen Kühlmitteldruck standzuhalten.[23]

Als Brennstoff ist niedrig angereichertes Uran mit 3,1 % Anreicherung vorgesehen, es sollen Abbrände von 24 GWd/t erreicht werden.

Nach einer Betriebszeit von 510 Volllasttagen soll die Hälfte des Kerns entladen und durch frischen Brennstoff ersetzt werden. Zur Steuerung des Reaktors sind Steuerstäbe vorgesehen. Es ist keine Zugabe von Bor zum primären Kühlmittel zur Reaktivitätskontrolle erforderlich. Die Not- und Nachkühlung erfolgt über ein zweifach redundantes, passives System.

Der Nuclear Heating Reactor (Nuklearer Heizreaktor) NHR-200, entwickelt von der Tsinghua Universität in China, ist ein einfacher 200 MW_{th}-Druckwasserreaktor für die

---

[20] MacLachlan, A. (2006): Argentina unveils ambitious plan for nuclear power expansion. Nucleonics Week 35 (2006), S. 9–10.

[21] IAEA (2014a): Advances in Small Modular Reactor Technology Developments. A Supplement to: IAEA Advanced Reactors Information System (ARIS). IAEA – International Atomic Energy Neue Reaktorkonzepte 119 Agency, Vienna, Austria. Online verfügbar: https://www.iaea.org/nuclearenergy/nuclearpower/Downloadable/SMR/files/IAEA_SMR_Booklet_2014.pdf; letzter Abruf am 27.03.2017.

[22] Isted, C.-L. (2011): Nuclear plant market unclear for at least a year: ASE president. Nucleonics Week 24 (2011), S. 3–4.

[23] Giménez, M. O. (Vortrag am 04.07.2011, Vienna, Austria): Carem Thecnical Aspects, Projet and Licensing Status. Interregional Workshop on Advanced Nuclear Reactor Technology for Near Term Deployment.

Fernheizung oder Wasserentsalzung. 2008 beschloss die Regierung den Bau einer Multi-Effekt-Entsalzungsanlage (MED) mit dem NHR-200 auf der Halbinsel Shandong.

Holtec International (USA) gründete im Februar 2011 eine Tochter – SMR LLC –, um den unterirdisch installierten 140 MWel-Reaktor „Holtec Inherently Safe Modular Underground Reactor“ kommerziell zu verwerten. Gekühlt werden soll der Reaktor durch Naturumlauf von Wasser.

Der SMR-160 von Holtec International sieht ein einfaches Design mit vielfältigen passiven Eigenschaften mit einer Leistung von 160 MW_{el} vor. Er soll bei einer Verfügbarkeit von 98 % für 80 Jahre Lebensdauer konzipiert und innerhalb von 24 Monaten zu errichten sein. Bei einem Betrieb mit 4,95 % angereichertem Uran-235 sollen Abbrände von 32 GWd/Tonne erreicht werden. Für den SMR-160 sollte ein konzeptionelles Design bis Mitte 2015 vorliegen, eine kommerzielle Verfügbarkeit soll bis 2025 erreicht werden.[24]

Das TRIGA Power System (USA) ist ein Druckwasserreaktor, dessen Konzept auf General Atomics bewährtem Forschungsreaktor-Design beruht. Es ist ein 64 MW_{th}, 16,4 MW_{el} System.

3.4.1.2 Gasgekühlte Hochtemperatur (HTR)-Kleinreaktoren

In China wird gegenwärtig ein 10 MW_{th} gasgekühlter HTR am INET-Institut an der Tsinghua Universität nach dem Vorbild des deutschen HTR (siehe Abb. 3.18) entwickelt. Die Brennelemente bestehen aus 27.000 Kugeln. Die Betriebstemperatur soll 700 °C betragen.

Das Konzept des gasgekühlter HTR am INET-Institut zählt zu den Kernkraftwerken der vierten Generation, in denen eine Kernschmelze buchstäblich ausgeschlossen sein soll.

Adams Atomic Engines' 10 MW_{el} – HTR-Konzept besitzt einen Reaktorkern mit ca. 80.000 Brennstoffelementkugeln. Die Ausgangstemperatur soll 800 °C betragen. Die Fertigstellung einer Demo-Anlage war für 2019 geplant.

Der kleine modulare, transportable, luftgekühlte HTR „MTSPNR“ wird vom N.A. Dolezal Forschungs- und Entwicklungsinstitut (NIKIET) in Russland entwickelt. Zweck: Wärme- und Stromversorgung entlegener Regionen. Die 2-Reaktoren-Einheit liefert 2 MW_{el}. Laufzeit: 25 Jahre ohne Brennstoffergänzung.

3.4.1.3 Schnelle Kleinreaktoren

Schnelle Reaktoren haben den Vorteil, dass sie nicht nur das Natururan U-238 vollständig – und nicht nur zu 1,5–2,2 % wie die Leichtwasserreaktoren – ausnutzen; sie verbrennen bzw. spalten zudem auch die entstandenen langlebigen radioaktiven Isotope (insbesondere das ^{239}Pu mit 24.000 Jahren Halbwertszeit) vollständig und hinterlassen nur Spaltprodukte, – relativ kurzlebige Isotope –, die nach ca. 300–400 Jahren komplett zerfallen sind. Daher könnten sie auch mit aufbereiteten Nuklearabfällen aus den üblichen

[24] Advances in Small Modular Reactor Technology Developments. A Supplement to: IAEA Advanced Reactors Information System (ARIS). IAEA – International Atomic Energy Agency, Vienna, Austria. Online verfügbar: https://www.iaea.org/nuclearenergy/nuclearpower/Downloadable/SMR/files/IAEA_SMR_Booklet_2014.pdf.

Leichtwasser-Reaktoren als Brennstoff gefüttert werden und deren Plutonium verbrennen – und damit auch das Endlagerproblem weitgehend entschärfen. Bei den schnellen Minireaktoren gibt es zwei Entwicklungslinien.

3.4.1.4 Schnelle Salzschmelze-Kleinreaktoren

In den amerikanischen Großforschungszentren Labors Lawrence Livermore, Los Alamos und Argonne konstruierte man einen salzgekühlten, mit Thorium betriebenen Kleinreaktor, der gegen äußere Manipulationen weitestgehend sicher sein soll. Die Betriebstemperatur soll bei 650 °C liegen. Dieser als SSTAR, Abb. 3.28,[25] (kleiner, versiegelter, transpor-

Abb. 3.28 SSTAR (small, sealed, transportable, autonomous reactor)

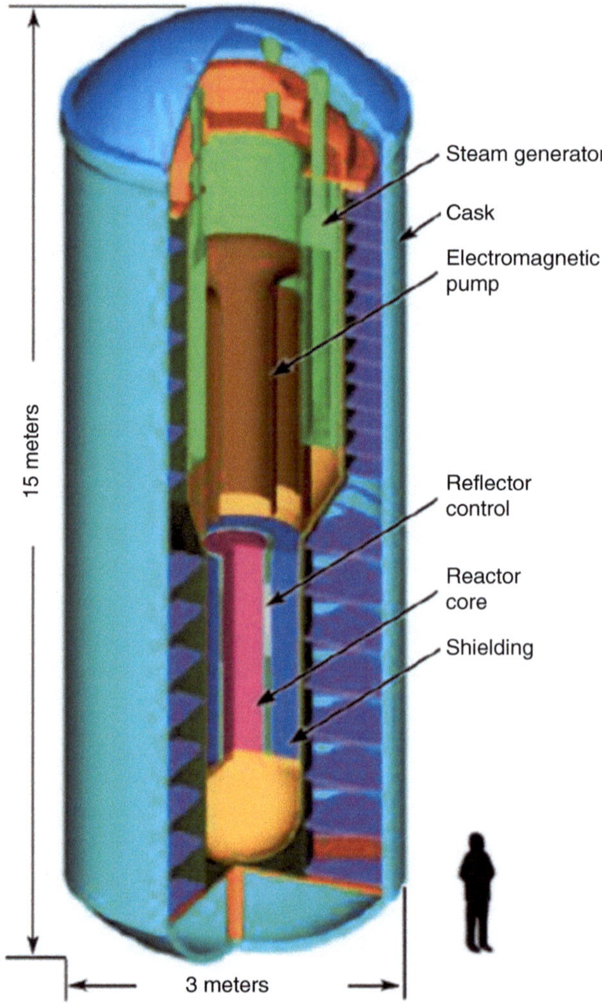

[25] Quelle: Lawrence Livermore Lab.

tabler, autonomer Reaktor) bezeichnete Reaktor hat eine Leistung, je nach Zahl der verwendeten Moduln, von 10 bis 100 MW_{el} und lässt sich auf einem Schiff oder mit einem Schwerlasttransporter transportieren. Zum Transport soll der Reaktor laut Konzeptentwurf in einen Transportbehälter eingeschlossen werden.

Nach den Berechnungen der Wissenschaftler in den Forschungszentren würde ein 1 MW_{el} salzgekühlter Thoriumreaktor ca. 500.000 $ kosten und genügend Strom für 1000 Personen pro Jahr liefern. An Brennstoff würde man 20 kg Thorium benötigen und pro Jahr eine technische Kontrolle. Durch Nutzung von künstlicher Intelligenz würde sich bei einer Störung im Reaktorkern oder Schäden im Primär- oder Sekundärkreislauf der Reaktor selbst abschalten und z. B. Bleiplatten zur zusätzlichen Abschirmung gegen radioaktive Strahlung aktivieren. Im Normalfall wäre nur eine Inspektion pro Jahr erforderlich. Voraussetzungen für diese Vision sind allerdings strahlungsunempfindliche und korrosionsbeständige Werkstoffe, die es noch nicht gibt.

In Japan entwickelt man den FUJI. Dieser gehört zur 4. Generation der Flüssigsalz-Reaktoren (MSR). Der FUJI ist ein kleiner Brutreaktor mit eigenem Brennstoffkreislauf. Als Vorstufe soll der miniFUJI gebaut werden (1,8 m Durchmesser und 2,1 m Höhe) und dabei eine Leistung von 7 bis 10 MW_{el} erreichen. Danach ist geplant den FUJI mit einer Leistung von 100 bis 300 MW_{el}, zu bauen.

Gekühlt werden soll mittels Naturumlauf (Passive Kühlung); der Brennstoff kann allein durch Schwerkraft aus dem Reaktor entfernt werden. Auch soll Thorium als Brennstoff mitgenutzt werden.

2010 wurde in Tokio die International Thorium Energy & Molten-Salt Technology Inc. (IThEMS) gegründet.

Brennstoffkreislauf

4

4.1 Einführung

Als Kernbrennstoffkreislauf werden die Arbeitsschritte und Prozesse bezeichnet, die der Fertigung des Kernbrennstoffs und seiner Behandlung, bzw. Entsorgung nach dem Einsatz im Reaktor, dienen. Dementsprechend gibt es eine Versorgungs- und eine Entsorgungsseite des Brennstoffkreislaufs. Es gibt zwei Grundtypen des Brennstoffkreislaufs – den offenen und den geschlossenen –, wobei der Unterschied in der Behandlung der abgebrannten Brennelemente besteht. Die wichtigsten Prozesse sind in Abb. 4.1 zusammengefasst.[1]

Im offenen Kernbrennstoffkreislauf wird der dem Reaktor entnommene Kernbrennstoff nach seiner Zwischenlagerung endgelagert. Im geschlossenen Kernbrennstoffkreislauf wird das nicht verwertete spaltbare Material zurückgewonnen und zur Herstellung von neuem Brennstoff verwendet.

Die Wiederaufarbeitung ist ein Verfahren, bei dem das in abgebrannten Brennelementen noch weiterhin vorhandene spaltbare Material zum Zweck eines erneuten Einsatzes als Kernbrennstoff oder zur Konditionierung für die Endlagerung zurückgewonnen wird, Abb. 4.2. Außerdem werden Volumen und langfristige Radiotoxizität des für die Endlagerung bestimmten Abfalls reduziert.[2]

Es gibt zahlreiche Konzepte für die Umsetzung eines nuklearen Brennstoffkreislaufs. Die Auswahl eines entsprechenden Brennstoffkreislaufs ist dabei sowohl Gegenstand wirtschaftlicher Optimierungen, als auch politischer Entscheidungen und gegenwärtiger technischer Machbarkeit. Bisher wurden nur wenige Optionen für Brennstoffkreisläufe tatsächlich in größerem Maßstab in die Praxis umgesetzt.

[1] OECD Kernenergie-Agentur (Nuclear Energy Agency – NEA).

[2] Quelle: METI, Japan.

W. Osterhage, H. Frey, *Transformation radioaktiver Abfälle*, Energie in Naturwissenschaft, Technik, Wirtschaft und Gesellschaft,
https://doi.org/10.1007/978-3-658-38519-4_4

Abb. 4.1 Der nukleare Brennstoffkreislauf

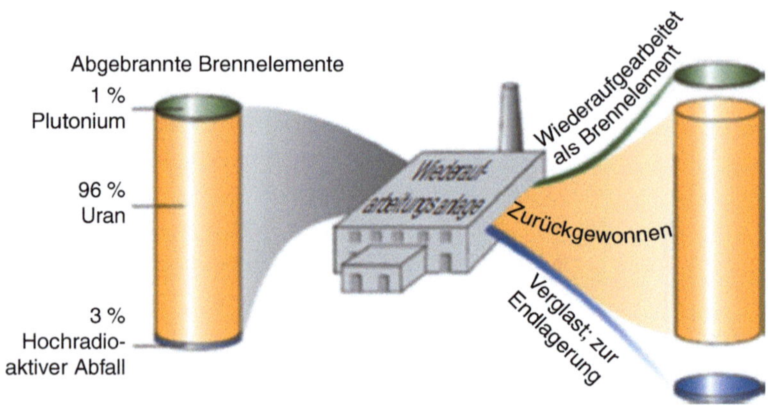

Abb. 4.2 Zusammensetzung von abgebrannten Brennelementen vor und nach Wiederaufarbeitung

Beachtlich ist, dass fallweise mehrere Brennstoffkreisläufe weitgehend (bis auf die Rohstoffgewinnung) oder sogar völlig unabhängig parallel zueinander existieren können. Das kann etwa der Fall sein, wenn verschiedene Reaktoren eingesetzt werden, deren Wiederaufbereitungsprozess nicht direkt kompatibel ist. Die Wiederaufarbeitung kann den Bedarf an Natururan um etwa 10–15 % reduzieren, indem sie Plutonium, das während des Spaltungsprozesses erzeugt wurde, aus den abgebrannten Brennelementen herauslöst, in Form von MOX-Brennmaterial (vgl. Abschn. 4.3.7) wiederverarbeitet und in Kernkraftwerken erneut zum Einsatz bringt. Die Trennung des Urans und des Plutoniums von anderen Isotopen wird kommerziell in einem chemischen Verfahren, dem so genannten PUREX-Verfahren (Plutonium-Uran-Extraktionsverfahren) (vgl. Abschn. 6.2), durchgeführt. Spaltprodukte, Actinoiden sowie die nicht löslichen metallischen Strukturteile der Brennelemente (Hüllrohre und Endkappen) bleiben übrig.

4.2 Kernbrennstoff Uran

Der Abbau von Uranerzen ähnelt der Förderung anderer Mineralien, wie z. B. Kupfer. Über 70 % der Urangewinnung erfolgt durch bergmännische *Erzförderung im Tage- oder Untertagebau.* Uran wird im Tagebau, Tiefbau (über 70 %) oder durch in-situ-Laugung gewonnen. Die gewählte Gewinnungsmethode richtet sich nach den Eigenschaften des Erzkörpers, wie Tiefe, Form, Erzgehalt, Tektonik, Art des Nebengesteins und anderen Größen. Uran kann als Nebenprodukt bei der Gewinnung anderer Rohstoffe anfallen, so wie durch den Uranbergbau selbst auch weitere Metalle gewonnen werden können.

Die gegenwärtig größten Förderländer Kasachstan, Kanada und Australien erzeugten im Jahr 2016 zusammen drei Viertel der weltweiten Produktion. Aber auch Niger, Namibia, Russland, Usbekistan, China und die USA bauen größere Mengen Uran ab.

Aus Minen gefördertes Uran deckte im Jahr 2017 gut 90 Prozent des weltweiten Bedarfs von rund 60.000 Tonnen. Der Rest stammte aus Lagerbeständen oder aus der Abrüstung.

Ein weiterer Teil des Urans für Kernkraftwerke kommt aus der Wiederaufarbeitung (Recycling) von ausgedientem Kernbrennstoff oder der erneuten Anreicherung von Anreicherungsrückständen. Die ausgedienten Brennelemente werden jedoch sicher aufbewahrt und könnten – je nach Uranpreis und politischer Entwicklung – auch zu einem späteren Zeitpunkt der Wiederaufarbeitung zugeführt werden.

Die Uranreserven reichen noch sehr lange, Abb. 4.3.

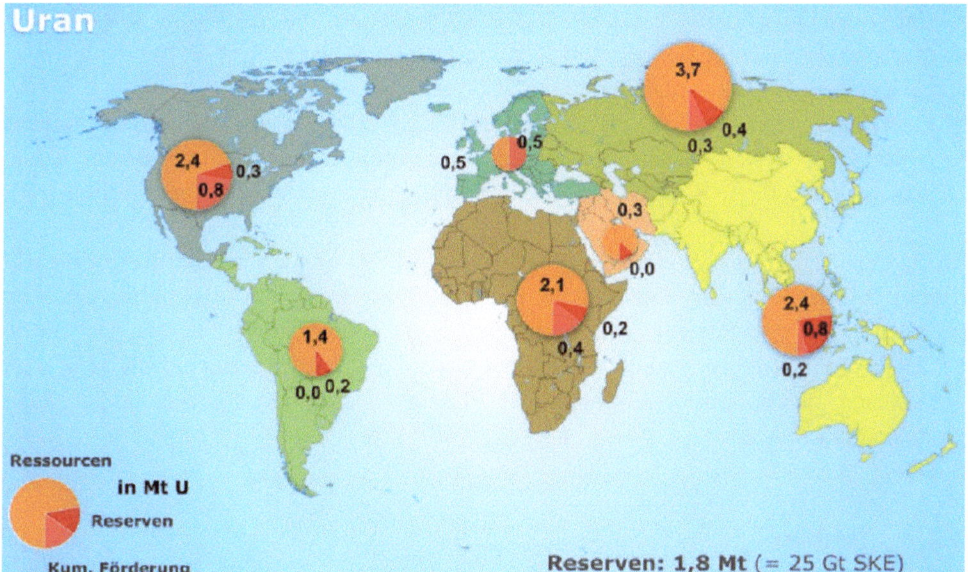

Abb. 4.3 Gegenwärtiger Stand der Uranreserven

Gesicherte Angaben über die Gesamtmenge der abbauwürdigen Uranvorkommen auf dem Festland gibt es allerdings keine, da viele geologisch interessante Gebiete noch nicht erkundet wurden. Auch ändert sich die Einschätzung, was abbauwürdig ist, je nach Marktpreis und Technologieentwicklung. Zahlen zu den globalen Uranreserven beziehen sich deshalb immer auf die heute bekannten Lagerstätten und auf einen bestimmten Uranhandelspreis, zu dem die Vorkommen wirtschaftlich abbaubar sind.

Für einen Preis von 130 Dollar pro Kilo Uran (Uranpreis im Jahr 2014; 2018 lag er deutlich tiefer) reichen die bekannten Uranvorkommen 60 Jahre, gemessen am heutigen Verbrauch. Für den Preis von bis zu 260 Dollar pro Kilo Uran könnten auch Vorkommen erschlossen werden, die aufwendiger im Abbau sind. Dann reichen gemäß der Organisation für wirtschaftliche Zusammenarbeit und Entwicklung der Industrieländer (OECD) die bekannten Uranreserven bei heutigem Verbrauch für die nächsten 135 Jahre. Dazu kommen die noch vermuteten, unentdeckten Uranreserven, die mindestens hundert Jahre länger reichen.

Sollten die konventionellen Reserven knapp und Uran teurer werden, ließe sich Uran auch als Nebenprodukt der Düngerproduktion (Phosphate) gewinnen.

- Die Abraumhalden von Goldminen und die Asche aus Kohlekraftwerken enthalten bedeutende Mengen Uran, die leicht gewonnen werden können. Die Reichweite der Vorräte stiege auf 500 Jahre.
- Bei noch höherem Uranpreis würde sogar die Gewinnung aus Meerwasser rentabel – ein Verfahren, das in Japan schon praktisch erprobt ist. Derzeit entwickeln Forscher in den USA ein neues, kostengünstigeres Verfahren. Die Reichweite der Uranvorräte stiege so auf Tausende von Jahren, bei der heutigen Technologie.
- Ganz neue Dimensionen hinsichtlich Brennstoffnutzung und -reichweite eröffnen sich durch den Einsatz von Schnellen Brutreaktoren. Diese können über 50 Mal mehr Energie aus Uran gewinnen als die Leichtwasserreaktoren.
- Letztlich könnte auch Thorium als Brennstoff eingesetzt werden, das dreimal häufiger in der Natur vorkommt als Uran. Gegenwärtig verfolgen vor allem Indien und China langfristig angelegte Reaktorentwicklungsprogramme zur Nutzung von Thorium.

Im Bergbau fällt Uran oft als Nebenprodukt bei der Gewinnung anderer Rohstoffe wie Kupfer, Silber, Gold oder Vanadium an. Im Jahr 2017 wurden vier Prozent des Urans so gefördert. Weitere 46 Prozent wurden im Unter- oder Obertagebau erschlossen. Der Hälfte des Urans wird heute aber durch sogenannte In-situ-Laugung gewonnen. Dabei löst man mittels einer durch Bohrlöcher gepumpten Flüssigkeit das Uran aus dem umgebenden Gestein heraus.

4.2.1 Tiefbau

Ein Großteil des Urans wird im Tiefbau in Teufen von 100 bis über 2000 m gewonnen. Die Lagerstätten werden über Schächte, Stollen, Rampen oder Wendeln erschlossen. Probleme stellen das eindringende Grubenwasser sowie die Bewetterung, analog dem Abbau in

Kohle- oder Erzgruben, dar. Das Grubenwasser muss gehoben und gegebenenfalls von Schwermetallen gereinigt werden. Bei der Bewetterung ist sicherzustellen, dass das sich beim radioaktiven Zerfall von Uran bildende Radon und dessen Folgeprodukte nicht die maximale Arbeitsplatzkonzentration überschreitet.

Die spezielle Abbaumethode wird wiederum nach den Eigenschaften der Lagerstätte gewählt. Vor allem die Form der Erzkörper sowie die Verteilung des Urans darin sind ausschlaggebend. Im Tiefbau lässt sich ein Erzkörper gezielt abbauen, wodurch viel weniger Abraum als im Tagebau anfällt. Die größte Tiefbaugrube ist derzeit McArthur River im kanadischen Saskatchewan mit einer Produktion von etwa 7200 t Uran pro Jahr.

4.2.2 Tagebau

Oberflächennahe oder sehr große Erzkörper werden bevorzugt im Tagebau gewonnen. Dies ermöglicht den Einsatz kostengünstiger Großtechnik. Moderne Tagebaue können wenige Meter bis über 1000 m tief sein sowie einige Kilometer Durchmesser erreichen. Beim Tagebau fallen oftmals große Mengen an Abraum an. Wie im Tiefbau müssen auch für einen Tagebau gegebenenfalls große Mengen Wasser gehoben werden, allerdings stellt die Bewetterung ein weniger großes Problem dar. Der Tagebau Ranger III, Abb. 4.4, im australischen Northern Territory ist derzeit der produktivste Urantagebau mit etwa 4600 t Uran pro Jahr. Die Rössing-Mine in Namibia gilt als größter Urantagebau der Welt.

Abb. 4.4 Uran-Tagebau in der australischen Ranger-Mine

4.2.3 Lösungsbergbau

Sandsteingebundene Uranlagerstätten können durch Lösungsbergbau (auch ISL für engl. *in-situ leaching* oder ISR für engl. *in-situ-recovery*) nutzbar gemacht werden. Der Erzkörper wird durch Bohrungen erschlossen und ein oxidierendes Fluid eingeleitet, welches das Uran mobilisiert. Meist handelt es sich dabei um verdünnte Schwefelsäure. Die Lösung wird über Injektionsbohrungen in den Erzkörper eingeleitet, die sich im äußeren Bereich des Erzkörpers befinden. Im Zentrum des Erzkörpers werden die Produktionsbohrungen niedergebracht, welche die uranhaltige Lösung fördern. Damit wird eine Strömung des Fluids zum Zentrum der Lagerstätte sichergestellt und eine unkontrollierte Verbreitung im Gestein verhindert. Im größeren Umfeld der Lagerstätte befinden sich Monitoring-Bohrungen, anhand derer überwacht wird, dass es zu keiner Kontamination im Umfeld der Lagerstätte kommt.

Diese Methode setzt voraus, dass das uranhaltige Gestein eine gewisse Durchlässigkeit besitzt, damit die Lösung fließen kann. Außerdem sollte sie sich nach oben und unten durch undurchlässige (tonige) Gesteine begrenzen lassen. Lösungsbergbau ermöglicht die kostengünstige Gewinnung kleiner Erzkörper. Vorteil ist, dass es zu keiner tatsächlichen Bewegung von Gestein kommt und auch kein Abraum anfällt.

Der Lösungsbergbau soll in Zukunft eine größere Rolle einnehmen, bedeutende Betriebe gibt es in Kasachstan, Usbekistan, den USA und Australien. Der bedeutendste Betrieb im Jahr 2009 war Tortkuduk (Eigentümer: Areva und Kazatomprom) in Kasachstan mit einer Urangewinnung von 2272 t pro Jahr.

4.2.4 Alternative Urangewinnung

Beim Abbau verschiedener Ressourcen wird Uran als Nebenprodukt gefördert. Am bedeutendsten aufgrund seiner Größe ist hierbei die Lagerstätte Olympic Dam, in welcher zusammen mit Gold und Silber pro Jahr etwa 3400 t Uran als Nebenprodukt des Kupferabbaus (200.000 t pro Jahr) gewonnen werden. Zurzeit läuft eine Machbarkeitsstudie durch den Betreiber BHP Billiton zur Erschließung des Südteils der Lagerstätte, wobei die Produktion schrittweise auf 700.000 t Kupfer und etwa 15.000 t Uranoxid pro Jahr gesteigert werden soll. Eine bedeutende Uranproduktion fand auch auf den Goldgruben des Witwatersrand Goldfeldes in Südafrika statt. Diese soll wieder aufgenommen werden, wobei die wirtschaftliche Bedeutung des Urans die des Goldes übersteigen könnte. In einigen Phosphatlagerstätten ist Uran ebenfalls in gewinnbaren Konzentrationen enthalten. Die Gewinnung aus solchen Vorkommen spielte in der Vergangenheit vor allem in den USA eine Rolle und ist nun in verschiedenen Ländern wieder im Gespräch.

Prinzipiell ist auch die Uran-Extraktion aus Meerwasser möglich, das mit einem Urangehalt von etwa 4,5 Milliarden Tonnen das größte bekannte Uran-Vorkommen darstellt. Dazu könnten spezielle Absorber an Küsten mit hohem Tidenhub oder innerhalb natürlicher Meeresströmungen platziert werden. Auf Basis von Versuchen in den USA und in Japan wurden die Kosten für Uran aus Meerwasser auf ca. 300 $/kg geschätzt. Dies liegt weit über den heutigen Marktpreisen, die Gestehungskosten von elektrischer Energie würden sich bei Einsatz dieses teuren Urans um weniger als 0,01 €/kWh erhöhen (Einsatz in heutigen Leichtwasserreaktoren, ohne Wiederaufarbeitung). Da diese Mehrkosten überschaubar sind, muss man Uran aus Meerwasser als wirtschaftlich zugängliche Langzeitreserve (einige Zehntausend Jahre bei heutigem Verbrauch) betrachten, sofern sich die Extraktionsverfahren auch großtechnisch umsetzen lassen.

Kohle enthält fast immer auch Spuren der radioaktiven Elemente Uran, Thorium und Radium. Der Gehalt liegt je nach Lagerstätte zwischen wenigen ppm und 80 ppm. Da weltweit etwa 7800 Millionen Tonnen Kohle pro Jahr in Kohlekraftwerken verbrannt wird, schätzt man den Gesamtausstoß auf 10.000 Tonnen Uran und 25.000 Tonnen Thorium, der zum großen Teil in der Asche enthalten ist. Die Asche von europäischer Kohle enthält etwa 80–135 ppm Uran.

Zwischen 1960 und 1970 wurde in den USA etwa 1100 Tonnen Uran aus Kohleasche gewonnen.

4.3 Aufbereitung des Uranerzes

Das im Erz vorhandene Uran wird durch physikalische und chemische Verfahren vom übrigen Gestein getrennt (aufgeschlossen). Dazu wird das Erz zerkleinert (gebrochen, fein gemahlen) und das Uran herausgelöst (ausgelaugt). Dies geschieht mit einer Säure oder Lauge unter Hinzufügung eines Oxidationsmittels, um das Uran vom sehr schlecht löslichen chemisch 4-wertigen Zustand in die gut lösliche 6-wertige Form zu überführen. Auf diese Weise lassen sich über 90 Prozent des im Erz befindlichen Urans gewinnen.

Unerwünschte Begleitstoffe werden in mehreren Reinigungsschritten in Pulskolonnen durch Dekantieren, Filtern, Extrahieren, usw. entfernt. In Abb. 4.5 ist ein schematisches Flussdiagramm[3] dargestellt, aus dem ersichtlich ist, dass Impulssäulen für die drei Prozesse Extrahieren, Waschen und Abziehen (Strippen) verwendet werden (d. h. Re-Extraktion als reine wässrige Lösung).

Um eine Sedimentation in den Vorratsbehältern zu verhindern, wird eine Hochgeschwindigkeits-Rückführung verwendet, wobei die Aufschlämmung aus dem Rückführungskreislauf in den Kopf der Extraktionspulskolonne eingeleitet wird.

Die organische Phase tritt am Boden in die Pulskolonne. Der organische Extrakt aus der Waschsäule, wird mit verdünnter Salpetersäure gemischt. Auf diese Weise werden Salpetersäure und metallische Verunreinigungen zusammen mit einem erheblichen Anteil an Uran aus der organischen Phase entfernt.

Die erneute Extraktion wird in einer dritten Pulskolonne durch Mischen des organischen Abwassers aus der Waschsäule mit heißer (70 °C) Salpetersäure durchgeführt, wobei eine reine Lösung 100 g Uran pro Liter und weniger als 0,1 % Salpetersäure enthält, das nach Filtration durch einen gesinterten 20 µm Edelstahlfilter weiter verarbeitet wird.

[3] Gittus, J.H.: Uranium, London, Butterworth, 1963.

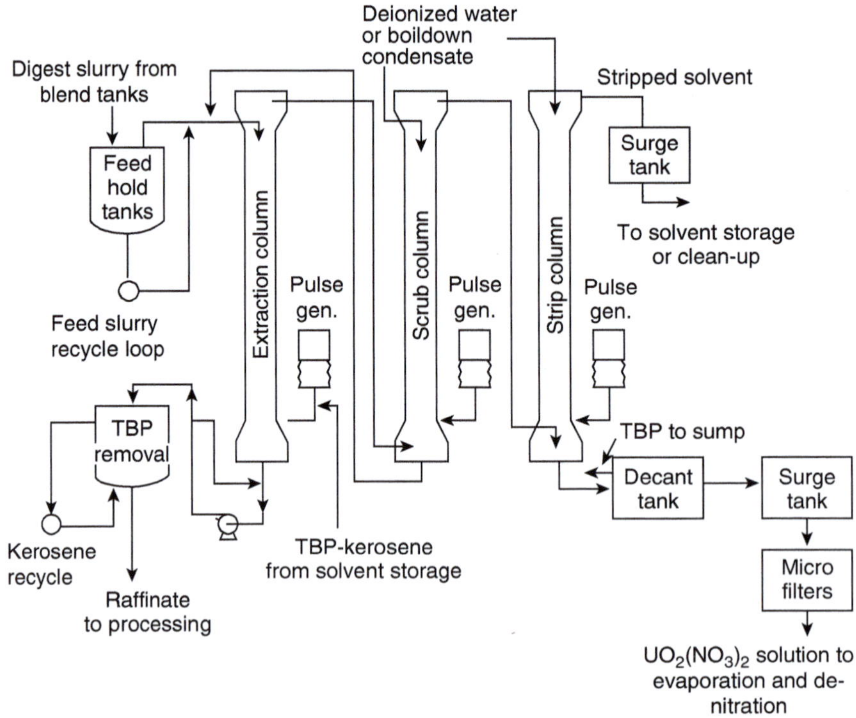

Abb. 4.5 Schematisch dargestelltes Flussdiagramm mit Pulskolonnen zur Erzeugung von $UO_2(NO_3)_2$

Abb. 4.6 Vom Yellowcake zu UF_4: Yellowcake sowie Uranylnitrat-Lösung $UO_2(NO_3)_2$ (links) + Ammoniumdiuranat $(NH_4)_2U_2O_7$ (halb links) + Uran(IV)-oxid UO_2 (halb rechts) + Urantetrafluorid UF_4

Aus der Flüssigkeit wird Uran ausgefällt, beispielsweise durch Zugabe von Ammoniak. Das ausgefällte Produkt (chemisch: Ammoniumdiuranat) wird wegen seiner gelben Farbe als Yellowcake bezeichnet, Abb. 4.6. In getrockneter Form enthält es 70 bis 80 Gewichtsprozent Uran. Dieses Material wird teilweise noch am Abbauort durch Kalzinierung in Uranoxid umgewandelt.

Yellowcake[4] ist der Ausgangsstoff für die Herstellung von Brennelementen. Die weiteren Verarbeitungsschritte, hängen davon ab, in welchem Reaktortyp das Uran eingesetzt werden soll.

Andernfalls wird es zu Urandioxid oder Uranmetall weiterverarbeitet. Uranmetall wird bzw. wurde in Leistungsreaktoren mit Natururan als Brennstoff verwendet.

Die Rückstände aus der Gewinnung von Yellowcake (sogenannte Tailings) sind trotz der Uranabtrennung noch radioaktiv und müssen daher geordnet beseitigt werden. Aufgrund ihrer großen Menge und der langen Halbwertszeit der verbleibenden Thorium-, Radium- und Uran-Isotope stellen sie auf lange Zeit ein Umweltproblem dar. Problematisch ist insbesondere die Kontamination der Grundwasservorkommen.

4.3.1 Konversion

Die weiteren Verarbeitungsschritte hängen davon ab, in welchem Reaktortyp das Uran eingesetzt werden soll. Ist keine Anreicherung erforderlich wird es zu UO_2 oder Uranmetall weiterverarbeitet.

Ist dagegen eine Anreicherung erforderlich, so wird UF_4 in einem chemischen Prozess in das unter Normalbedingungen kristalline, ab 56 °C gasförmige Uranhexafluorid (UF_6) umgewandelt.

$$UF_4(g) + F_2(g) \rightarrow UF_6(g)\left(H^0 = -252\ \text{kJ}\right)$$

Das Prinzip einer Anlage zur Umwandlung von UF_4 in UF_6[5] zeigt Abb. 4.7.

Fein gemahlenes UF_4 und Fluor werden oben in den Reaktor eingeleitet und reagieren fast augenblicklich. Die Umwandlung zu UF_6 ist im Wesentlichen vollständig, wenn ein Fluorüberschuss aufrechterhalten wird und das Pulver im Gasstrom homogen fein verteilt ist. Die Dispergierung erfolgt über vibrierende Leitbleche oder eine rotierende Keilwelle oben am Turm. Der Teil des nicht umgesetzten UF_4 sammelt sich in einem Behälter am Reaktorboden. Die Bildung von intermediären Fluoriden, die zu UF_4 Sintern führen können, wird verhindert, indem die Wandtemperatur auf über 400 °C gehalten wird. Der größte Teil der Reaktion findet im oberen Bereich des Turms statt, der Wasser gekühlt ist. Das austretende UF Gas wird durch Hindurchleiten durch ein mit Dampf ummanteltes Rohr auf etwa 120 °C abgekühlt, gefiltert durch gesintertes Ni und dann gekühlt.

[4] Donald M. Hausen: *Characterizing and Classifying Uranium Yellow Cakes: A Background*, in: *JOM*, **1998**, *50* (12), S. 45–47; https://doi.org/10.1007/s11837-998-0307-5.

[5] Gittus, J.H.: Uranium, London, Butterworth, 1963.

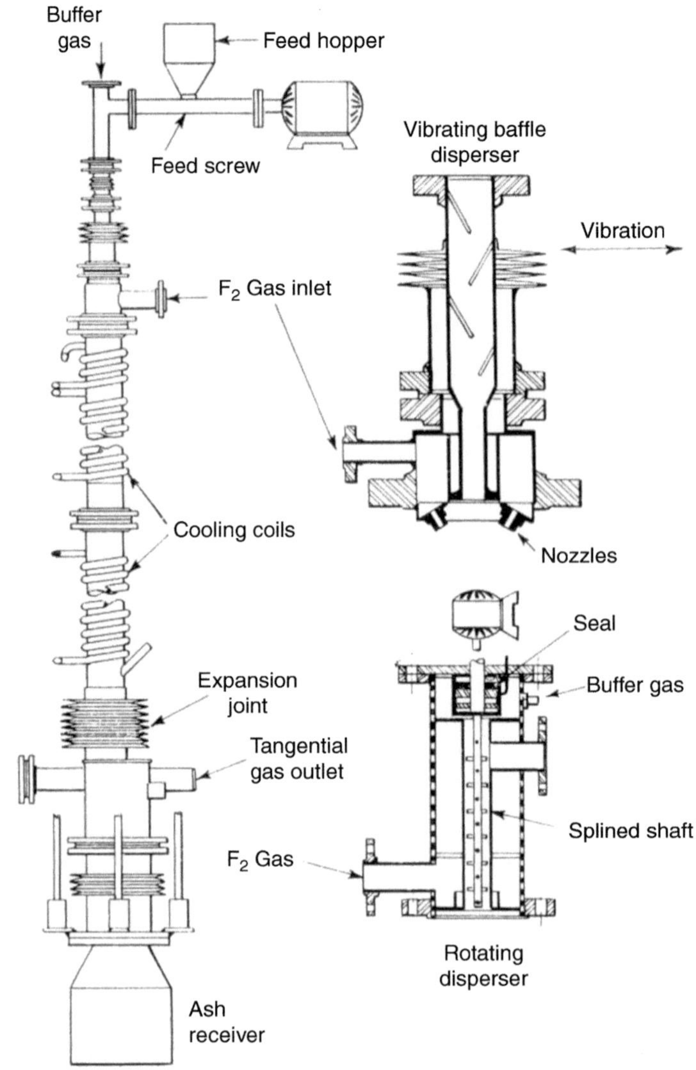

Abb. 4.7 System zur Umwandlung von UF_4 in UF_6

UF_6 ist bei Zimmertemperatur fest, geht aber bereits bei Temperaturen unter 100 °C in den gasförmigen Zustand über und ist in dieser Form auch sehr gut für den Anreicherungsprozess geeignet. Es wird standardmäßig in großen zylindrischen Stahlbehältern,[6] Abb. 4.8, mit einer Speicherkapazität von rd. 12.000 kg gelagert und transportiert.

In diesem Stadium besitzt das Uran noch immer die gleiche Isotopen-Zusammensetzung wie das Natururan.

[6] Quelle: OECD Kernenergie-Agentur (Nuclear Energy Agency – NEA).

Abb. 4.8 Ein UF_6-Zylinder

4.3.2 Anreicherung

Bei der Urananreicherung wird das Uran in seine beiden Hauptisotope $_{92}U^{235}$ und $_{92}U^{238}$ zerlegt, dabei entstehen zwei Materialströme, ein angereicherter Strom mit einem höheren $_{92}U^{235}$-Gehalt als im Natururan (0,711 %), und ein zweiter Strom mit entsprechend abgereichertem Uran.

In den meisten kommerziell betriebenen Leichtwasserreaktoren wird Uran mit einem ^{235}U-Gehalt von weniger als 5 % eingesetzt. In einigen Forschungsreaktoren wird hoch angereichertes Uran verwendet, d. h. mit einem ^{235}U-Gehalt von über 20 %. Die von einer Trenneinrichtung verrichtete Arbeit wird in Kilogramm Urantrennarbeit (kg UTA) bzw. Tonnen Urantrennarbeit (t UTA) ausgedrückt.

Die gängigen industriellen Verfahren zur Urananreicherung setzen als Verfahrensmedium UF_6 ein. Uranhexafluorid (UF_6) eignet sich für den Anreicherungsprozess besonders gut, weil Fluor in der Natur nur als Reinelement (Isotop $_9F^{19}$) vorkommt. Die Masse der UF_6-Moleküle variiert daher nur durch die unterschiedlichen Massen der Uranisotope. Durch die verhältnismäßig kleine Masse des Fluoratoms beträgt der relative Masseunterschied zwischen den UF_6-Molekülen trotzdem noch immer rund 0,85 % im Vergleich zu etwa 1,3 % relativem Masseunterschied zwischen den Uranisotopen selbst:

Zwei Anreicherungsmethoden werden kommerziell genutzt:

- das Trennverfahren mit der Gaszentrifuge und
- das Gasdiffusionsverfahren.

Hinsichtlich der Effizienz ist die Anreicherung durch Gaszentrifugen der Diffusionsmethode etwa um den Faktor 10 überlegen.

4.3.2.1 Anreicherung durch Gaszentrifugen

Das Gaszentrifugenverfahren ist im internationalen Bereich heute das gängigere Verfahren zur Urananreicherung und hat die Gasdiffusion in ihrer Bedeutung inzwischen überholt.[7] Die wichtigsten Gründe dafür sind der erheblich geringere Energieverbrauch (rund 50 kWh pro kg UTA; zum Vergleich: Diffusionstrennung bis 2500 kWh pro kg UTA) sowie eine größere Flexibilität in der Kapazitätsplanung.

Im Gaszentrifugenverfahren wird gasförmiges Uranhexafluorid (UF_6) in das Innere eines senkrecht stehenden, sehr schnell (> 90.000/min) rotierenden Zylinders geleitet, Abb. 4.9.[8] Unter dem Einfluss der hohen Geschwindigkeit und der dadurch bedingten massenabhängigen Zentrifugalkraft reichern sich die schwereren $^{238}UF_6$-Moleküle an der Innenwand des zylindrischen Rotors an und die leichteren $^{235}UF_6$-Moleküle nahe der Rotorachse, sodass die Isotope getrennt entnommen werden können.

In der Gaszentrifuge wird die zu trennende Isotopenmischung aus $_{92}U^{238}$ und $_{92}U^{235}$ an einem Ende mittels eines Zentrifugenröhrchens zugeführt und am anderen Ende getrennt in zwei Fraktionen gesammelt. Das leichtere Isotop reichert sich im inneren Strom an.

Die Trennwirkung wird in modernen Zentrifugen verstärkt, indem durch Beheizen des unteren und Kühlen des oberen Teils der Zentrifuge eine axiale Wärmeumlaufströmung erzeugt wird. Solche Zentrifugen werden auch als Gegenstromzentrifugen bezeichnet. Der größte Massenunterschied zwischen mit ^{235}U an- und abgereichertem Massenstrom

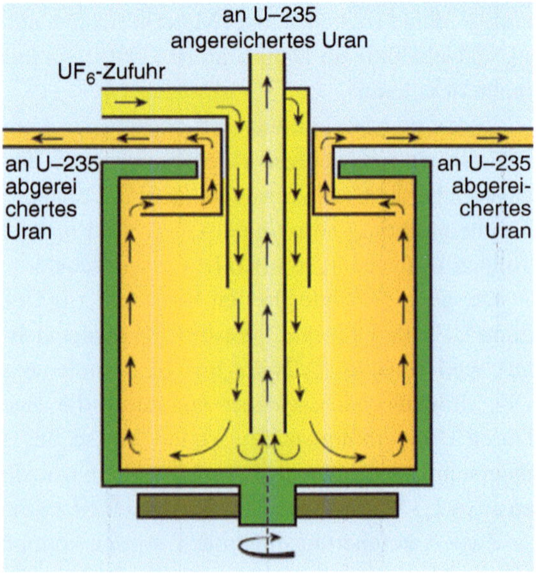

Abb. 4.9 Schematische Darstellung einer Gaszentrifuge

---

[7] Quelle: Steag Uranium Enrichment, Gittus, J.H.: Uranium, London, Butterworth, 1963, Frey, H. Vorlesungsmanuskript Kernphysik, Uni Kaiserslautern.

[8] Quelle: Leybold-Heraeus GmbH.

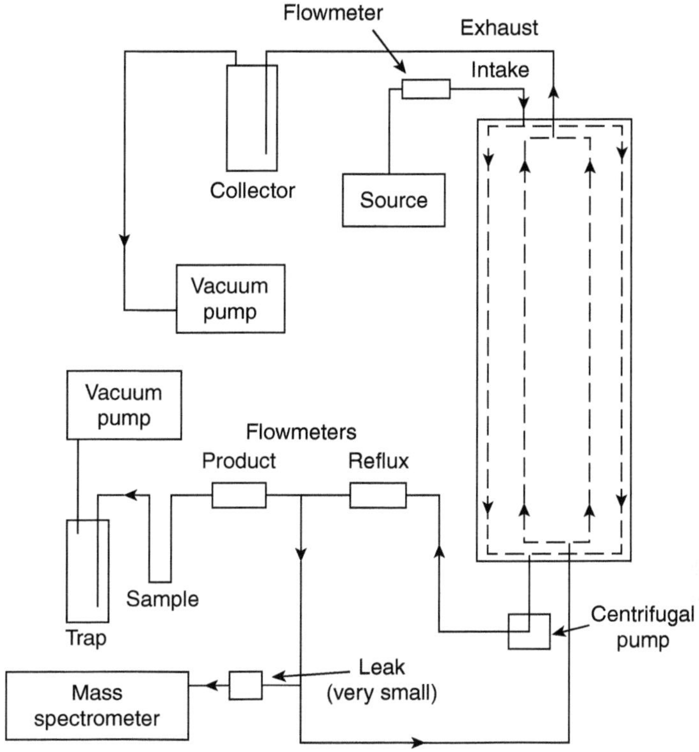

Abb. 4.10 Prozessverlauf beim Betrieb einer Gaszentrifuge

besteht in diesen dann nicht mehr zwischen Achse und Rotorwand, sondern zwischen den Enden der Zentrifuge. Die angereicherte, leichte Fraktion (Product) wird am oberen Ende, die abgereicherte, schwerere Fraktion (Tails) am unteren Ende der Zentrifuge entnommen.

Die Entnahmeröhrchen für die an- und abgereicherte Fraktion ragen in den Bereich des rotierenden Gases an der Innenwand der Zentrifuge und nutzen so den Staudruck zum Transport des Gases innerhalb der Anlage. Der Trennprozess erfolgt bei Unterdruck, daher müssen „Product" und „Tails" mit Hilfe von Verdichtern und Sublimatoren/Desublimatoren auf Normaldruck gebracht werden, bevor sie in Transport- oder Lagerbehälter abgefüllt werden können, Abb. 4.10.

Die Gaszentrifugen werden üblicherweise zu Kaskaden,[9] Abb. 4.11, mit mehreren hundert Einzelzentrifugen verbunden, da jede Zentrifuge nur einen begrenzten Durchsatz und eine begrenzte Anreicherung erreichen kann. Parallelschaltung der Zentrifugen sorgt dabei für die Erhöhung des Durchsatzes, während die Anreicherung durch Serienschaltung erhöht wird. Die Effizienz der Zentrifugen kann durch Vergrößerung der Rohrlänge und insbesondere der Umlaufgeschwindigkeit gesteigert werden, sie besitzen deshalb eine

[9] Quelle: Mol, Europäische Urananreicherungsanlage.

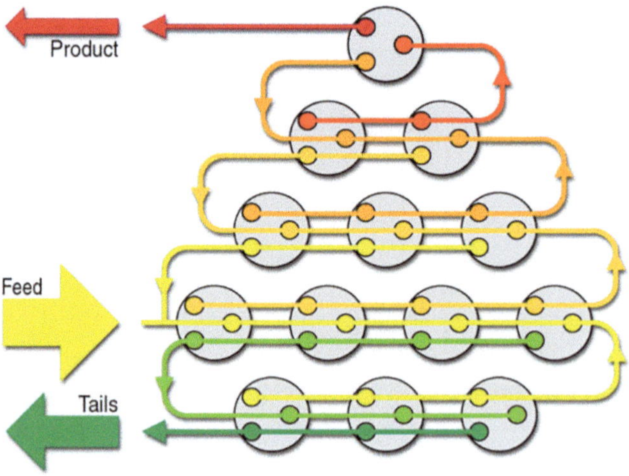

Abb. 4.11 Kaskaden-Schaltung von Gaszentrifugen

Abb. 4.12 Gaszentrifugenkaskaden in Rokkashomura, Japan

längliche, walzenartige Form. Mit Aluminiumlegierungen werden 400 m/s, mit hochfesten Stählen 500 m/s und mit faserverstärkten Werkstoffen über 700 m/s erreicht. Die Trennleistung wird durch die Materialeigenschaften des schnell umlaufenden Rotors sowie durch technisch bedingte Einschränkungen der Rotorlänge (Auftreten von unerwünschten Eigenschwingungen) praktisch begrenzt. Angetrieben werden die Gaszentrifugen mittels magnetgelagerten Axial- und Radiallager und hochdrehenden Elektromotoren mit Drehzahlen über 90.000 U/min. Abb. 4.12 zeigt den Blick in eine Gaszentrifugenkaskaden in Rokkashomura, Japan.

4.3.2.2 Diffusionsmethoden

Bei der *Gasdiffusionsmethode* lässt man gasförmiges Uranhexafluorid (UF_6) durch eine poröse Membran diffundieren,[10] Abb. 4.13. Die treibende Kraft hierbei ist der Druckunterschied auf beiden Seiten der Membran. Moleküle, die ${}_{92}U^{235}$ enthalten, sind leichter als die ${}_{92}U^{238}$-enthaltenden und diffundieren schneller. Die Membranen müssen Poren mit einem Radius in der Größenordnung von 100 Å besitzen und einen möglichst hohe Permeation aufweisen. Membranen, die durch Abscheidung einer PTFE-Emulsion auf einem Metallgitter hergestellt werden, sind robuster als solche, die man durch Erhitzen von Metallpulvern oder Keramiken erhält. Letztere sind spröde und weisen eine geringe Knickfestigkeit auf; sie werden in tubulären Formen verwendet. PTFE-Membranen können in flacher Form oder als längliche Ummantelungen verwendet werden. Bei einem Uranisotopengemisch enthält daher der Gasstrom, der durch die Poren in der Wand hindurch diffundiert („Product"), einen geringfügig höheren Anteil des Isotops ${}^{235}U$ als der ursprüngliche Strom („Feed"). Eine einzelne Trennstufe hat einen geringen Trennfaktor von maximal 1,0035, aber einen hohen Materialdurchsatz, Abb. 4.14.

Für einen Anreicherungsgrad, der zum Betrieb von Leichtwasserreaktoren genügt, sind rund 1200 hintereinander geschaltete Stufen erforderlich. Der Energieverbrauch ist hoch und beträgt etwa 2300–2500 kWh pro kg Urantrennarbeit (UTA).

4.3.2.3 Weitere Urananreicherungsmethoden

Calutron-Verfahren

Bei der elektromagnetischen Anreicherung werden – wie in einem Massenspektrometer – Proben verdampft, durch Beschuss mit Elektronen in Ionen umgewandelt, in einem

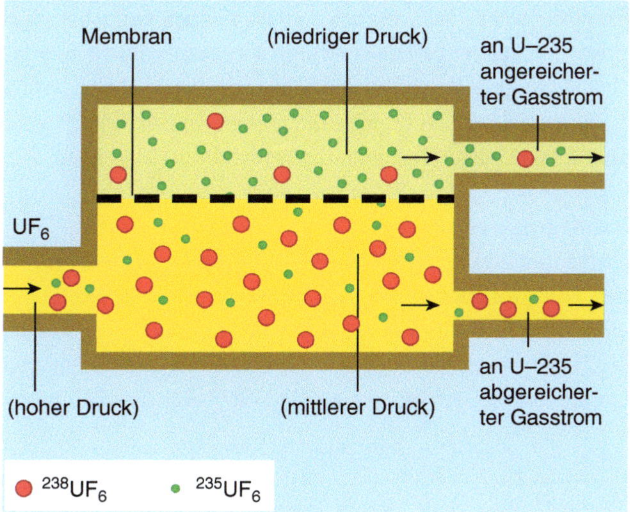

Abb. 4.13 Prinzip des Diffusionsverfahrens zur Urananreicherung

[10] Frey, H. Vorlesungsmanuskript Kernphysik, Uni Kaiserslautern.

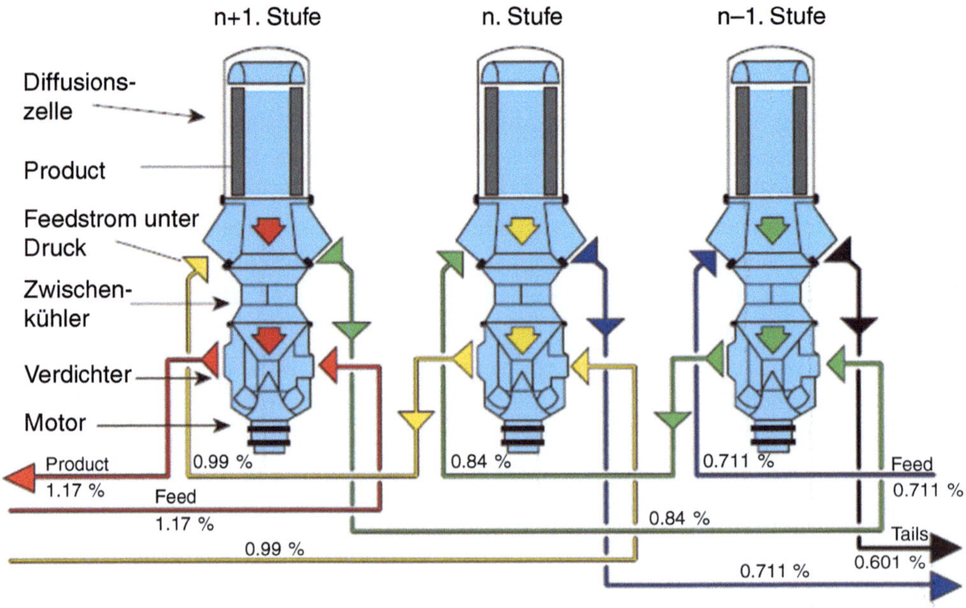

Abb. 4.14 Hintereinandergeschaltete Trennstufen

elektrischen Feld beschleunigt und anschließend durch die Lorentz-Kraft eines starken Elektromagneten auf eine kreisförmige Bahn gezwungen,[11] Abb. 4.15.

Da der Radius der Bahn von der Ladung und der Masse der Teilchen abhängt, ist es möglich, Teilchen gleicher Ladung, aber verschiedener Masse voneinander zu trennen. Das Calutron wurde während der 1940er-Jahre zunächst in einer sog. Alpha-Version entwickelt, die später zur Beta-Version weiterentwickelt wurde. Calutrone spielten im Rahmen des Manhattan-Projektes eine entscheidende Rolle, wurden aber, da sie recht groß sind und einen hohen Energiebedarf haben, in der Folge durch andere Verfahren (Gasdiffusionsverfahren und Gaszentrifugenverfahren) abgelöst.

Laserverfahren

Urananreicherung mittels Laser beruht auf der Isotopieverschiebung der Absorptionsspektren von Atomen und Molekülen. Sind die spektroskopischen Bedingungen geeignet, d. h. überlappen die Absorptionslinien der Isotope oder Isotopenverbindungen hinreichend wenig, und gibt es einen Laser geeigneter Wellenlänge und Schmalbandigkeit; so ist eine isotopenselektive Anregung möglich.[12] Für die Trennung wird ausgenutzt, dass sich die

[11] Frey, H., and H. R. Khan: Handbook of Thin Film Technology, Springer 2015, https://doi.org/10.1007/978-3-642-05430-3.

[12] J. W. Eerkens: *Spectral Considerations in the Laser Isotope Separation of Uranium Hexafluoride*, in: *Applied Physics*, 10/1976, S. 15–31.

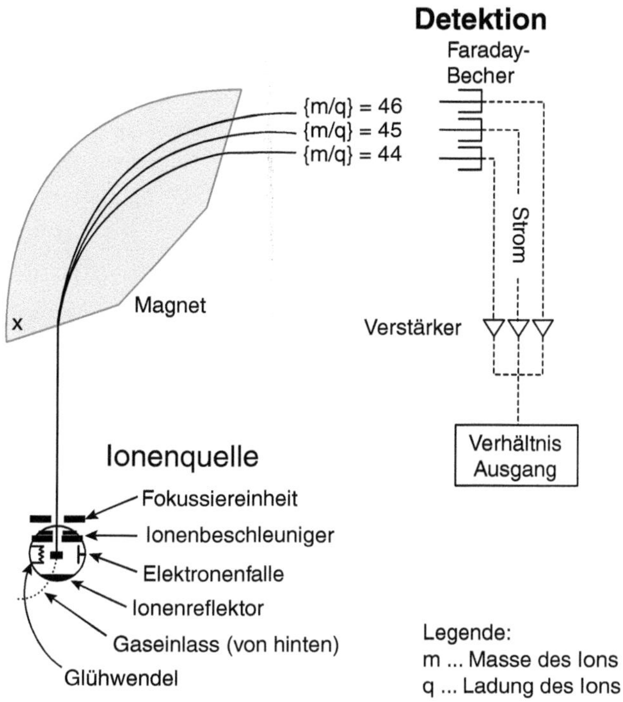

Abb. 4.15 Schematische Zeichnung eines Sektorfeld-Massenspektrometers

angeregten Spezies von der nicht angeregten in ihren physikalischen und chemischen Eigenschaften wesentlich unterscheidet.

Grundsätzlich lassen sich zwei Konzepte unterscheiden: die Photoionisation von Urandampf (atomares Verfahren; AVLIS) und die Photodissoziation von UF_6 (molekulares Verfahren; MLIS).

Bei der AVLIS (Atomic vapor LASER isotope separation) Methode werden die Isotope zunächst in atomarer Form in die Dampfphase überführt, um anschließend die Atome des Isotopengemisches selektiv zu ionisieren. Die Absorptionslinien von $_{92}U^{235}$ und $_{92}U^{238}$ unterscheiden sich leicht, so besitzt $_{92}U^{235}$ bei einer Wellenlänge von 502,73 nm einen Peak, während der Peak von $_{92}U^{238}$ bei 502,74 nm liegt. Nach der Ionisation eines $_{92}U^{235}$-Isotops kann es von den nicht ionisierten Atomen des $_{92}U^{238}$-Isotops durch Beschleunigung in einem elektrischen Feld getrennt werden. Das Verfahren wurde ursprünglich im Lawrence Livermore National Laboratory (USA) entwickelt, Abb. 4.16.

Das MLIS (Molecular laser isotope separation) Trennverfahren wurde am Los Alamos National Laboratory entwickelt. Statt wie bei ALVIS Uranmetall zu verdampfen, wird hier Uranhexafluorid als Gas verwendet, was die Methode weniger energieintensiv macht. Das UF_6 wird dann mit einem Trägergas aus Edelgas gemischt, um nach der überschallschnellen Expansion durch eine Lavaldüse weiter im gasförmigen Zustand zu verbleiben. Zusätzlich wird der Mixtur noch ein Radikalfänger wie Methan beigemischt, um die Fluoratome nach der Dissoziation „aufzufangen", und eine Rekombination zu vermeiden. Als

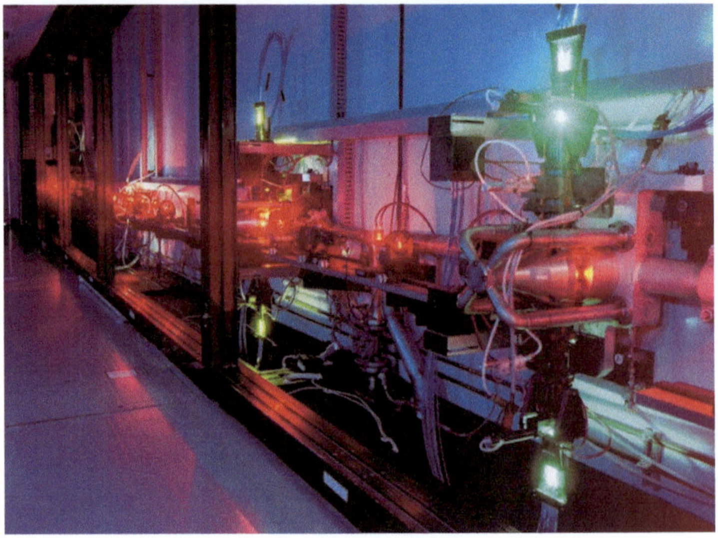

Abb. 4.16 AVLIS-Experiment am Lawrence Livermore National Laboratory

erstes wird das gekühlte und expandierte Gasgemisch von einem Infrarotlaser mit 16 μm, sowie weiteren Infrarot- und Ultraviolettlasern bestrahlt, deren Energie selektiv vom $^{235}UF_6$-Molekül absorbiert wird, was dieses in $^{235}UF_5$ und F aufspaltet. Das angereicherte $^{235}UF_5$ kann dann per Filter oder Fliehkraftabscheider abgetrennt werden. Nach der Konversion zu $^{235}UF_6$ wird das Gasgemisch in die nächste Stufe der Kaskade geleitet, bis der gewünschte Anreicherungsgrad erreicht ist.

Theoretisch ist die Isotopentrennung mittels Laser in einem einzigen Schritt möglich. Praktisch benötigt man indes auch eine Vielzahl von Einzelschritten.

Nach anfänglicher Euphorie über die Vorteile dieser Verfahren gegenüber herkömmlichen, etablierten Anreicherungsverfahren wurde man skeptisch hinsichtlich der industriellen Realisierbarkeit. Die meisten Länder zogen sich aus dieser Technologie wieder zurück, da die technischen Probleme (z. B. Korrosion an den Apparaturen) unüberwindbar schienen.

Inzwischen gibt es aber Entwicklungen zur großtechnischen Anwendung dieses Verfahrens. Von der australischen Firma Silex Systems Limited wurde eine Methode entwickelt, bei der das gasförmige Uranhexafluorid, das ^{235}U-Moleküle enthält, selektiv durch einen ersten Laser angeregt wird, zum Beispiel einen frequenzstabilisierten Kohlendioxidlaser, bevor durch einen zweiten Laser ein Fluor-Atom abgespalten wird. Das so entstehende feste $^{235}UF_5$ kann leicht aus dem Gas gefiltert werden.

Trenndüsenverfahren

In Deutschland wurde bis Ende der 1980er-Jahre auch das Trenndüsenverfahren Abb. 4.17, entwickelt.

Abb. 4.17 Prinzip der Trenndüse

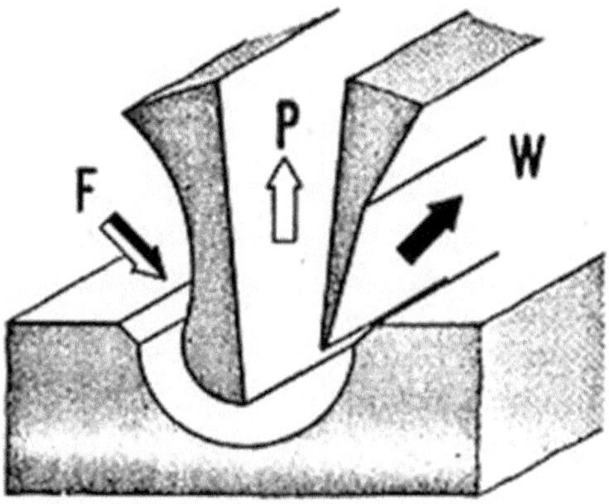

Beim Trenndüsenverfahren erfolgt die Entmischung der Uranisotope aufgrund unterschiedlicher Zentrifugalkräfte in einer schnellen, gekrümmten Strömung. Ein Gemisch aus Uranhexafluorid wird mit einem leichten Zusatzgas (Helium oder Wasserstoff) vermischt und strömt durch eine schlitzförmige Düse mit gekrümmten Wänden. Am Ende der Umlenkung wird der Ausgangsstrom (F = Feed) durch einen keilförmigen Abschäler in eine leichte Fraktion (P = Product) und eine schwere Fraktion (W = Waste) aufgeteilt.[13] Durch die Massenabhängigkeit der Zentrifugalkräfte wandern die schweren Uranisotope bevorzugt an die Umlenkwand und das leichte Uranisotop reichert sich somit in der leichten Fraktion (P) an. Das leichte Zusatzgas bewirkt eine Steigerung der Isotopenentmischung im Wesentlichen durch eine Erhöhung der Gasgeschwindigkeit und der damit verbundenen Zentrifugalkräfte. Der Energieverbrauch des Verfahrens ist indes höher als beim Diffusionsverfahren (ca. 3000 kWh pro kg UTA gegenüber 2500 kWh pro kg UTA).

Plasmaverfahren

Für das Plasmatrennverfahren wird die Ionen-Zyklotron-Resonanz[14] genutzt, um selektiv ${}_{92}U^{235}$ aus einem Uranplasma abzutrennen. Eine feste Platte mit Uran dient dabei als Ausgangsstoff, welche durch Ionenbeschuss (sputtern) verdampft wird. Eine Mikrowellenantenne führt den Elektronen des Gases Energie zu und ionisiert dieses, was das Uranplasma erzeugt. Das Uranplasma wird nun durch ein Magnetfeld entlang der Längsachse eines Zylinders geschickt, wodurch es in eine Helixbewegung versetzt wird. Das Magnetfeld wird durch eine supraleitende Spule erzeugt. In diesem kreisen die leichten ^{235}U-Ionen schneller. Da das ^{235}U-Ion auch eine höhere Ionen-Zyklotron-Resonanz als das ^{238}U-Ion besitzt, wird es auf dem Weg zum Kollektor durch eine Anregungsspule mit seiner Ionen-Zyklotron-Resonanzfrequenz angeregt, welche ein elektrisches Feld erzeugt. Dies führt

[13] E.W. Becker, W. Bier, P. Bley, U. Ehrfeld, W. Ehrfeld, G. Eisenbeiß (Kernforschungszentzum Karlsruhe): „Das Entwicklungspotenzial des Trenndüsenverfahrens zur U-235-Anreicherung", Atomwirtschaft, 11, 1979.

[14] F. Cap: Einführung in die Plasmaphysik, WTB. 1970.

dazu, dass der Helixradius von $_{92}U^{235}$ leicht erhöht wird, während das ^{238}U-Ion davon praktisch unbeeinflusst bleibt. Das Plasma fließt nun durch enge parallele Schlitze, ähnlich einer Jalousie. Das ^{235}U-Ion mit dem weiteren Radius wird häufiger daran hängen bleiben, während das ^{238}U-Ion häufiger durchgeht und sich am Kollektor ansammelt. Auch hier sind mehrere Wiederholungen (Stufen) nötig, um den gewünschten Anreicherungsgrad zu erreichen. Lediglich Frankreich (RCI) und die USA (PSP) beschäftigten sich in den 70–90er-Jahren mit dem Verfahren. Heute wird RCI nur zur Abtrennung von stabilen Isotopen verwendet.[15]

4.3.3 Urandioxid Brennstoff

Das für die Herstellung der Brennelemente in Kernkraftwerken benötigte Uran(IV)-oxid wird überwiegend aus Uran(VI)-fluorid hergestellt. Für die Umwandlung gibt es mehrere Verfahren. Nasschemische Verfahren sind das AUC- und das ADU-Verfahren.

Beim *AUC-Verfahren* (AmmoniumUranylCarbonat-Verfahren) wird mit Hilfe von Wasser, Ammoniak und Kohlenstoffdioxid Ammoniumuranylcarbonat gebildet und dieses dann durch Erhitzen zu Uran(VI)-oxid umgewandelt. Dieses wird anschließend mit Wasserstoff zu Uran(IV)-oxid reduziert.[16]

Mit dem *ADU-Verfahren* (AmmoniumDiUranat-Verfahren) werden aus UF_6 über Hydrolyse zu Uranylfluorid, Fällung mit Ammoniaklösung zu Ammoniumdiuranat und anschließendem Kalzinieren im Wasserstoffstrom Uran(IV)-oxid hergestellt.[17] Die Gleichungen für das ADU-Verfahren lauten:

$$UF_6 + 2\ H_2O \rightarrow UO_2F_2 + 4HF$$

$$2\ UO_2F_2 + 6\ NH_4OH \rightarrow (NH_4)_2\ U_2O_7 \downarrow + 4NH_4F + 3\ H_2O$$

$$(NH_4)_2\ U_2O_7 + 2\ H_2 \rightarrow 2UO_2 + 2\ NH_4OH + H_2O$$

Das *ADU-Verfahren* ist auch für die Rückgewinnung von Uran aus Lösungen mit Uran (VI)-verbindungen gut geeignet.

Neben diesen Verfahren wird auch ein *trockenes* Verfahren, das *DC-Pulver-Verfahren*, verwendet.[18] Bei diesem Verfahren wird das Hexafluorid direkt zu Uran(IV)-oxid unter höheren Temperaturen umgewandelt. Vorteilhaft ist hier, dass keine Abfalllösungen mit Urangehalten anfallen, die einer weiteren Aufbereitung bedürfen. Die Gleichung für dieses Verfahren lautet:

$$UF_6 + 2H_2O + H_2 \rightarrow UO_2 + 6HF$$

[15] GlobalSecurity: *Plasma Separation Uranium Enrichment.*

[16] M. Volkmer: *Basiswissen Kernenergie*, Hamburgische Elektricitäts-Werke-AG, 1996, S. 76; ISBN 3-925986-09-X.

[17] Gewinnung von Uran aus Lösungen. – Dokument DE3587334T2.

[18] Verfahren zur Herstellung eines Kernbrennstoff-Sinterkörpers – Dokument DE10115015C1.

Tab. 4.1 Eigenschaften von UO_2

Siedepunkt	**[°C]**	**ca. 3200**
Schmelzwärme	**[cal/g]**	**66,5**
Verdampfungswärme	**[cal/g]**	**ca. 425**
Spezifische Wärme	**[cal/g °C]**	**$6{,}3 \cdot 10^{-2}$ (100 °C)** **$7{,}4 \cdot 10^{-2}$ (500 °C)** **$7{,}8 \cdot 10^{-2}$ (1000 °C)**
Linearer Ausdehnungskoeffizient	**[$°C^{-1}$]**	**$9{,}1 \cdot 10^{-6}$ (17–400 °C)** **$10{,}8 \cdot 10^{-6}$ (400–800 °C)** **$13{,}0 \cdot 10^{-6}$ (800–1260 °C)** **$10{,}52 \cdot 10^{-6}$ (26–100 °C)** **$5{,}3 \cdot 10^{-5}$ (1750–2500 °C)** **$3{,}5 \cdot 10^{-5}$ (2800–3100 °C, geschmolzen)**
Elastizitätsmodul	**[kp/mm^2]**	**18700 (20 °C)**
Druckfestigkeit	**[kp/mm^2]**	**42–98**

Ein weiteres Verfahren zur Herstellung von Uran(IV)-oxid ist der für die Wiederaufbereitung von Brennelementen verwendete PUREX-Prozess. In diesem wird durch eine Extraktion Uranylnitrat gebildet, das wiederum durch Erhitzen in Uran(VI)-oxid umgewandelt und anschließend zu Uran(IV)-oxid reduziert wird, Tab. 4.1.

Erster Schritt zur Herstellung von Reaktorbrennelementen ist die Versetzung des pulverförmigen UO_2 mit einem Gleit- und Bindemittel (PVA, Stearinsäure). Nach Sieben und Trocknen werden daraus Tabletten (Pellets) gepresst (Grünlinge), die etwa 55 % der theoretischen Dichte haben, Abb. 4.18.[19]

Anschließend wird das Gleit- und Bindemittel durch Erhitzen auf etwa 900 °C in inerter Atmosphäre wieder ausgetrieben. Das anschließende Sintern erfolgt in H_2-Atmosphäre bei 1600–1700 °C. Dabei schrumpfen die Pellets und man kann bis zu 98 % der theoretischen Dichte erreichen.

Nach dem Sintern werden die Pellets nachgeschliffen, um kleine Durchmessertoleranzen und damit einen möglichst engen Spalt zwischen Brennstoff und Hülle zu bekommen. Häufig werden die Pellets an ihren Stirnflächen konkav ausgeschliffen. Dadurch wird die größere Wärmeausdehnung in der heißen Zentralzone im Vergleich zur kälteren Randzone ausgeglichen. Für Brennstoff, der in schnellen Reaktoren eingesetzt wird, lässt sich der Abbrand von etwa 20.000–30.000 MWd/t, bei den thermischen Reaktoren auf bis zu 100.000 MWd/t, steigern. Dadurch wird das Anschwellen des UO_2 durch die gebildeten, insbesondere die nicht freigesetzten, gasförmigen Spaltprodukte zum Problem. Um dieses Anschwellen zu vermeiden, reduziert man die mittlere Dichte bei Schnellreaktorbrennstoff u. U. auf 80–85 % der theoretischen Dichte.

Die Pelletdurchmesser betragen 1–1,5 cm für thermische, 0,6–0,7 cm für schnelle Reaktoren. Tab. 4.2 und 4.3 zeigen typische Spezifikationen für die Oxidpellets eines wassergekühlten und eines natriumgekühlten schnellen Reaktors.

[19] Quelle: NUKEM GmbH, Hanau.

Abb. 4.18 Fertigung von Brennstofftabletten

Tab. 4.2 Spezifikationen eines UO_2-Pellets für einen Leichtwasserreaktor

UO_2	
Anreicherung	1,90 ± 0,025 %
Dichte	10,35 ± 0,15 g/cm³
Durchmesser	11,6 ± 0,01 mm
Höhe	ca. 13 mm
Orthogonalität	max. ± 0,075 mm
Dishingtiefe	1,0 ± 0,2 mm
Dishingvolumen	ca. 2 % vom Pelletvolumen
Randbreite	1,0 ± 0,2 mm
O/U-Verhältnis	$2{,}00^{+0{,}02}_{-0{,}01}$
Feuchtigkeitsgehalt	≪ 50 ppm

Die Wärmeleitfähigkeit des UO_2 ist verhältnismäßig gering. Sie hängt im praktischen Einsatz von der erzielten Dichte (Zunahme mit steigender Dichte), von der genauen stöchiometrischen Zusammensetzung und vom Abbrand ab. Abb. 4.19 zeigt die Wärmeleitfähigkeit[20] als Funktion der Temperatur für unbestrahltes Material. Die Leitfähigkeit sinkt bei Einkristallen und grobkörnigem Material zunächst mit steigender Tempe-

[20] J.L. Daniel et al: Thermal Conductivity of UO_2. USAEC-Report HW-699-15 (1962=).

Tab. 4.3 Spezifikationen für Brennstoffpellets eines natriumgekühlten schnellen Reaktors.

Zusammensetzung	15,0 ± 0,1Gew. % PuO_2	
	85,0 ± 0,1 Gew. % UO_2	
Isotopenzusammensetzung	Pu-239 90,86 ± 0,15 Gew. %	
	Pu-240 8,22 ± 0,15 Gew. %	
	Pu-241 0,88 ± 0,15 Gew. %	
	Pu-242 0,04 ± 0,01 Gew. %	
	U-235 93,00 ± 0,20 Gew. %	
	U-238 7,00 ± 0,20 Gew. %	
Dichte	88 ± 1 % der theor. Dichte (fertigungsbedingte Spalten zwischen Brennstoff und Hüllrohr setzen die Schmierdichte weiter herab)	
Durchmesser	5,4 ± 0,01 mm	
Stöchiometrie O/M-Verhältnis	2,00 ± 0,015	
Chemische Reinheit	C	max. 150 ppm
Verunreinigungen max. 2500 ppm	Ca	max. 25 ppm
	Cl	max. 25 ppm
	F	max. 25 ppm
	Mg	max. 25 ppm
	N	max. 100 ppm
	H_2O	max. 100 ppm

Abb. 4.19 Wärmeleitfähigkeit von UO_2. Kurve 1: Einkristall; Kurve 2: Polykristallin; Kurve 3: bestrahlter Polykristall (10^{19} Spaltungen/cm^3, niedrige Temperatur)

ratur, durch läuft bei 1300–1500 °C ein Minimum und steigt dann durch Zunahme des Anteils der Wärmestrahlung wieder an. Bei feinkörnigem Material ist dieser Wiederanstieg nicht festzustellen.

Tab. 4.4 Zirkoniumlegierungen

	Zusätze in Gew.-%			
	Sn	Fe	Cr	Ni
Zircaloy-2	1,5	0,15	0,1	0,05
Zircaloy-4	1,5	0,12–0,24	0,1	0,007

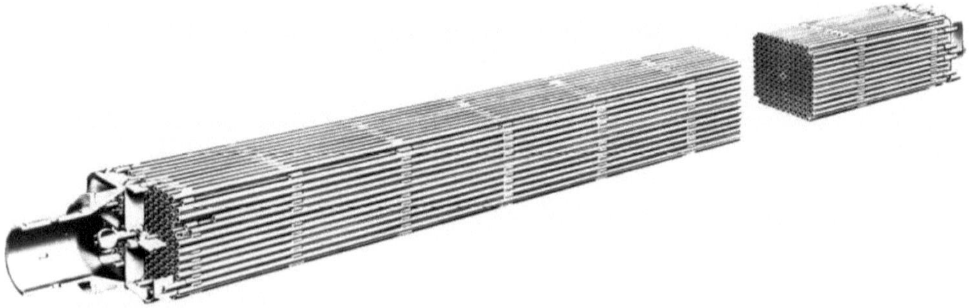

Abb. 4.20 Brennstoff-Stabbündel für einen Druckwasserreaktor

Die Brennstofftabletten werden in ein Hüllrohr aus Zircaloy gefüllt, das Rohr mit Helium gefüllt und unter Vakuum verschweißt. Wegen seines geringen Einfangquerschnitts für thermische Neutronen, d. h. seiner hohen Neutronen-Durchlässigkeit (die Neutronenabsorption ist im Vergleich zu Stahl um den Faktor 30 geringer),[21] und anderer günstiger Eigenschaften, wird Zircaloy für die Hüllrohre der Brennstäbe von wassergekühlten Kernreaktoren verwendet. Tab. 4.4 zeigt die Zusammensetzung der beiden wichtigsten Zirkoniumlegierungen Zircaloy-2 und Zircaloy-4.

Zircaloy-4 wird für die Brennstoffhülle in Druckwasserreaktoren und Zircaloy-2 in Siedewasserreaktoren verwendet.

Letzter Schritt bei der Fertigung der Brennelemente ist die Zusammensetzung zu Stabbündeln, Abb. 4.20.

Von besonderer Bedeutung ist das Entstehen von Spaltedelgasen während des Einsatzes der Brennstoffelemente. Mit steigender Temperatur der Brennelemente werden auch die Spaltedelgas vermehrt freigesetzt., Abb. 4.21.

Durch die Spaltedelgasfreisetzung wird im Hüllrohr ein Druck aufgebaut, der je nach Bauweise bis zu einigen bar erreichen kann. Unterhalb 20.000 MWd/t sind die Abbrandeffekte relativ gering, ein Grund UO_2 als Kernbrennstoff zu verwenden. Tab. 4.5 zeigt die Zusammenstellung der wichtigsten gasförmigen Spaltprodukte.

[21] Günter Kessler: *Sustainable and safe nuclear fission energy. Technology and safety of fast and thermal nuclear reactors*. Springer 2012.

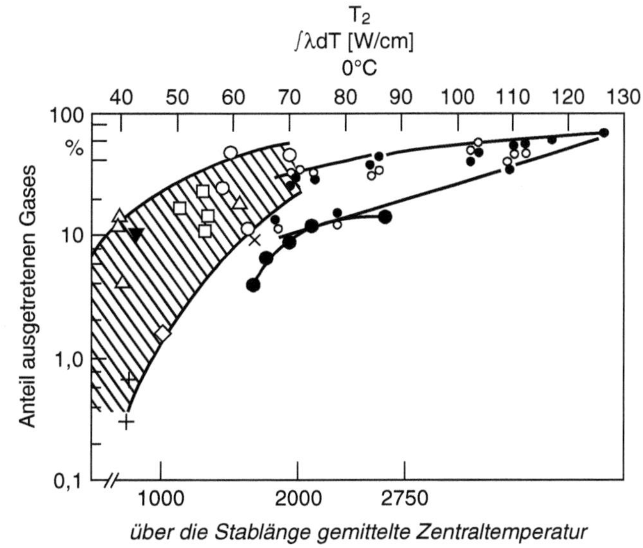

Abb. 4.21 Spaltgasaustritt nach Bestrahlung (Holzer, E.: Spaltgasaustritt aus Urandioxid, Kerntechnik 7 (1965), H. 8/9, 378–83.). Im Leitfähigkeitsintegral bedeutet T_2 die Zentraltemperatur – + 1980 MWd/t; ● 121 MWd/t; ○ 1890 MWd/t; Δ 600 MWd/t; □ 3580 MWd/t; × 5000 MWd/t; 5250 MWd/t; 815 MWd/t; Messungen mit Gammaspektrometer; Messungen mit Gaschromatografie

Tab. 4.5 Gasförmige Spaltprodukte

Spalt-Produkte	Spaltausbeute thermischer Neutronen [%]			Halbwertszeit	Spaltausbeute schneller Neutronen [%]		Konzentration der gasförmigen Spaltprodukte					
	U-233 U-235 Pu 239				U-238 Th-232		aus Nat-UO_2 bei 10^{13} n/cm² s [ppm U][a]			UO_2 3,6 % angereichert bei 1014 n/ cm² s [ppmU][a]		
							--------- Tage --------					
Kr-83	1,17	0,544	0,29	stabil	0,40	1,99	10	100	1000	1	10	100
Kr-84	1,95	1,00	0,47	stabil	0,85	3,65	–	–	–	–	–	–
Kr-85	0,58	0,293	0,127	10,6 a	0,153	0,87	1,4	13,5	106	7,7	68	520
Kr-86	3,27	2,02	0,76	stabil	1,38	6,0	–	–	–	–	–	–
Xe-131	3,39	2,93	3,78	stabil	3,2	1,62	–	–	–	–	–	–
Xe-132	4,64	4,38	5,26	stabil	4,7	2,87	–	–	–	–	–	–
Xe-133	–	6,62	6,91	5,27 d	–	–	7,8	73	577	34	382	2850
Xe-134	5,95	8,06	7,47	stabil	6,6	5,38	–	–	–	–	–	–
Xe-135	–	6,3	–	9,2 h	–	–	–	–	–	–	–	–
Xe-136	6,63	6,46	6,63	stabil	5,9	5,65	–	–	–	–	–	–

[a]ppm: parts per milion, hier Anteile bezogen auf 10* U-Anteile

4.3.4 Urankarbid-Brennstoff

Urankarbid kommt als UC, U_2C_3 und UC_2 vor. Als Reaktorbrennstoff ist besonders UC von Interesse.

UC ist gegenüber UO_2 dichter und besitzt eine höhere Wärmeleitfähigkeit. Es reagiert mit Wasser und kann daher nicht in Reaktorcore, die Wasser gekühlt sind, benutzt werden. Aufgrund der großen Anzahl von Brennelementen in einem Core ist die Gefahr einer Rissbildung in einem Hüllrohr relativ groß. Ein weiteres Problem besteht in der Aufkohlung der inneren Brennstoffhülle, was die Bruchgefahr erhöht. Zum Einsatz kommt UC in Hochtemperaturreaktoren mit Grafitumhüllung; Tab. 4.6 zeigt einige Eigenschaften von UC.

Metallisches Uran
Metallisches Uran wurde in den inzwischen ausgedienten Magnox-Reaktoren und den frühen Schnellen Brütern EBR-1, EBR-2 und dem ersten Reaktor überhaupt eingesetzt.[22]

Die einfache Herstellung, die große Wärmeleitfähigkeit sowie die hohe Dichte waren dafür ausschlaggebend.[23] Aufgrund der Reaktionsfreudigkeit mit Wasser, spontanen Dichteänderungen bei gewissen Temperaturen sowie dem Anschwellen während des Betriebs findet metallischer Kernbrennstoff keine Verwendung mehr.

4.3.5 Kernbrennstoff Thorium

Das Thoriumisotop 232 ($_{90}Th^{232}$) tritt durchschnittlich 3,5 mal häufiger als Uran ($_{92}U^{235}$ + $_{92}U^{238}$) in den Gesteinen der Erdrinde auf; geschätzt werden die globalen Thorium-Ressourcen auf 6,4 Millionen Tonnen. Abb. 4.22 zeigt die Verteilung der globalen Thorium-Reserven.[24]

Tab. 4.6 Eigenschaften von Uranmonokarbid

Dichte	[g cm^{-3}]	13,63
Schmelzpunkt	[°C]	ca. 2375
Spezifische Wärme	[cal g^{-1} °C^{-1}]	0,0048 (125 °C) 0,055 (265 °C)
Wärmeleitfähigkeit	[cal cm^{-1} g^{-1} °C^{-1}]	0,056 (200 °C) 0,051 (400 °C) 0,049 (800 °C) 0,048 (1000 °C) 0,053 (827–1773 °C)
Linearer Ausdehnungskoeffizient	[°C^{-1}]	$10{,}4 \cdot 10^{-6}$ (20–1000 °C) $11{,}1 \cdot 10^{-6}$ (20–1600 °C)

[22] S.E. Jensen, E. Nonbol: *Description of the Magnox Type of Gas Cooled Reactor (MAGNOX).* IAEA, November 1998, S. 12, abgerufen am 21. April 2016.

[23] J.H. Gittus, Metallurgy oft he rare Metals, Uranium, Butterworth, London, 1963.

[24] Quelle: A. Boettcher, KFA Jülich.

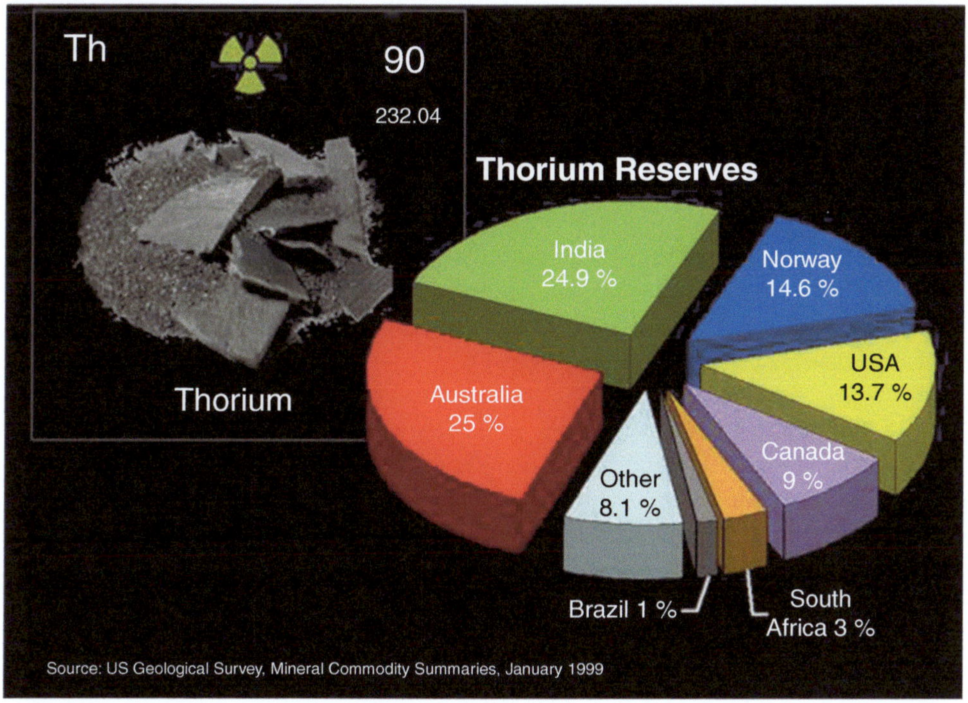

Abb. 4.22 Verteilung der globalen Thoriumreserven

Thorium kann zur Herstellung des spaltbaren Uranisotops $_{92}U^{233}$ verwendet werden. Anders als im Uran-Plutonium-Brutreaktor (dem *Schnellen Brüter*) ist dies auch in einem Reaktor möglich, in dem die Kernspaltung durch thermische Neutronen erfolgt. Das liegt am besonders hohen Wirkungsquerschnitt von $_{90}Th^{232}$ für den Einfang eines thermischen Neutrons. Die erreichbaren Brutraten sind bei einem solchen *thermischen Brüter* aber geringer als beim Schnellen Brüter.

Aus Thorium $_{90}Th^{232}$ wird durch Neutronenbestrahlung $_{90}Th^{233}$ erbrütet; dieses zerfällt über Protactinium $_{91}Pa^{233}$ in Uran $_{92}U^{233}$.

$$ {}^{232}_{90}\mathrm{Th} + {}^{1}_{0}\mathrm{n} \rightarrow {}^{233}_{90}\mathrm{Th} \xrightarrow[22{,}3\ \mathrm{min}]{\beta^-} {}^{233}_{91}\mathrm{Pa} \xrightarrow[26{,}967\mathrm{d}]{\beta^-} {}^{233}_{92}\mathrm{U} $$

Technisch gesehen ist Thorium eine zukunftsfähige Alternative, da es sich um ein leistungsfähiges Spaltmaterial (26 g Thorium setzen brutto 25.000 kWh frei) handelt, das weniger unerwünschte Abfallprodukte als Uran produziert. Aus einem Kilogramm Thorium kann ein Flüssigsalzreaktor mit einem Wirkungsgrad von 40 % 3,8 Millionen kWh elektrischen Strom erzeugen.

Damit es jedoch auf breiter Skala einsetzbar ist, wird eine große Menge $_{92}U^{233}$ benötigt, das derzeit nur verfügbar ist, wenn Thorium zusammen mit „klassischen" Uran-/Plutonium-Brennstoffen verwendet wird.

Neben dem Vorkommen und der damit verbundenen Chancen für eine langfristige, primäre Energieerzeugung, die unabhängig von Sonne und Wind ist, hat Thorium bestimmte Vorteile:

- Potenzial für einen größeren Anteil des Brennstoffs zur Unterstützung der Kernkettenreaktion und somit weniger Abfall bei derselben Menge erzeugter Energie.
- Höhere Schmelztemperaturen von Brennstoffen auf Thorium-Basis, was im Falle eines Unfalls von großer Bedeutung sein kann.
- Geringere Produktion von Plutonium.
- Gute „neutronische" Eigenschaften, insbesondere hinsichtlich Anzahl und Energie der durch Spaltreaktionen erzeugten Neutronen.

4.3.5.1 Thoriumgewinnung

In den Mineralen der Erdrinde kann der Thoriumgehalt schon an der Erdoberfläche durch Anwendung der Gammaspektroskopie anhand seines spezifischen Gammaspektrums (Spektrum und Intensität) mit hinreichender Genauigkeit detektiert werden. Dies gilt in jedem Fall ab Gehalten von einem Gramm je Tonne Gestein. Thorium ist im Gegensatz zu Uran chemisch ungiftig und in wesentlich geringerem Ausmaß wasserlöslich.

Thorium tritt in der Natur in den Oxidationsstufen +II und vor allem +IV auf. Der für das Uran in natürlichen Kreisläufen zu beobachtende, typische leichte Wechsel zwischen dessen vierwertiger Stufe (reduzierendes Milieu) und der sechswertigen Stufe (oxidierendes Milieu) ist beim Thorium weniger ausgeprägt. Das Zerkleinern und Brechen von Thoriumerzen wie Bastnazit und Monazit setzen Radon ^{220}Rn, analog zur U-Zerfallskette ^{222}Rn, frei, aber durch seine kurze Halbwertzeit (56 Sekunden) würde es nur für diejenigen in unmittelbarer Nähe eine Gefahr darstellen. Der Einsatz konzentrierter starker Säuren und starker Basen zum Aufschluss von Monazit, Abb. 4.23 und 4.24, in Kombination mit den anschließenden Lösungsmittelextraktionssystemen sind ein chemisches Risiko, analog mit der Erzeugung von seltenen Erden.

Im sauren Aufschluss wird ein Gemisch des Sandes mit 98 %iger Schwefelsäure in Behältern aus Gussstahl für mehrere Stunden auf 120 bis 150 °C erhitzt. Die Aufschlussreaktion ist stark exotherm. Wenn die Temperatur unterhalb 250 °C gehalten und

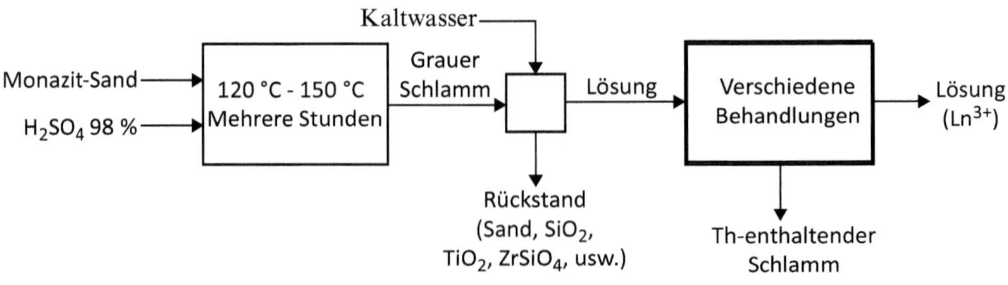

Abb. 4.23 Saurer Aufschluss

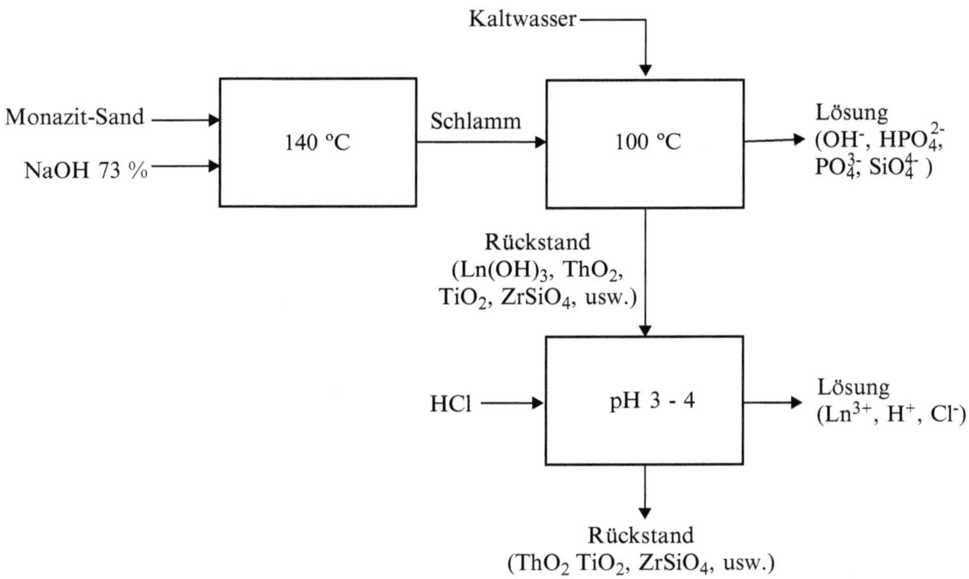

Abb. 4.24 Basischer Aufschluss

ein Überschuss an Säure eingesetzt wird, wird das enthaltene Thorium wasserlöslich. Wenn gleiche Gewichtsmengen an Säure und Sand verwendet und eine höhere Temperatur eingestellt werden, wird das Thorium wasserunlöslich. Letzteres ist unüblich. Der entstehende Schlamm wird mit Wasser abgeschreckt, wobei die Sulfate in Lösung gehen. Das Thorium wird anschließend durch Fällung als Pyrophosphat oder durch Neutralisation als basisches Salz ausgefällt.

Beim basischen Aufschluss wird der Monazit-Sand mit Natronlauge bei ca. 140 °C behandelt. Dabei entstehen unlösliche Oxide und Hydroxide sowie Natriumphosphat, welches nach Zugabe von Wasser in Lösung geht. Der unlösliche Schlamm wird mit verdünnter Salzsäure behandelt, wobei die Lanthanoid-Oxide in Lösung gehen, während das Thoriumdioxid (ThO_2) als Rückstand verbleibt, verunreinigt mit anderen säureunlöslichen Komponenten. Alle Raffinatströme, die das Lösungsmittelextraktionssystem verlassen, sind schwach radioaktiv, analog dem Radon.

In Tab. 4.7 sind einige Eigenschaften von Thoriumdioxid zusammengestellt.[25] Die Herstellung und Sinterung von Pellets folgt im Prinzip dem für UO_2 angegebenen Weg, wobei 97–98 % theoretische Dichte erreicht werden.

An der Nutzung von ThO_2 in thermischen Konversionsreaktoren wird vor allem in jenen Ländern mit größeren Thoriumvorkommen geforscht.

Da noch kein industriell funktionierender Thorium-Kreislauf existiert und über die möglichen Varianten noch keine exakten Prozessspezifikationen vorhanden sind, lassen

[25] E. Gebhardt, R.Thümmler, H.D. Seghezzi: Reaktorwerkstoffe, Teil 2; Nichtmetallische Werkstoffe, Teubner, Stuttgart 1967.

Tab. 4.7 Eigenschaften von ThO_2

Dichte	[g cm^{-3}]	10,05
Schmelzpunkt	[°C]	3220
Wärmeleitfähigkeit (errechnete Werte für porenfreies Material)	[cal cm^{-1} g^{-1} $°C^{-1}$]	0,025 (100 °C) 0,014 (400 °C) 0,008 (800 °C) 0,006 (1200 °C)
Ausdehnungskoeffizient (errechneter Wert für porenfreies Material)	[$°C^{-1}$]	$9{,}67 \cdot 10^{-6}$

sich die Anlagen- und Betriebskosten eines Thorium-Kreislaufs nur schätzen, was mit vielen Imponderabilien, wie Einfluss von Großkonzernen, Umweltorganisationen usw. verknüpft ist. Hinzu kommt, dass die Entwicklung von Thorium-Kreisläufen nur in Synergie mit den vorhandenen Uran-/Plutonium-Brennstoffkreisläufen sinnvoll ist. Vollständig selbsterhaltenden Thoriumkreisläufe würde die Entwicklung von industriefähigen Aufbereitungsmöglichkeiten erfordern, um das $_{92}U^{233}$ aus dem verbrauchten Kraftstoff zurückzugewinnen, sowie auch die Entwicklung von Anlagen zur Brennstoffherstellung aus dem recycelten Material.

Ein Aspekt bei der vollständigen Einführung von Thoriumbrennstoffen ist, dass der Thoriumkreislauf von Hochenergieneutronen ausgelöst werden muss, um das erste Spaltisotop ($_{92}U^{233}$) zu erzeugen, das bei der Uran-/Plutonium-Spaltung entsteht. Bis die Erzeugung der erforderlichen Mengen an $_{92}U^{233}$ den Thoriumkreislauf autonom machen, würde für jede industrielle Anwendung von Thorium als Kernbrennstoff daher weiterhin die Notwendigkeit bestehen, dass die Neutronen aus dem vorhandenen Uran-/Plutonium-Kreislauf kommen.

Darüber hinaus können sämtliche Vorzüge eines geschlossenen, selbstversorgenden Thorium-^{233}U-Brennstoffkreislaufs nur in einem hierfür vorgesehenen „Brüter" (Brutreaktor) der Generation IV oder höher realisiert werden, die sich noch in der Planungsphase bzw. Designphase befinden.

Thorium als alternativer Kernbrennstoff zu Uran wird gegenwärtig im Rahmen verschiedener Projekte untersucht, die zwei interessanten sind:

- ThorCon Power, USA, hat den Bau und Betrieb von Konzept von 250 MW_{el} Flüssigkeitsalzreaktoren mit drei indonesischen Staatsunternehmen abgeschlossen. Das Land will bis 2025 seinen Strombedarf zu 20 % mit Hilfe von Flüssigsalzreaktoren decken, um damit seine enormen Reserven an Thorium als Abfallprodukt seiner Zinngewinnung nutzen.
- Das Konsortium *Thor Energy* aus norwegischen und internationalen Partnern testet seit 2012 in einem Forschungsreaktor in Halden (Norwegen) verschiedene Thorium-Uran und Thorium-Plutonium Mischungen hinsichtlich ihrer Verwendbarkeit und Vorteile gegenüber herkömmlichen angereichertem Uran. Ziel ist die Erhöhung der Effizienz von schon in Betrieb befindlichen Leichtwasserreaktoren, die Erhöhung der Sicherheit gegenüber einer Kernschmelze (ThO_2 in entsprechender Beimischung hebt die

Schmelztemperatur erheblich an) und die energetische Verwertung vorhandenen Plutoniums zur Reduktion von Proliferationsrisiken und auch zur Minderung der Anforderungen an die Langzeitsicherheit geologischer Endlager.

Daneben verfolgen vor allem Indien und China langfristig angelegte Reaktorentwicklungsprogramme zur Nutzung von Thorium.

4.3.6 Kernbrennstoff Plutonium

Plutonium ist unter Normalbedingungen ein silberglänzendes Schwermetall mit hoher Dichte (19,86 g/cm^3). Wie von allen Actinoiden existieren auch von Plutonium ausschließlich radioaktive Isotope. Es ist selbsterwärmend, pro 100 g Plutonium entstehen etwa 0,2 kW Wärmeleistung (bezogen auf $_{94}Pu^{239}$).[26] Plutonium ist im Vergleich mit anderen Metallen ein schlechter Leiter für Wärme und elektrischen Strom. Das Metall kristallisiert abhängig von der Temperatur in insgesamt sechs allotropen Modifikationen.

Plutonium entsteht in den mit $_{92}U^{238}$-reichen Isotopengemischen betriebenen Kernkraftwerken. Dabei wird ein Teil des eingesetzten $_{92}U^{238}$ durch Einfang eines Neutrons und nachfolgenden Betazerfall in $\mathbf{^{239}Pu}$ umgewandelt.

$$^{238}_{92}U + ^{1}_{0}n \rightarrow ^{239}_{92}U \xrightarrow[23{,}5\ \text{min}]{\beta^-} {}^{239}_{93}Np \xrightarrow[2{,}3565\ \text{d}]{\beta^-} {}^{239}_{94}Pu$$

Die angegebenen Zeiten sind Halbwertszeiten (HWZ).

Ein weiteres Neutron führt in den meisten Fällen zur Kernspaltung, zum Teil entsteht jedoch das Isotop $\mathbf{_{94}Pu^{240}}$ (HWZ: 6560 a). Da dieses Isotop nur schlecht spaltbar ist, führt weiterer Neutroneneinfang zur Entstehung von $\mathbf{_{94}Pu^{241}}$ (HWZ: 14 a), das wiederum gut spaltbar ist. Allerdings werden nicht alle Atome gespalten, sodass bei einigen davon der Brutprozess zu $\mathbf{_{94}Pu^{242}}$ (HWZ: 373000 a) und noch schwereren Isotopen fortgesetzt werden kann. Weil jedoch das spaltbare $_{94}Pu^{243}$ eine sehr kurze Halbwertszeit hat (5 h), ist ein weiterer Neutroneneinfang, der meistens zur Spaltung oder – in selteneren Fällen – zur Erzeugung von Plutonium $_{94}Pu^{244}$ führt, unwahrscheinlich. Der Plutonium-Brutprozess ist daher praktisch beim $\mathbf{_{94}Pu^{243}}$ zu Ende und führt über den Betazerfall von ^{243}Pu zum Americium-Isotop ^{243}Am (HWZ: 7370 a).

$$^{239}_{94}Pu + ^{1}_{0}n \rightarrow ^{240}_{94}Pu + \gamma$$
$$^{240}_{94}Pu + ^{1}_{0}n \rightarrow ^{241}_{94}Pu + \gamma$$
$$^{241}_{94}Pu + ^{1}_{0}n \rightarrow ^{242}_{94}Pu + \gamma$$
$$^{242}_{94}Pu + ^{1}_{0}n \rightarrow ^{243}_{94}Pu + \gamma$$

[26] Norman N. Greenwood, Alan Earnshaw: *Chemie der Elemente.* 1. Auflage. VCH Verlagsgesellschaft, Weinheim 1988, ISBN 3-527-26169-9.

Da jede Stufe dieser aufeinander aufbauenden Kernreaktionen eine gewisse Zeit braucht, ändern sich im Laufe der Zeit die relativen Mengen der Isotope im Reaktorkern. Die Raten, mit der die Kernreaktionen ablaufen, hängen von der Geschwindigkeitsverteilung der Neutronen ab. Weil ein großer Teil der leicht spaltbaren Isotope jedoch gespalten wird und sich nicht in andere Isotope umwandelt, nimmt die mögliche Ausbeute (Effizienz) des Brutprozesses mit der Erzeugung jedes weiteren leicht spaltbaren Isotops ab.

Das leichtere Isotop $_{94}\mathbf{Pu}^{238}$ wird bei Bedarf gezielt hergestellt. Es entsteht durch Einfang mehrerer Neutronen aus dem Uran-Isotop $_{92}U^{235}$. Dabei entsteht zuerst ein ^{236}U-Kern in einem angeregten Zustand, der eine Halbwertszeit von 120 Nanosekunden hat und sich mit hoher Wahrscheinlichkeit spaltet. Angeregte ^{236}U-Kerne können jedoch auch durch Emission von γ-Strahlung in den langlebigen Grundzustand übergehen. Durch weiteren Neutroneneinfang und β-Zerfall entsteht Neptunium ($_{93}Np^{237}$). Nach einer gewissen Bestrahlungszeit wird das Neptunium, das fast ausschließlich aus ^{237}Np besteht, aus den Brennstäben extrahiert. Das Neptunium wird nun in Form von reinen Neptunium-Brennstäben wieder in einen Reaktor eingefügt und mit Neutronen bestrahlt. Es wandelt sich dabei durch Neutroneneinfang in ^{238}Np um, das unter Aussendung von β-Strahlung zu ^{238}Pu zerfällt.

$$^{235}_{92}\mathrm{U} + ^{1}_{0}\mathrm{n} \rightarrow ^{236\mathrm{m}}_{92}\mathrm{U} \underset{120\,\mathrm{ns}}{\rightarrow} ^{236}_{92}\mathrm{U} + \gamma$$

$$^{236}_{92}\mathrm{U} + ^{1}_{0}\mathrm{n} \rightarrow ^{237}_{92}\mathrm{U} \underset{6{,}75\,\mathrm{d}}{\overset{\beta^-}{\rightarrow}} ^{237}_{93}\mathrm{Np}$$

$$^{237}_{93}\mathrm{Np} + ^{1}_{0}\mathrm{n} \rightarrow ^{238}_{93}\mathrm{Np} \underset{2{,}117\,\mathrm{d}}{\overset{\beta^-}{\rightarrow}} ^{238}_{94}\mathrm{Pu}$$

Die so behandelten Brennstäbe enthalten auch schwerere Plutoniumisotope. Außerdem werden einige der Neptunium-Atome auch von Neutronen über 6,27 MeV Energie getroffen, wodurch in geringer Menge auch ^{236}Pu entsteht. Dieses zerfällt über die Thorium-Reihe, in der der starke γ-Strahler Thallium $_{81}Tl^{208}$ vorkommt.

Wird $_{94}Pu^{239}$ durch *schnelle* Neutronen gespalten, ist die durchschnittliche Zahl neu freigesetzter Neutronen pro gespaltenem Atomkern besonders hoch. In einem solchen Reaktor kann daher theoretisch mehr ^{238}U in neues ^{239}Pu umgewandelt werden, als gleichzeitig durch Spaltung verbraucht wird.

Das Plutonium befindet sich nach der Herstellung zusammen mit den Spaltprodukten und unverbrauchtem Rest-Kernbrennstoff in den abgebrannten Brennelementen. Durch den PUREX-Prozess können in Wiederaufarbeitungsanlagen (siehe Abschn. 6.1) das entstandene Plutonium und das ebenfalls erwünschte Uran aus ihnen herausgelöst werden. Dazu wird das Material zunächst in Salpetersäure gelöst und das Plutonium und Uran mit Tri-n-butyl-phosphat extrahiert. Die Spaltprodukte und anderen Bestandteile bleiben dabei zurück. Im Jahr werden etwa 20 Tonnen Plutonium, überwiegend in Form des Isotops ^{239}Pu, produziert.[27]

[27] *dtv-Atlas zur Chemie.* Band 1, dtv, 2000.

Von Plutonium wurden 20 Isotope und 15 Kernisomere mit Massezahlen von 228 bis 247 vermessen. Die Halbwertszeiten liegen zwischen 37 · 10^{-12} s für das Kernisomer ^{236m1}Pu und 80 Mio. Jahren für ^{244}Pu. Die langlebigsten Isotope mit Halbwertzeiten größer als 11 Tagen haben Massenzahlen zwischen 236 und 244. Das Isotop ^{243}Pu ist mit einer Halbwertzeit von weniger als 5 Stunden eine Ausnahme. Einige der Plutonium-Isotope werden als Ausgangspunkte für radioaktive Zerfallsreihen angesehen. Diese sind:

- **^{236}Pu** zerfällt über die Thorium-Reihe. Es kommt mit einer Halbwertzeit von 2858 Jahren durch Alpha-Zerfall auf die Zwischenstufe ^{232}U, die mit einer Halbwertszeit von 68,9 Jahren zu ^{228}Th zerfällt, das auf dem Hauptstrang der Reihe liegt. Dieses Isotop wird in Kernreaktoren, die mit Uran betrieben werden, nur in winzigen Mengen erbrütet.
- **^{237}Pu** wandelt sich mit einer Halbwertzeit von 45,2 Tagen zu 99,9958 % durch Elektroneneinfang in das Neptunium-Isotop ^{237}Np um, das der Startpunkt der Neptunium-Reihe ist. Die restlichen 0,0042 % zerfallen durch Alphazerfall zu Uran ^{233}U das ebenfalls über die Neptunium-Reihe zerfällt.
- **^{238}Pu** ist ein Alphastrahler mit einer Halbwertszeit von 87,7 Jahren. Es zerfällt zunächst in ^{234}U und weiter über die Zerfallskette der Uran-Radium-Reihe.
- **^{239}Pu** ist das am häufigsten produzierte Plutoniumisotop. Es zerfällt in 24.110 Jahren zur Hälfte unter Abgabe von Alphastrahlung in ^{235}U. Der weitere Zerfall folgt der Uran-Actinium-Reihe, für natürliche Radioaktivität, die bei ^{235}U beginnt.
- **^{240}Pu** zerfällt mit einer Halbwertszeit von 6564 Jahre durch Alphastrahlung in ^{236}U. Dieses Uran-Isotop zerfällt mit einer Halbwertzeit von 23,4 Mio Jahren zum natürlichen ^{232}Th. Der weitere Zerfall folgt der Thorium-Reihe.
- **^{241}Pu** ist der Beginn der Neptunium-Reihe. Es zerfällt mit einer Halbwertszeit von 14,35 Jahren und einer Wahrscheinlichkeit von 99,9975 % mit einem Betazerfall zu ^{241}Am, sowie mit 0,0025 % Wahrscheinlichkeit unter Alphazerfall zu ^{237}U. ^{241}Am zerfällt unter Alphazerfall und ^{237}U durch Betazerfall zum gleichen langlebigen Neptuniumisotop ^{237}Np.
- **^{242}Pu** zerfällt über die gleiche Zerfallskette wie ^{238}Pu. Während jedoch ^{238}Pu als Seitenarm beim ^{234}U auf die Zerfallskette kommt, steht ^{242}Pu noch vor dem ^{238}U. Plutonium ^{242}Pu zerfällt durch Alpha-Zerfall in ^{238}U, den Beginn der natürlichen Uran-Radium-Reihe. Mit einer Halbwertszeit von 375.000 Jahren ist es nach ^{244}Pu das langlebigste Isotop.
- **^{243}Pu** ist mit einer Halbwertszeit von 4956 h kurzlebig. Es geht zunächst durch Beta-Strahlung in ^{243}Am über, das in ^{239}Np übergeht und weiter zu ^{239}Pu zerfällt. Damit steht es in Verlängerung der Uran-Actinium-Reihe.
- **^{244}Pu** ist wegen seiner langen Halbwertszeit von 80.000.000 Jahren das einzige natürlich vorkommende Plutonium-Isotop. Es ist der Ausgangspunkt der Thorium-Reihe, die darum manchmal auch Plutonium-Thorium-Reihe genannt wird. ^{244}Pu zerfällt durch Alphazerfall zu ^{240}U, dieses durch zwei Betazerfälle über ^{240}Np zu ^{240}Pu, dieses dann wieder durch zwei weitere Alphazerfälle über ^{236}U zum ^{232}Th. Danach folgt der Zerfall der Thorium-Reihe.

4.3.7 MOX-Brennstoff

Plutonium kann in Form von MOX-Brennstoff in Kernreaktoren eingesetzt und dort zur Energieerzeugung genutzt werden. Für Leichtwasserreaktoren ist dies eine Option, bei Brutreaktoren eine Notwendigkeit, denn die dort benötigte hohe Neutronenausbeute der Kernspaltung wird nur mit einem genügend hohen ^{239} Pu-Anteil im Brennstoff (und Spaltung durch schnelle, nichtmoderierte Neutronen) erreicht.

Als Mischoxid-Brennelemente, kurz: MOX-Brennelemente (MOX = Mischoxid), sind Brennelemente, die neben UO_2 ein weiteres Oxid enthalten. Meist handelt es sich dabei um PuO_2 (Plutoniumdioxid), seltener um ThO_2 (Thoriumdioxid). Da sich MOX-Brennelemente, anders als Brennelemente mit niedrig angereichertem ^{235}U verhalten, bedarf deren Einsatz einer Anpassung der Reaktorfahrweise, daher wird meist eine Mischung von Uran-Brennelementen und MOX-Brennelementen, in etwa 1:3, verwendet.

Der Einsatz von MOX in Leichtwasserreaktoren bewirkt eine leichte Erhöhung der Strahlenschäden, in der Reaktordruckbehälterwand. Die Strahlenschäden werden durch den „schnellen" Anteil des Neutronenflusses verursacht. Die Berechnung des Neutronenspektrums in einem *vollständig* mit MOX beladenen Westinghouse-Druckwasserreaktor ergab einen gegenüber reinem Uranoxid-Brennstoff um 12 % höheren schnellen Fluss;[28] bei der üblichen Beimischung von 30 % MOX-Brennelementen entspricht dies einer Erhöhung um 4 %.

Das Herstellungsverfahren von MOX-Brennelementen ähnelt dem von Urandioxid-Brennelementen. Plutonium ist ein α-Strahler und damit im Umgang im Prinzip ungefährlich. Allerdings neigt Plutonium zur Aerosolbildung, was ihn beim Inhalieren gefährlich macht. Deshalb sind deutlich größere Sicherheitsvorkehrungen als bei der Herstellung von reinen UO_2-Brennelementen erforderlich. Die Verarbeitung erfolgt in abgeschirmten, mit Edelgas gefüllten Glove-Boxen und ist weitgehend automatisiert. Die Zumischung an Plutonium liegt bei 7–11 %, im Durchschnitt bei 9,5 %. Wird waffenfähiges Plutonium ($\geq$ 90 % Pu-239) verwendet, ist nur noch eine Zumischung von 5 % erforderlich.[29] MOX-Brennstoff wird in Frankreich, Russland und Japan hergestellt.

Brennelemente für gasgekühlte Hochtemperaturreaktoren

Für gasgekühlte Hochtemperatoren setzt man kleine (einige 0,1 mm) Brennstoffpartikelchen aus UO_2 oder UC ein und überzieht diese mit Grafit, Metall bzw. verschiedenen Oxiden oder Karbiden. Beschichtet werden die Partikelchen im Wirbelbett häufig kombiniert mit der CVD (Chemical Vapor Deposition)-Technologie.[30] Vorteil dieser Schichten ist die weitestgehende Zurückhaltung von Spaltprodukten in den umhüllten Brennstoffpartikelchen.

---

[28] Franceschini und Petrovic, *Annals of Nuclear Energy 35* (2008) S. 1587–1597.

[29] *MOX, Mixed Oxide Fuel.* World Nuclear Association, Juni 2017, abgerufen am 12. September 2017.

[30] H. Frey, H, R. Khan, Handbook oft Thin Film Technology, Springer 2015.

Auf eine Metallumhüllung der Partikelchen zur Verhinderung, dass die Spaltprodukte in das Kühlmittel gelangen, kann daher verzichtet werden. Die Umhüllung der Brennstoffpartikelchen wurde bzw. wird ergänzt durch eine Siliciumcarbidschicht. Diese zusätzliche Umhüllung ist sehr widerstandsfähig gegenüber Temperaturbelastungen und hält auch bei hohen Temperaturen knapp über 1000 °C Schwermetalle und Spaltgase zurück. Auch kann das Fehlen der äußeren metallischen Hülle mit ihrer meist recht hohen Absorption ersetzt werden, was eine besserte Neutronenökonomie und damit kleinerem Brennstoffverbrauch mit höherer Konversionsrate ergibt. Die Rückhaltung einiger hochtoxischer Spaltprodukte, wie Silber und Cäsium, durch Diffusion ist hingegen nur bedingt möglich.

Die Brennelemente des Kugelhaufen-Hochtemperaturreaktors (siehe Kap. 3.3.1.4) nach Farrington Daniels[31] bestehen nicht aus Brennstäben sondern aus Grafitkugeln von etwa 6 cm Durchmesser, in denen sich der Brennstoff in Form vieler kleiner Partikelchen aus Uran-Thorium-Oxid befindet. Pro Kugel etwa 15.000 Partikelchen mit einer Leistung von etwa 0,2 Watt bezogen auf ein Brennstoffpartikelchen.

Werden Mischoxide aus UO_2 und ThO_2 als Brennstoff verwendet, lässt sich aus den abgebrannten Brennstoffpartikelchen kein brauchbarer Brennstoff mehr zurückgewinnen. Aus ^{235}U entsteht in einer Nebenreaktion zur Spaltung ^{236}U, das man im Mischoxid praktisch nicht mehr vom erbrüteten Brennstoff ^{233}U trennen kann.

4.3.8 Dispersionsbrennstoffe

Im Reaktorcore ist eine möglichst hohe Brennstoffdichte anzustreben. Verwendet man praktisch auf 100 % angereicherte, starke Kernbrennstoffe und verzichtet so auf Konversion und Brüten, kann man den Brennstoff in verdünnter Form in ein metallisches Trägermaterial, eine Matrix, einbauen und gewinnt dadurch an konstruktiven Freiheiten, z. B. braucht man dann nicht mehr die üblichen stabförmigen Brennelemente und kann aus der Matrix dünne Bleche walzen, die eine besonders große wärmeabgebende Oberfläche haben. Unter Berücksichtigung des Vertrags über die Nichtverbreitung von Kernwaffen (Anreicherung von Brennstoffen) und ökonomischen Gründen (Wiederaufarbeitung) wurden Dispersionsbrennstoffe für Leistungsreaktoren bisher nicht verwendet.

[31] Keith J. Laidler, *Chemical Kinetics* (3rd ed., Harper & Row 1987), p. 507–8 ISBN 0-06-043862-2.

5 Radioaktiver Abfall

Abb. 5.1 zeigt die Zusammensetzung der Brennstoffe eines Leichtwasserreaktors direkt nach dem Einsetzen in den Reaktorkern und nach einer Betriebszeit von 3 Jahren. Nach drei Jahren haben sich $_{92}U^{231}$, diverse Pu-Isotope, Spaltprodukte und minore Actinoiden gebildet.

Analysiert man die Zusammensetzung des Abbrandes, so findet man im Wesentlichen die folgenden Stoffgruppen:

- Spaltprodukte, also die bei der Kernspaltung entstehenden „Bruchstücke" (abgebrannte Brennstäbe). Sie bilden die Hauptmenge aller radioaktiven Abfälle, sind aber zum größten Teil sehr kurzlebig (z. B. ^{132}J), jedoch sind auch einige längerlebig (z. B. ^{137}Cs, ^{90}Sr etc.) oder langlebig (z. B. ^{129}J etc.). Es gibt eine Vielzahl radioaktiver Substanzen. Einige verbreiten sich bei Unglücken aber besonders schnell oder werden vom Körper bevorzugt aufgenommen. Zu den bekanntesten Gefahrstoffen zählen die Radionuklide Jod-131, Strontium-90, Cäsium-137 und Plutonium-239. Aber auch zahlreiche weitere radioaktive Substanzen mit jeweils eigenem Gefährdungspotenzial sind im Atommüll enthalten.
- **Jod-131** ist leicht flüchtig und kann sich schnell über große Gebiete ausbreiten. Aufgrund seiner kurzen Halbwertszeit von nur acht Tagen ist es nach wenigen Monaten praktisch vollständig zerfallen. In dieser Zeit kann es aufgrund seiner starken Radioaktivität aber große Schäden anrichten. Jod-131 reichert sich in Pflanzen und Milchprodukten an. Einmal in den Körper aufgenommen, lagert es sich in der Schilddrüse an, wo es zur Entstehung von Schilddrüsenkrebs führen kann. Nach Tschernobyl führte dies zu mehreren Tausend Fällen dieser Krankheit. Glücklicherweise ist diese Krebsart sehr gut therapierbar. Die Aufnahme von Jod-131 lässt sich durch die Einnahme von Jodtabletten verringern. Ist die Schilddrüse bereits mit normalem Jod übersättigt, scheidet

W. Osterhage, H. Frey, *Transformation radioaktiver Abfälle*, Energie in Naturwissenschaft, Technik, Wirtschaft und Gesellschaft,
https://doi.org/10.1007/978-3-658-38519-4_5

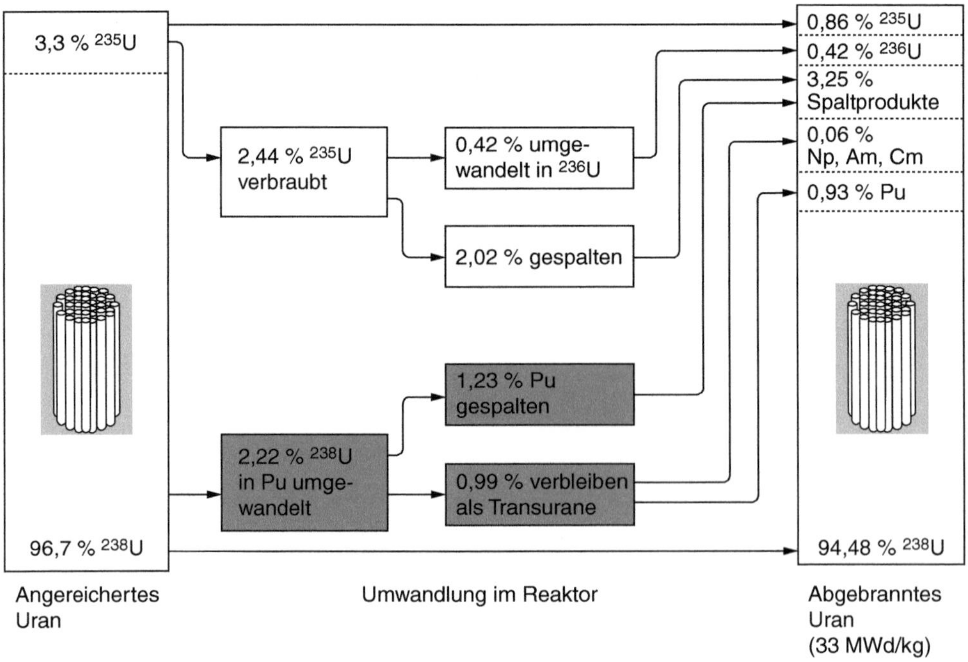

Abb. 5.1 Beim Abbrand eines schwach angereicherten Brennelementes (links) sinkt der Anteil an $_{92}U^{235}$, neue Elemente entstehen. (Quelle: KWU, Erlangen)

der Körper weiteres Jod einfach wieder aus. Es wird aber abgeraten, solche Jodtabletten ohne akute Gefährdung einzunehmen, da sie das Risiko von Schilddrüsenerkrankungen erhöhen können.

- **Cäsium-137** ist ebenfalls leicht flüchtig. Aufgrund seiner mittellangen Halbwertszeit von 30 Jahren kann es Landstriche über Jahrhunderte kontaminieren. Es reichert sich in einigen Pilzsorten an. Auch Rot- und Schwarzwild ist von Cäsium stark betroffen, da es sich vor allem in Waldböden hartnäckig hält und ständig über die Blätter und Nadeln von Bäumen wieder nach oben transportiert wird.
- **Strontium-90** hat ebenfalls eine Halbwertszeit von 30 Jahren. Es ist weniger flüchtig als Jod oder Cäsium und wird bei Reaktorkatastrophen deshalb nicht so weitflächig verteilt. Einmal in den Körper aufgenommen, wird es vom Organismus jedoch mit dem chemisch ähnlichen Kalzium verwechselt und ins Knochenmark eingebaut, wo es zu Tumoren oder Leukämie führen kann. Strontium-90 gehört zu den gefährlichsten Rückständen von Atombombenexplosionen.
- Erbrüteter Kernbrennstoff, z. B. $_{94}Pu^{239}$, das durch Neutroneneinfang und zwei anschließende Betazerfälle aus $_{92}U^{238}$ gebildet wird, sowie das aus $_{94}Pu^{239}$ durch zwei Neutroneneinfänge erbrütete $_{94}Pu^{241}$.
- ***Plutonium-239*** ist nur schwer flüchtig und besitzt eine Halbwertszeit von 24.000 Jahren. Plutonium wird vom Körper schlecht aufgenommen und schnell wieder ausgeschieden. Der nicht ausgeschiedene Rest verbleibt jedoch lange Zeit im Körper. Schon

wenige Milligramm führen mit hoher Wahrscheinlichkeit zu Krebs in Lunge, Lymphknoten oder Leber.

- Von Plutonium wurden 20 Isotope und 15 Kernisomere mit Massezahlen von 228 bis 247 vermessen. Die Halbwertszeiten liegen zwischen 37×10^{-12} s für das Kernisomer $_{94}Pu^{236m}$ und 80 Mio. Jahren für $_{94}Pu^{244}$. Die langlebigsten Isotope mit Halbwertzeiten größer als 11 Tagen haben Massenzahlen zwischen 236 und 244. Das Isotop $_{92}Pu^{243}$ ist mit einer Halbwertzeit von weniger als 5 Stunden eine Ausnahme. Einige der Plutonium-Isotope sind Ausgangspunkte für radioaktive Zerfallsreihen (vgl. Abschn. 4.3.6).
- ***Aktivierungsprodukte*** sind ursprünglich nichtradioaktive Materialien aus dem Reaktor oder dessen Umgebung, die durch Neutroneneinfang von Spalt-Neutronen in radioaktive Nuklide umgewandelt wurden ($_{27}Co^{60}$).
- Erbrüteter Kernbrennstoff, z. B. $_{94}Pu^{239}$, das durch Neutroneneinfang und zwei anschließende Betazerfälle aus $_{92}U^{238}$ gebildet wird, sowie das aus $_{94}Pu^{239}$ durch zwei Neutroneneinfänge erbrütete $_{94}Pu^{241}$.
- Erbrütete weitere Transurane, wie z. B. $_{93}Np^{237}$, entstehen, wenn $_{92}U^{235}$ durch Neutroneneinfang nicht gespalten wird, sondern das entstehende $_{92}U^{236}$ sich durch einen weiteren Neutroneneinfang in $_{92}U^{237}$ umwandelt, das sich anschließend durch Betazerfall in das Neptuniumisotop umwandelt. Ein weiteres Beispiel ist $_{95}Am^{241}$, das durch mehrfachen Neutroneneinfang aus $_{94}Pu^{239}$ über $_{94}Pu^{240}$ und $_{94}Pu^{241}$ mit nachfolgendem Betazerfall entsteht.
- Unverbrauchter ursprünglicher Brennstoff ($_{92}U^{235}$, $_{94}Pu^{239}$ und $_{94}Pu^{241}$).
- Unverändertes $_{92}U^{238}$ des ursprünglichen Brennstoffs.

Neutronenaktivierte radioaktive Abfälle aus Brennstoffen von Kernreaktoren sind nur in den seltensten Fällen isotopenrein. In aller Regel enthalten sie Mischungen verschiedenster Nuklide mit sehr unterschiedlichen Halbwertszeiten. Dadurch erfolgt das Abklingen anders als nach der exponentiellen Regel, die sich nur jeweils auf einzelne Isotope bezieht. So enthält der Werkstoff Aluminium außer dem chemischen Element Aluminium (Al) stets auch Beimischungen von Kupfer (Cu) und Zink (Zn) sowie Spuren von Nickel (Ni) und Cobalt (Co). Alle diese Elemente werden durch Neutroneneinfang aktiviert, wenn sie als Werkstoff in einem Reaktor eingesetzt sind. Nach dem Ende der Neutronenbestrahlung dominiert zunächst die kurzlebige Radioaktivität des Aluminiums. Nach zehn Minuten aber sinkt die Gesamtaktivität nicht exponentiell weiter, sondern es tritt die langlebigere Aktivität des aktivierten $_{29}Cu^{64}$ (1 Tonne abgebrannten Kernbrennstoffs enthält durchschnittlich etwa 20 g Curium)[1] in den Vordergrund. Nach zwei Wochen ist auch das $_{29}Cu^{64}$ fast vollständig zerfallen, nun aber zeigt sich die noch langlebigere Aktivität von $_{30}Zn^{65}$ mit einer Halbwertszeit von 244 Tagen. Es kann deshalb sein, dass man das Werkstück viele Jahre lang sicher verwahren muss, bevor seine Restaktivität vernachlässigbar ist. Aus diesem Grund werden in kerntechnischen Anlagen, wenn möglich, Legierungen mit besonderer Zusammensetzung verwendet, insbesondere cobaltfreie Stähle.

[1] A. F. Holleman, E. Wiberg, N. Wiberg: *Lehrbuch der Anorganischen Chemie.* 102. Auflage. Walter de Gruyter, Berlin 2007, ISBN 978-3-11-017770-1, S. 2149.

Man kennt heute etwa 200 verschiedene Spalt-Radionuklide, die sich auf 35 verschiedene Elemente beziehen (von Zink mit der Kernladungszahl 30 bis zum Terbium mit der Kernladungszahl 65). Hier einige Beispiele:

$$ {}_{92}^{238}U + {}_{0}^{1}n \rightarrow {}_{92}^{238}U \rightarrow {}_{57}^{147}La + {}_{35}^{87}Br + 2{}_{0}^{1}n $$

$$ {}_{92}^{236}U + {}_{0}^{1}n \rightarrow {}_{92}^{236}U \rightarrow {}_{36}^{89}Kr + {}_{56}^{144}Ba + 3{}_{0}^{1}n $$

$$ {}_{92}^{236}U + {}_{0}^{1}n \rightarrow {}_{92}^{236}U \rightarrow {}_{53}^{137}J + {}_{39}^{96}Y + 3{}_{0}^{1}n $$

$$ {}_{92}^{236}U + {}_{0}^{1}n \rightarrow {}_{92}^{236}U \rightarrow {}_{54}^{143}Xe + {}_{38}^{90}Sr + 3{}_{0}^{1}n $$

$$ {}_{92}^{236}U + {}_{0}^{1}n \rightarrow {}_{92}^{236}U \rightarrow {}_{65}^{137}Cs + {}_{37}^{96}Rb + 3{}_{0}^{1}n $$

$$ {}_{92}^{236}U + {}_{0}^{1}n \rightarrow {}_{92}^{236}U \rightarrow {}_{36}^{90}Kr + {}_{56}^{144}Ba + 2{}_{0}^{1}n $$

$$ {}_{92}^{236}U + {}_{0}^{1}n \rightarrow {}_{92}^{236}U \rightarrow {}_{52}^{136}Te + {}_{40}^{98}Zr + 3{}_{0}^{1}n $$

Die Massenzahlen der Spaltproduktkerne liegen etwa zwischen 70 und 160. Ein Maximum liegt bei der Massenzahl 95, ein zweites Maximum bei der Massenzahl 140. Die Massenzahlen liegen am häufigsten im Verhältnis 2 zu 3 zueinander.

Die Spaltprodukte wandeln sich unter Aussenden von Betastrahlen in stabile Kerne um. Dabei werden zum Teil Zerfallsreihen durchlaufen, Abb. 5.2[2] und 5.3 (siehe auch Abb. 3.2). Es ist aber auch Neutronenemission möglich. Radioaktive Isotope eines bestimmten Elements (z. B. Jod) können direkt bei der Kernspaltung oder beim nachträglichen Zerfall eines Spaltproduktes entstehen.

Eine weitere Quelle bilden die Aktivierungsprodukte. Inaktive Nuklide können sich durch Aufnahme eines Neutrons in Radionuklide umwandeln. Zwei Beispiele:

$$ {}_{26}^{58}Fe + {}_{0}^{1}n \rightarrow {}_{26}^{59}Fe \qquad \text{(Aktivierung)} $$

$$ {}_{26}^{59}Fe \rightarrow {}_{27}^{59}Co + {}_{-1}^{0}e + \gamma \qquad \text{(Zerfall)} $$

$$ {}_{27}^{59}Co + {}_{0}^{1}n \rightarrow {}_{27}^{60}Co \qquad \text{(Aktivierung)} $$

$$ {}_{27}^{60}Co \rightarrow {}_{28}^{60}Ni + {}_{-1}^{0}e + \gamma \qquad \text{(Zerfall)} $$

aus dem Bereich der Neutronenstrahlung, z. B. Beton, Stahl und seine Legierungsbestandteile, Korrosionsprodukte oder die Luft, können auf diese Weise radioaktiv werden.

Die Abschirmung gegenüber der aus dem Reaktorkern, dem aktivierten Primärkreislauf und aus den aktivierten Materialien stammenden radioaktiven Strahlung hat prinzipiell folgende Aufgaben:

[2] Koelzer, W.: KfA, Karlsruhe.

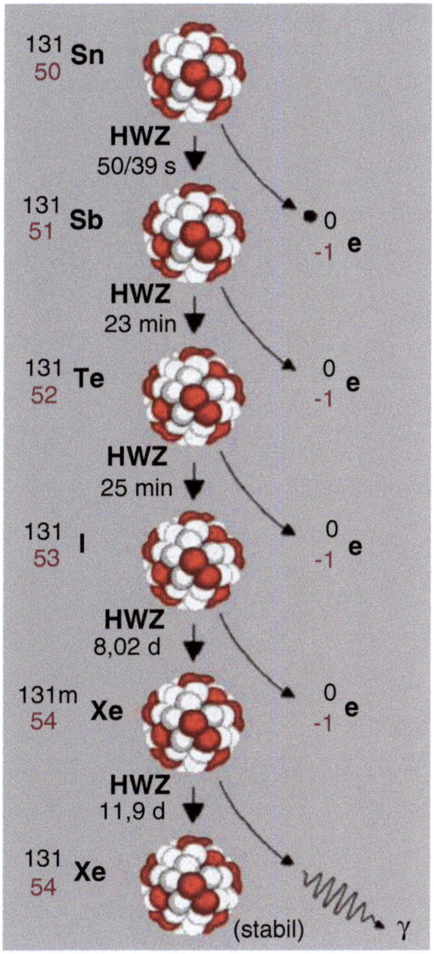

Abb. 5.2 Radioaktiver Zerfall des Sn-131

1 Sie soll die Dosisleistung in allen während des oder nach dem Betrieb für Menschen zugänglichen Zonen so weit herabsetzen, dass für die, gesetzlich festgelegten Dosen nicht überschritten werden.

2 Sie soll die Dosisleistung (vor allem an schnellen Neutronen) an wesentlichen Komponenten, wie besonders dem Reaktorbehälter, so weit herabsetzen, dass deren Integrität über die vorgesehene Lebensdauer garantiert werden kann. In erster Linie ist dafür die Sprödbruchgefährdung ausschlaggebend, und die Grenze für den integrierten schnellen Neutronenfluss liegt je nach Material und Temperatur bei 10^{20}–10^{22} Neutronen je cm^2. So würden $10^{21}n/cm^3$ für 20 Jahre einem Neutronenfluss von

$$10^{21}/6{,}3\cdot 10^{8} = 1{,}6\cdot 10^{12}\, n/cm^2 s$$

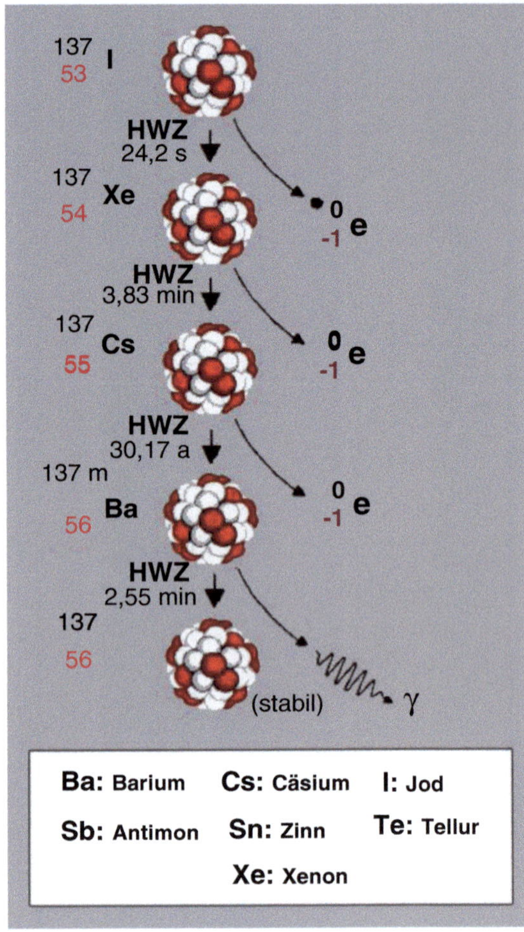

Abb. 5.3 Radioaktiver Zerfall des ^{137}J

entsprechen. Außerdem erzeugt die in den Bauteilen absorbierte Strahlung Wärme, die zu Temperaturgradienten und Wärmespannungen führt. Die innere Abschirmung des Reaktorbehälters wird auch als thermische Abschirmung bezeichnet, weil sie die Spannungen, verursacht durch die Wärme, reduziert.

3 Sie soll den Neutronenfluss an Bauteilen, die einer späteren Demontage oder Wartung bedürfen, so weit herabsetzen, dass diese mit einem vertretbaren Aufwand an Abschirmung und Fernbedienung gehandhabt werden können.

Betrachtet man die Funktionen der Abschirmung, so wird deutlich, dass auch das Ausmaß der erforderlichen Abschirmung von Fall zu Fall unterschiedlich sein kann. Im Rahmen der Konzeption eines Reaktors muss, z. B. bei der Verwendung eines neuen Materials oder veränderten Wandstärken, die Abschirmung stets neu berechnet und optimiert werden.

Abzuschirmen sind Neutronen und γ-Strahlen, während die α- und β-Strahlen wegen ihrer geringen Reichweite nicht berücksichtigt zu werden brauchen, Abb. 5.4.

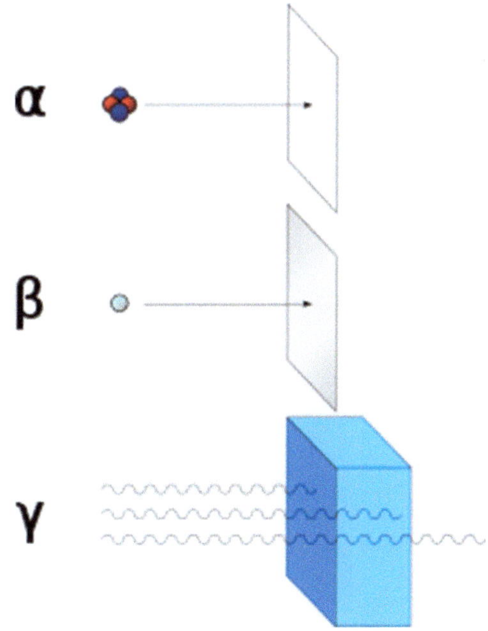

Abb. 5.4 Papier schirmt Alphastrahlung ab, Aluminiumblech schützt vor Betastrahlung, eine Massivwand (beispielsweise aus ca. 5 cm dickem Blei) schützt vor Gammastrahlung

Entstehen die Neutronen nur im Reaktorkern, unterscheidet man zwischen der ebenfalls von dort stammenden *primären γ-Strahlung* und der *sekundären γ-Strahlung* durch Neutroneneinfang in der Abschirmung selbst.

γ-Strahlung wird in Materie annähernd exponentiell abgeschwächt. Sie hat daher keine bestimmte Reichweite, sondern ihre Verringerung kann durch eine von Quantenenergie und Material abhängige Halbwertsdicke beschrieben werden. Diese beträgt z. B. für Quanten von 2 MeV in Blei etwa 1,3 cm.

Die exponentielle Abschwächung – beschrieben durch den Massenschwächungskoeffizienten – Abb. 5.5, beruht im Wesentlichen auf drei verschiedenen Wechselwirkungsprozessen, deren relative Beiträge von der Quantenenergie und von der Ordnungszahl (Kernladungszahl) Z und der Massenzahl A des Abschirmmaterials abhängen. Zwei weitere Mechanismen, Kernfotoeffekt und normale elastische Streuung, sind für die Abschirmwirkung normalerweise vernachlässigbar.

Der wichtigste Einzelprozess ist

- bei Energien bis ca. 1 MeV der Fotoeffekt; Abschwächung ~ Z^4/A
- bei Energien zwischen ca. 1 MeV und 5 MeV die Comptonstreuung; Abschwächung ~ Z/A
- bei Energien oberhalb ca. 5 MeV die Paarbildung; Abschwächung ~ Z^2/A

Bei niedrigen und hohen Energien absorbieren demnach schwere Elemente, also Elemente hoher Kernladungszahl, besonders gut. Deshalb bestehen die meisten Gamma- und Rönt-

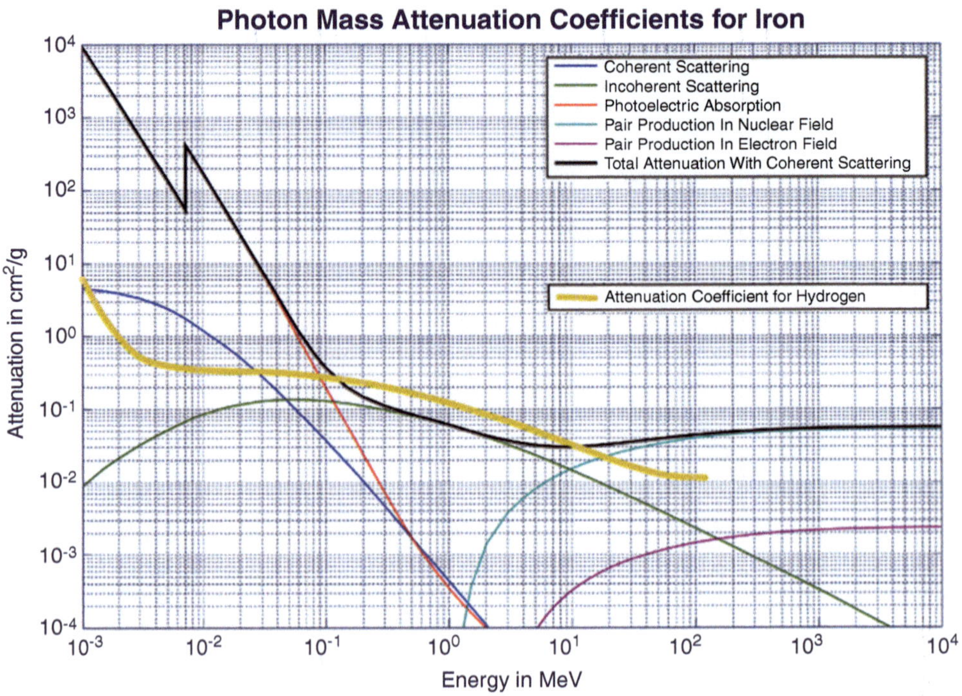

Abb. 5.5 Spezifischer Massenschwächungskoeffizient als Funktion der Quantenenergie für Eisen (schwarz) und Wasserstoff (gelb). (Quelle: Lawrence Livermore Lab)

gensrahlabschirmungen aus Blei. Im mittleren Energiebereich, wo die Comptonstreuung[3] wichtig ist, unterscheiden sich die Eigenschaften der Abschirmmaterialien nur geringfügig. Neutronenarme leichte Nuklide sind hier bei gleicher Massenbelegung etwas wirksamer, aber in der Praxis wegen der nötigen größeren Schichtdicke wenig üblich.

Nach der Abschwächung der Strahlung werden als Sekundärteilchen Elektronen und bei sehr hohen Energien durch Kernfotoeffekt auch Protonen und Neutronen freigesetzt. Sie sind u. U. ihrerseits neue Quellen für Gammastrahlung und Tertiärteilchen.

Wegen der hohen Anfangsaktivität sind frisch abgebrannte Brennstäbe nicht transportfähig; sie werden in einem Abklingbecken aufbewahrt. Danach ist eine jahrzehntelange Zwischenlagerung erforderlich.

Wiederaufbereitungsanlagen sollen unverbrauchten und erbrüteten Brennstoff zur Wiederverwendung vom radioaktiven Abfall abtrennen. Dadurch wird das Volumen an hoch radioaktivem Abfall stark verringert, das Volumen an mittel- und schwachradioaktiven Abfällen steigt.

Der Gehalt an Radionukliden und deren Mischungsverhältnis ist von vielen Faktoren abhängig, insbesondere von der Art, Herkunft und Vorgeschichte des Abfalls.

[3] Kossert, Karsten, Quasifreie Compton-Streuung am Neutron zur Bestimmung der elektromagnetischen Polarisierbarkeiten Verlag: CuvillierISBN: 389873174XI.

5.1 Anfallende und angefallene Mengen

Nach Angaben der World Nuclear Association entstehen Jahr für Jahr 12.000 Tonnen hoch radioaktive Abfälle. Bis Ende 2010 sind weltweit etwa 300.000 Tonnen hoch radioaktiven Abfalls angefallen, davon etwa 70.000 in den USA. In den deutschen Atomkraftwerken werden jährlich rund 450 Tonnen hoch radioaktive abgebrannte Brennelemente erzeugt.

In Russland lagerten bereits 2008 mehr als 700.000 Tonnen radioaktiven Mülls unterschiedlicher Strahlung, davon 140.000 Tonnen aus europäischen Kernkraftwerken. An der Hanford Site in den USA müssen etwa 200.000 Kubikmeter radioaktiven Materials entsorgt werden. Das weltweit erste Endlager für hoch radioaktive Abfälle Onkalo in Finnland hat eine Kapazität von 6500 Tonnen und ist für die Aufnahme der verbrauchten Brennelemente der fünf Kernkraftwerke in Olkiluoto und Loviisa ausgelegt.

Radioaktive Abfälle, ob aus der vorgesehenen Endlagerung abgebrannter Brennelemente oder aus der Wiederaufarbeitung von Brennelementen, werden international in schwach-, mittel- und hoch radioaktive Abfälle eingeteilt (*low-*, *intermediate-* und *high-level waste*, LLW, ILW und HLW). Je nach Art und Energie der Strahlung und insbesondere deren Aktivität und Halbwertzeit sind unterschiedliche Abgrenzungskriterien in Gebrauch. Die Internationale Atomenergie-Agentur IAEO hat 1981 folgende Einteilung vorgenommen:[4]

Hoch radioaktive Abfälle erzeugen aufgrund ihrer hohen Aktivität (> 10^{14} Bq/m^3; typisch $5 \cdot 10^{16} - 5 \cdot 10^{17}$ Bq/m^3) erhebliche Zerfallswärme (typisch 2 bis 20 Kilowatt/m^3); 1 Bq = 1 s^{-1} (d. h. ein Becquerel entspricht einem radioaktiven Zerfall pro Sekunde), 1 Ci = $3{,}7 \cdot 10^{10}$ Bq, 1 Bq = 2,7027. Tab. 5.1 zeigt einige der Isotope, die für die Bewertung der Entsorgungsbedingungen hochaktiver Abfälle und abgebrannter Brennelemente besonders wichtig sind. Cäsium, Strontium und Technetium sind Spaltprodukte; die anderen Isotope entstehen durch Neutroneneinfang.

- *Mittelradioaktive Abfälle* (10^{10}–10^{15} Bq/m^3) erfordern Abschirmmaßnahmen, aber kaum oder gar keine Kühlung;
- *Schwachradioaktive Abfälle* (<10^{11} Bq/m^3) erfordern bei Handhabung oder Transport keine Abschirmung.

Tab. 5.1 ausgewählte Isotope in hochaktiven Kernreaktorabfällen

Isotop	Ungefähre Halbwertszeit
Strontium-90	29 Jahre
Cäsium-137	30 Jahre
Americium-241	430 Jahre
Americium-243	7400 Jahre
Plutonium-239	24.000 ahre
Technetium-99	213.000 Jahre

[4] Resolution 8 auf dem 15. Treffen der Conférence Générale des Poids et Mesures 1975 (abgerufen am 3. März 2013).

Die Kernenergie erzeugt eine relativ geringe Abfallmenge je produzierter Energieeinheit. Unterschiedliche Reaktoren und Brennstoffkreisläufe produzieren auch unterschiedliche Mengen und Arten von Abfall. In Tab. 5.2 wird gleichwohl versucht, eine Übersicht über die Abfallmengen zu vermitteln, die bei der Produktion von Kernenergie entstehen.

Um diese Abfallmengen in die richtige Perspektive zu rücken, sollte nicht vergessen werden, dass auch Fabriken, Krankenhäuser und Krebsbehandlungszentren radioaktive Abfälle erzeugen und dass derartige Abfälle insgesamt lediglich einen Bruchteil des Jahr für Jahr in der Industrie anfallenden toxischen Mülls und einen noch weit geringeren Anteil an der gesamten Abfallmenge unserer Gesellschaft darstellen, Abb. 5.6.

Tab. 5.2 Ungefähre Mengen der in einem LWR von 1 000 MWe erzeugten radioaktiven Abfälle (m3 pro Jahr)

Abfallart	Offener Brennstoffzyklus	Brennstoffzyklus mit Wiederaufarbeitung
Schwach-/mittelaktiv	50–100	70–190
Hochaktiv	0	15–35
Abgebrannte Brennelemente	45–55	0

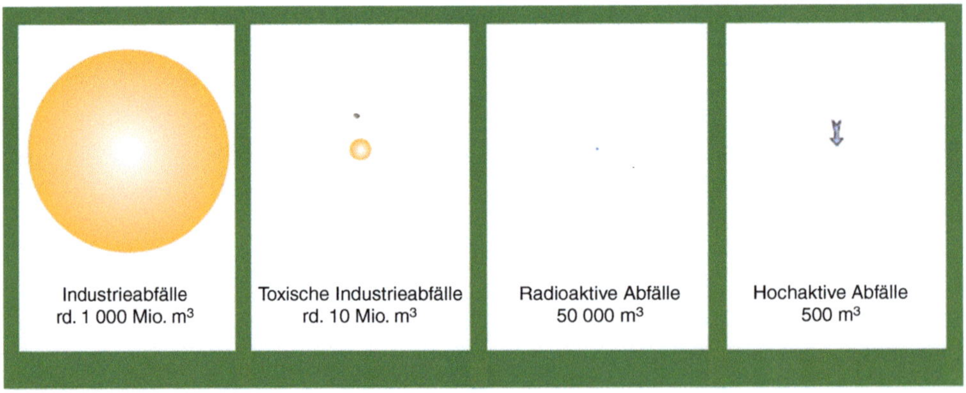

Quelle: *Nuclear and Renewable Energies* (Rom: Accademia Nazionale dei Lincei, 2000), aktualisiert mit Daten der Europäischen Kommission, *Radioactive Waste Management in the European Union [Die Entsorgung von radioaktiven Abfällen in der Europäischen Union]* (Brüssel. 1998).

Abb. 5.6 Vergleich der Aufkommen von Industrieabfall und radioaktivem Abfall – jährliches Aufkommen in der Europäischen Union

6 Wiederaufarbeitung

Grundsätzlich sind folgende Wiederaufbereitungsverfahren möglich:

- Teilweise Abtrennung der Spaltprodukte
- Vollständige Abtrennung der Spaltprodukte
- Brutstoffabtrennung
- Spaltstoffabtrennung
- Abtrennung der Spaltprodukte und Trennung von Brut- und Brennstoff
- Abtrennung der Spaltprodukte und vollständige Trennung aller Actioniden

Die ersteren beiden Verfahren haben den Vorteil, dass sie im Prinzip technisch sehr einfach und proliferationsresistent sind, der Nachteil ist, dass der so entstehende neue Brennstoff, je nach Reaktortyp, aus dem er kommt fallweise einen zu hohen oder zu niedrigen Spaltstoffanteil hat.

Das Rezyklieren von Brennelementen aus Leichtwasserreaktoren ist durch die Zunahme an solchen Plutoniumisotopen begrenzt, die sich nicht durch thermische Neutronen in Leichtwasserreaktoren spalten lassen, und andererseits durch die Entstehung unerwünschter Elemente wie z. B. Curium. Nach zwei bis drei Zyklen muss der rezyklierte Kernbrennstoff genauso entsorgt werden wie im offenen Brennstoffzyklus. Diese Einschränkung in Bezug auf die Anzahl der Recyclingzyklen gilt allerdings nicht, wenn das wiederaufgearbeitete Material in Brutreaktoren eingesetzt wird.

Sinnvoll sind solche Verfahren vor allem bei der Nutzung von Brutreaktoren, in welchen das Verhältnis von Spaltstoff zu Brutstoff mit zunehmendem Abbrand nicht abnimmt, sondern steigt sowie bei der Verwendung von Reaktoren, die unterschiedliche Anreicherungen benötigen (etwa Leichtwasser- und CANDU Reaktoren).

W. Osterhage, H. Frey, *Transformation radioaktiver Abfälle*, Energie in Naturwissenschaft, Technik, Wirtschaft und Gesellschaft,
https://doi.org/10.1007/978-3-658-38519-4_6

In der Brutstoffabtrennung wird lediglich der Brutstoff (Uran, Thorium) abgetrennt und weiterverwendet. Das kann insbesondere im Falle von Uran vorteilhaft sein, da das Uran abgebrannter Brennelemente in Leichtwasserreaktoren üblicherweise immer noch mehr spaltbares ${}_{92}U^{235}$ enthält als Natururan. So enthalten 1000 g abgebrannter Kernbrennstoff aus einem Druckwasserreaktor 949 g ${}_{92}U^{238}$ (vorher: 969 g), 8 g${}^{235}U$ (vorher: 31 g), 9 g Pu (durch Neutronenbeschuss aus ${}^{238}U$ entstanden) sowie 34 g feste Spaltprodukte (Überreste der durch Spaltung vernichteten ${}^{235}U$ und Pu-Isotope).

Die Abtrennung der Spaltprodukte und Trennung von Brut- und Brennstoff ist die gegenwärtig etablierteste Variante. Man hat hier die größte Flexibilität in der Zusammensetzung des neuen Brennstoffs bzw. für die Weiterverwendung der Produkte.

Mit einer zusätzlichen Abtrennung von minoren Actinoiden kann man diese in geeigneten Reaktoren als Spaltstoff nutzen oder zu Spaltstoff transmutieren, womit sich der Zeitraum über den der verbleibende hoch radioaktive Abfall gefährlich ist, absenken lässt.

In Kombination mit Brutreaktoren, die mehr Spaltstoff durch Brutvorgänge erzeugen als sie verbrauchen, ist die Wiederaufbereitung der Schlüssel zu einer vielfach besseren Ausnutzung des zur Verfügung stehenden Kernbrennstoffs.

Prinzipiell ist dies auch mit Kernreaktoren, deren Brennstoff im laufenden Betrieb kontinuierlich aufbereitet wird, insbesondere bei Fluidkernreaktoren, möglich.

6.1 PUREX-Verfahren

Die gegenwärtig verbreitetste Wiederaufbereitungsmethode ist das PUREX(Plutonium-Uranium-Reduktion-Extraktionsprozess)-Verfahren, Abb. 6.1; es handelt sich um ein nasschemisches Verfahren, welches sich für Uran-Plutonium Brennstoff eignet und bei dem Plutonium und Uran voneinander und von den Spaltprodukten getrennt werden können.

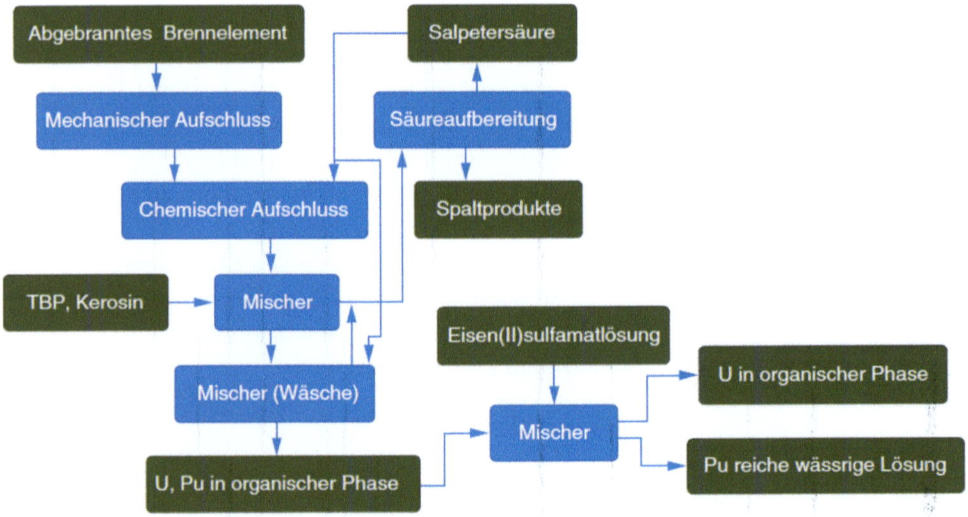

Abb. 6.1 Schema des PUREX-Prozesses „**P**lutonium-**U**ranium **R**ecovery by **Ex**traction“

Im Prinzip ist das PUREX-Verfahren eine Form der Extraktion (genauer der *Lösungsmittelgegenstromextraktion*), bei der eine wässrige Phase (Brennstofflösung) und eine organische Phase (Extraktionsmittel) in engen Kontakt gebracht werden und sich anschließend wieder voneinander absetzen. Als Extraktionsmittel dient ein Phosphorsäureester (Tri-n-butyl-phosphat, Kurzbezeichnung: TBP), der mit 70 % $^{12-14}$C-Alkanen (üblicherweise Kerosin) verdünnt ist. Daher wird das Extraktionsmittel auch kurz TBP-30 genannt.

In der Wiederaufarbeitung werden die Brennstäbe zerschnitten und der Brennstoff einschließlich der Spaltprodukte in heißer Salpetersäure, nicht aber die metallischen Hüllreste, aufgelöst. Das TBP-30 löst anschließend unter Komplexbildung selektiv die Nitrate des Urans und Plutoniums aus der salpetersauren Brennstofflösung heraus, während die Nitrate der Spaltprodukte in der wässrigen Phase zurückbleiben. Um möglichst hohe Extraktionsraten zu erreichen, müssen die im Gegenstrom zueinander geführten Flüssigkeiten gut miteinander vermengt werden. Anschließend setzen sich TBP und die wässrige Phase wieder selbsttätig voneinander ab, sodass die mit Uran und Plutonium beladene organische Phase und die wässrige Phase, in der sich die Nitrate der Spaltprodukte befinden, leicht voneinander getrennt werden können.

Da der Trenneffekt eines einzigen Extraktionsschrittes nicht ausreicht, um die erforderlichen Reinheitsgrade zu erzielen, wird dieser Vorgang wiederholt in Mischapparaten durchgeführt, die hintereinander angeordnet sind. Als Mischapparate nutzt man Pulskolonnen[1] oder Mischabsetzer.

6.1.1 PUREX-Modifikationen

Der PUREX Prozess wurde mittlerweile mit unterschiedlichen Zielsetzungen weiterentwickelt beispielsweise mit dem Ziel auch thoriumhaltigen Brennstoff wiederaufbereiten zu können oder auch minore Actinoide, insbesondere Americium und Curium, abzutrennen.

UREX

Der UREX (von Uranium EXtraction) Prozess ist ein vereinfachter PUREX Prozess. Dabei wird lediglich Uran abgetrennt, auf eine Abscheidung des Plutoniums wird verzichtet. Der verbleibende Abfall kann weiter aufbereitet werden, in diesem Fall wird der UREX Prozess zu einem Teilprozess des **UREX+** Verfahrens. Unter der Bezeichnung „UREX+" wurden in den USA eine ganze Reihe von Wiederaufbereitungsprozessen entwickelt, in welchen im Anschluss an die Uranabtrennung mit dem UREX Verfahren der verbleibende Rest weiter aufgetrennt wird. Dabei können verschiedene Spaltprodukte und Actinoide für eine gesonderte Abfallbehandlung oder Weiterverwendung schrittweise von den restlichen Spaltprodukten getrennt werden. Bedeutende Teilprozesse sind insbesondere UREX (Abtrennung von Uran und Technetium), FPEX (Abtrennung von Cäsium und Strontium), TRUEX (Abtrennung von Americium, Curium, seltenen Erden), Cyanex 301 (Trennung

[1] P. Grasmann, F. Widmer: Einführung in die thermische Verfahrenstechnik, de Gruyter, Berlin 1974.

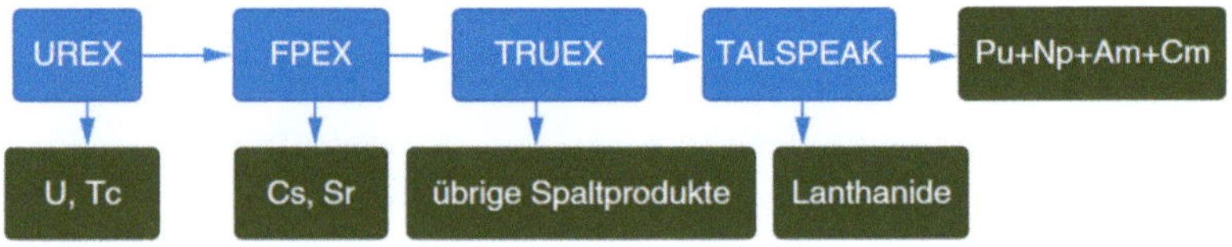

Abb. 6.2 UREX+1a-Prozess

von Americium, Curium und seltenen Erden) oder TALSPEAK (ebenfalls für die Trennung von Americium, Curium, seltenen Erden) sowie NPEX (Abtrennung von Neptunium und Plutonium). Diese Teilprozesse sind jeweils optional und können je nach Bedarf weggelassen werden.

Zu nennen sind insbesondere die Varianten (Abb. 6.2):

FPEX (Fission Product EXtraction) Dieser Prozess wurde entwickelt, um die Spaltprodukte Cäsium und Strontium durch flüssig-flüssig Extraktion abzuscheiden. Der Prozess kann insbesondere als Ergänzung zum PUREX oder UREX Prozess genutzt werden um diese Spaltprodukte für diverse radiomedizinische und technische Anwendungen zu gewinnen oder um sie durch Transmutation unschädlich zu machen.

Der in den 1990ern im LANL (Los Alamos National Laboratory) entwickelte TRUEX (TRansUranic Extraction) Prozess nutzt zusätzlich zum beim PUREX Prozess eingesetzten Tributylphosphat (TBP) auch Octyl-(phenyl)-N,N-diisobutylcarbamoylmethylphosphi noxid (CMPO) als Organisches Extraktionsmittel. Dadurch kann in mehreren Extraktionsstufen neben Uran, Plutonium und Neptunium auch Americium abgetrennt werden. Der Zeitraum über den der Abfall der so praktisch nur noch aus Spaltprodukten besteht sicher gelagert werden muss sinkt gegenüber dem Abfall der PUREX Wiederaufbereitung von etwa 10.000 auf etwa 1000 Jahre.

TALSPEAK (Trivalent Actinide Lanthanide Separation by Phosphorus Extractants and Aqueous Komplexes) Dieser Prozess wurde in den 1960ern im ORNL (Oak Ridge National Laboratory) entwickelt, ist damit einer der ältesten Wiederaufbereitungsprozesse der in technischem Maßstab umgesetzt wurde und der für die Extraktion von Americium und Curium bzw. deren Trennung von den Lanthaniden geeignet ist. Auch der TALSPEAK-Prozess ist ein nasschemischer Flüssig/Flüssig Extraktionsprozess mit einem organischen Extraktionsmittel, zum Einsatz kommt hier HDEHP (Di-(2-ethylhexyl)phosphorsäure). Der TALSPEAK Prozess kann mit anderen Prozessen wie etwa PUREX oder UREX zur Extraktion anderer Actinoide kombiniert werden (Abb. 6.3)

Mit Hilfe von Acetohydroxamid (AHA) können Plutonium und Neptunium in die Oxidationsstufe 4+ reduziert und so nach vorheriger gemeinsamer Abtrennung von Uran getrennt werden.

CCD: Chlorierts Kobalt-Dicarbollid als Extraktionsmittel für Cäsium; PEG: Polythylenglycol als Extraktionsmittel für Strontium; beides gelöst in Phenyltrifluormethylsulfon (Abb. 6.4, 6.5 und 6.6)

„A+B“ kennzeichnet als Mischung abgetrennte Elemente, „A,B“ einzeln abgetrennte Elemente.

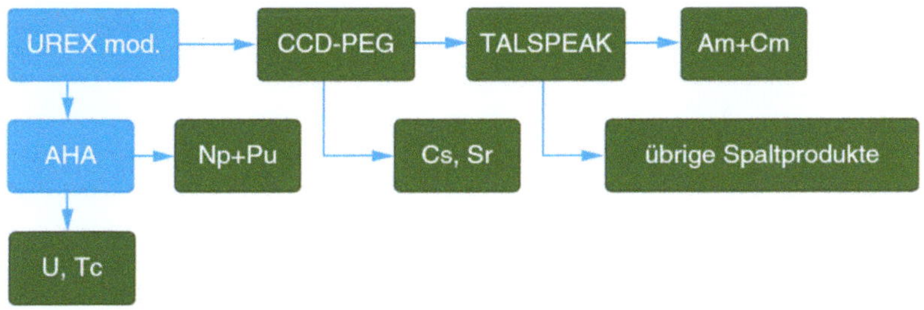

Abb. 6.3 UREX+2a-Prozess

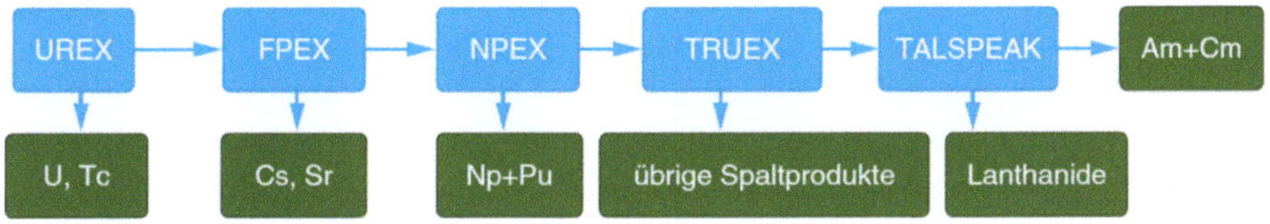

Abb. 6.4 UREX+3a-Prozess

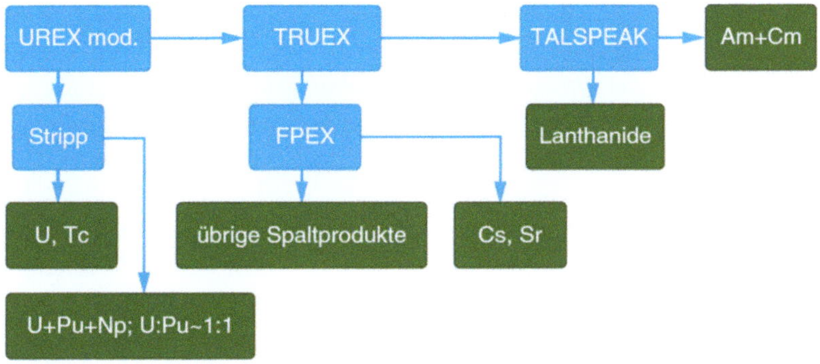

Abb. 6.5 UREX+3b-Prozess

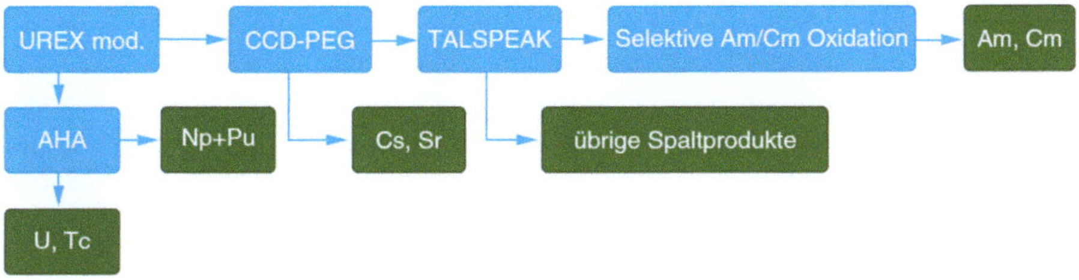

Abb. 6.6 UREX-4-Prozess

Abgesehen davon wurden bis heute Dutzende weitere Verfahren mit verschiedenen Vor- und Nachteilen entwickelt und noch etliche weitere vorgeschlagen, die aber bisher nicht großtechnisch umgesetzt wurden.

6.1.2 Pyrochemische Verfahren

Bei diesen Verfahren wird der Kernbrennstoff in Salz- oder Metallschmelzen gelöst und aus diesen selektiv abgetrennt.

Pyro-A
Das in den USA entwickelte Pyro-A-Wiederaufbereitungsverfahren ist ein pyrochemischer Prozess zur Trennung von Spaltprodukten und Transuranen im Anschluss an den UREX-Prozess, der eine Alternative zum UREX+-Verfahren darstellt. Der Abfallstrom des UREX-Prozesses wird dafür zu Oxid umgewandelt und anschließend in einer Salzschmelze gelöst. Die Transurane werden anschließend aus der Salzschmelze extrahiert. Es gibt zwei Varianten dieses Prozesses: Eine arbeitet pyroelektrochemisch, die andere mit einer pyrochemischen Flüssig-Flüssig-Extraktion.

Pyro-B
Auch der Pyro-B-Prozess ist ein US-amerikanischer pyroelektrochemischer Wiederaufbereitungsprozess und wurde in den 1980er-Jahren im Zuge des IFR-Programms zur Wiederaufbereitung von metallischem Schnellbrüterbrennstoff zur Serienreife entwickelt, Abb. 6.7. Durch eine zusätzliche Reduktionsstufe ist auch die Wiederaufbereitung von keramischem Brennstoff möglich.

Der Pyro-B-Prozess wurde ab 1995 im LANL (Los Alamos Lab) in technischem Maßstab genutzt, um die Brennelemente des Brutreaktors EBR-II aufzubereiten, und kann daher als etabliertes Verfahren gelten. Im Advanced Recycling Center von GE-Hitachi wird eine Pyro-B-Anlage mit 4 PRISM-Reaktorblöcken kombiniert, sodass abgebrannter Kernbrennstoff der Brutreaktoren direkt Brennstoff für die PRISM-Reaktoren verarbeitet werden.

Beim Pyro-B-Verfahren wird der metallische Brennstoff zerkleinert und in einem metallischen Korb in ein Salzbad (Lithiumchlorid/Kaliumchlorid) bei einer Temperatur von etwa 500 °C geladen. Dieser Korb dient (mitsamt dem darin befindlichen Brennstoff) als Anode. Es gibt zwei Kathoden: eine aus Stahl, an welcher sich ein Urankristall bildet, und eine aus flüssigem Cadmium, in welcher sich Transurane sammeln. Übrige Transurane sammeln sich am Boden des Beckens, welcher ebenfalls mit flüssigem Cadmium gefüllt ist, über dem das Salzbad aufschwimmt. Anschließend werden die beiden Kathoden in einem Hochtemperatur-Vakuumofen geschmolzen und dabei gemischt; Cadmium und übriges Salz wird abdestilliert. Die Abtrennung der Spaltprodukte vom Salz erfolgt mit

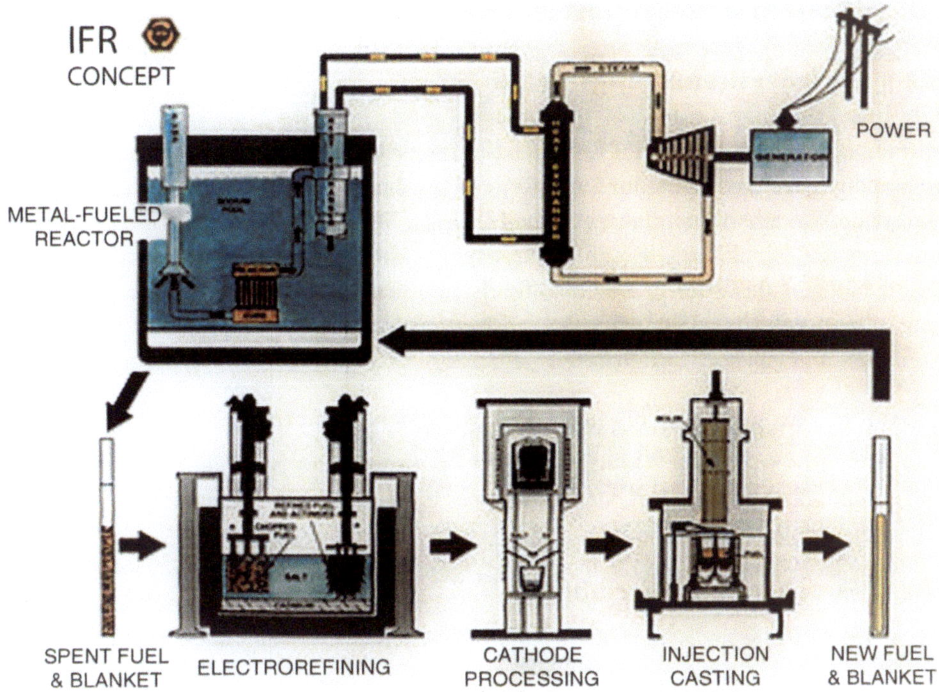

Abb. 6.7 Der IFR Brennstoffkreislauf

Ionenaustauschern aus Zeolith, die Spaltprodukte werden vom Zeolith gebunden und gemeinsam mit diesem konditioniert (etwa verglast). Hüllrohrmaterial und Edelmetall-Spaltprodukte verbleiben zudem bei der Anode; auch sie werden entsprechend behandelt.

Der Pyro-B-Prozess ist Vorbild für andere Wiederaufbereitungsprozesse, welche unter anderem in Europa und Japan (Pyrorep) sowie Südkorea (ACP) entwickelt werden.

6.1.3 Plasmarecycling

Der Kernbrennstoff wird (etwa durch eine Variante der elektrischen Plasmavergasung) zu Plasma umgesetzt und anschließend anhand der unterschiedlichen elektrischen bzw. magnetischen Eigenschaften und der unterschiedlichen Masse der entstandenen Ionen aufgetrennt. Wiederaufbereitung auf Basis des Playmarecycling gilt als sehr fortschrittlich, allerdings ist die Technologie auch wenig erprobt. Entwicklungsarbeit auf diesem Gebiet gab es in der Vergangenheit unter anderem durch Westinghouse und verschiedene Universitäten, aber größere Anlagen sind bisher nicht geplant. Mit der Plasmatechnik ist es auch möglich verschiedene Isotope voneinander zu trennen, was man sich auch in der Urananreicherung im Plasma Separation Process zunutze machen kann (siehe Abschn. 4.3.2).

6.2 Konzepte für Brennstoffkreisläufe

6.2.1 Offener Brennstoffkreislauf

Im offenen Brennstoffkreislauf wird der Kernbrennstoff ausschließlich direkt aus Natururan und gegebenenfalls ergänzend Thorium gewonnen. Der abgebrannte Kernbrennstoff wird ohne Wiederaufbereitung direkt endgelagert. Verschiedene Formen dieser einfachsten Variante des nuklearen Brennstoffkreislaufs sind heute global verbreitet. Der Grund für die Nutzung des offenen Brennstoffkreislaufs sind die hohen mit der Wiederaufbereitung verbundenen Investitionskosten in Kombination mit relativ preiswert verfügbarem Natururan und günstig verfügbaren Anlagen zur Gaszentrifugen-Anreicherung.

6.2.1.1 Brennstoffkreislauf mit Natururan

Uranerz wird direkt, ohne Anreicherung, zu Brennstoff verarbeitet, in Reaktoren genutzt und anschließend endgelagert oder bis zu einer Erweiterung des Brennstoffkreislaufs zwischengelagert, Abb. 6.8.

Besondere Verbreitung erlangte dieser Brennstoffkreislauf in Kanada, Indien, Rumänien und Argentinien mit Schwerwasser-Druckwasserreaktoren (insbesondere CANDU und RBMK) sowie zwischenzeitlich in Großbritannien und Frankreich mit gasgekühlten MAGNOX bzw. AGR-Reaktoren.

Anstelle einer Endlagerung kann auch eine Langzeit-Zwischenlagerung erfolgen, mit der Aussicht, dass der abgebrannte Kernbrennstoff in Zukunft bei einer Erweiterung des Brennstoffkreislaufs weitergenutzt werden kann.

6.2.1.2 Brennstoffkreislauf mit Anreicherung

Dieser Brennstoffkreislauf ist um eine Urananreicherung erweitert, Abb. 6.9, sodass auch Reaktoren genutzt werden können, die angereichertes Uran als Brennstoff nutzen. Dieser Brennstoffkreislauf ist heute zusammen mit Leichtwasserreaktoren weltweit weit verbrei-

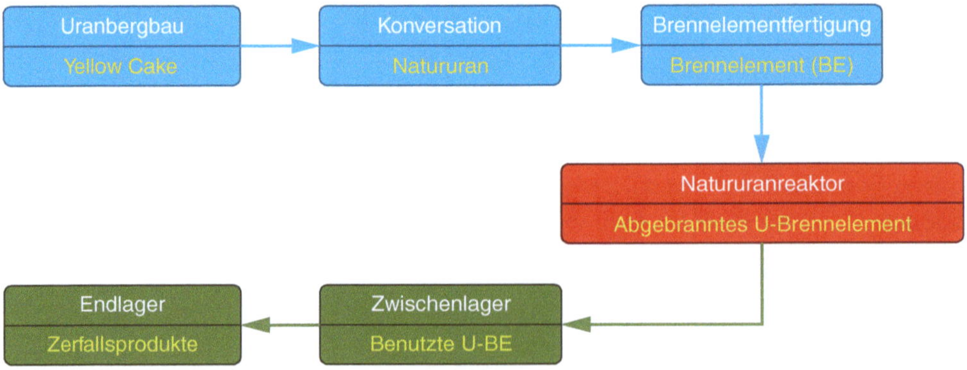

Abb. 6.8 Offener Brennstoffkreislauf mit Natururan

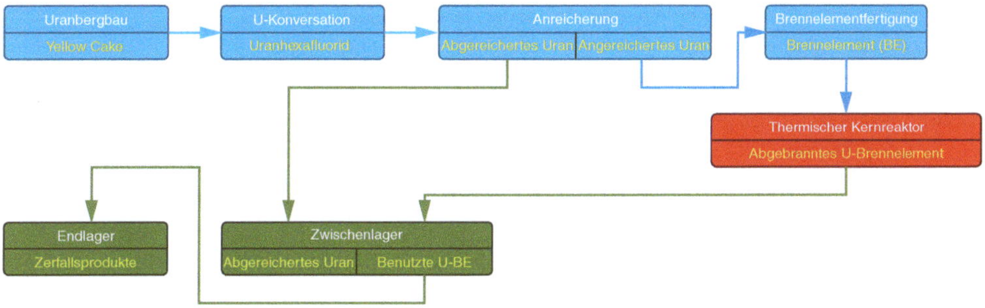

Abb. 6.9 Offener Brennstoffkreislauf mit Anreicherung

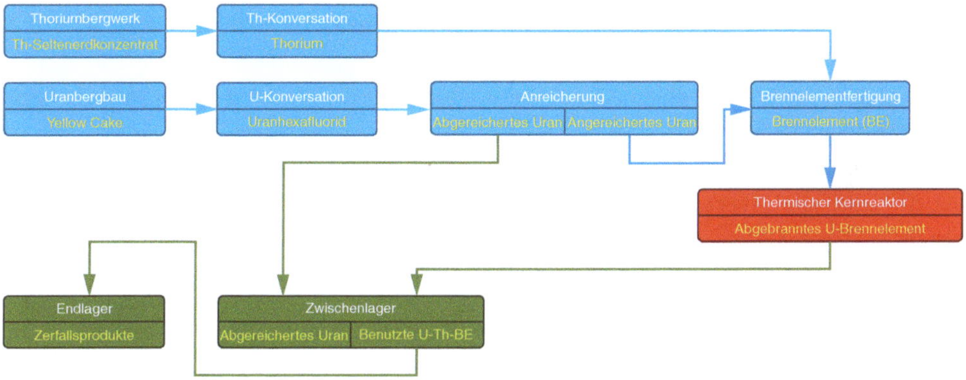

Abb. 6.10 Offener Uran-Thorium-Brennstoffkreislauf

tet; in der UdSSR bzw. Russland wurden und werden auch RBMK Reaktoren (siehe Abschn. 3.3.1.4) in diesem Brennstoffkreislauf genutzt, in Großbritannien AGR Reaktoren[2] (siehe Abschn. 3.3.1.5).

Auch hier kann anstelle einer Endlagerung auch eine Langzeit-Zwischenlagerung erfolgen, mit der Aussicht, dass der abgebrannte Kernbrennstoff in Zukunft bei einer Erweiterung des Brennstoffkreislaufs weitergenutzt werden kann.

6.2.1.3 Uran-Thorium-Brennstoffkreislauf

In diesem Brennstoffkreislauf, Abb. 6.10, wird hochangereichertes Uran mit Thorium als Brutstoff kombiniert.[3]

Bei zunehmendem Uranabbrand entsteht durch die hohe Konversionsrate laufend neues spaltbares ^{233}U. Dieser Brennstoffkreislauf ermöglicht einen höheren Abbrand der Brennelemente und einen geringeren Natururanverbrauch im Vergleich zum Einsatz von

[2] MIT STUDY ON THE FUTURE OF NUCLEAR FUEL CYCLE https://mitei.mit.edu/system/files/The_Nuclear_Fuel_Cycle-6.pdf.

[3] IAEA-TECDOC-1450 http://www-pub.iaea.org/mtcd/publications/pdf/te_1450_web.pdf.

schwach angereichertem Uran, wobei dafür allerdings zusätzlich Thorium verbraucht wird, welches aber wesentlich billiger ist als Uran. Dieser Brennstoffkreislauf wurde in der Vergangenheit vor allem in der BRD und den USA für thermische Hochtemperaturreaktoren angedacht,[4] ist aber auch für andere thermische Reaktoren, wie Leichtwasserreaktoren oder Schwerwasserreaktoren, eine Option; der maximale Abbrand von LWR-Brennelementen ist aber gegenwärtig zu klein, als dass sich diese Option wirklich auszahlen würde. Eine Möglichkeit ist auch die Kombination von Uranbrennelementen mit Thorium- oder Uran-Thorium-Brutelementen. In letzteren baut sich mit zunehmendem Abbrand so viel ^{233}U auf, dass sie die Rolle der Brennelemente übernehmen können.

Auch in diesem Brennstoffkreislauf ist fallweise eine Langzeit-Zwischenlagerung anstelle einer Endlagerung sinnvoll.

6.2.1.4 Denaturierter Uran-Thorium-Brennstoffkreislauf

Um die Gewinnung von kernwaffenfähigem Material zu erschweren, wurde vorgeschlagen, Ländern mit fragwürdigen Absichten fertigen Kernbrennstoff zu verkaufen, der eine Mischung aus Thorium, ^{233}U und Natururan oder abgereichertem Uran enthält. Dieser Kernbrennstoff soll so preiswert angeboten werden, dass es sich für die betroffenen Länder nicht auszahlt, einen eigenen zivilen Kernbrennstoffkreislauf zu etablieren, aus dem vergleichsweise einfach waffenfähiges Material abgezweigt werden könnte. Aus diesem denaturierten Thorium-Uran-Brennstoff, Abb. 6.11, ist eine Gewinnung von kernwaffentauglichem ^{233}U, ^{235}U oder ^{239}Pu nur mit sehr großem Aufwand möglich, auch ein geschlossener Brennstoffkreislauf auf Basis dieses Brennstoffs ist nur wenig praktikabel. Da das ^{233}U nicht in der Natur vorkommt, muss es in Brutreaktoren aus Thorium erbrütet und aus einem Land importiert werden, das solche Brutreaktoren, sowie eine geeignete Wiederaufbereitungsanlage betreibt.[5] Dargestellt ist hier eine vereinfachte Form ohne genaue Beschreibung des Brennstoffkreislaufs der ^{233}U-Brutreaktoren.

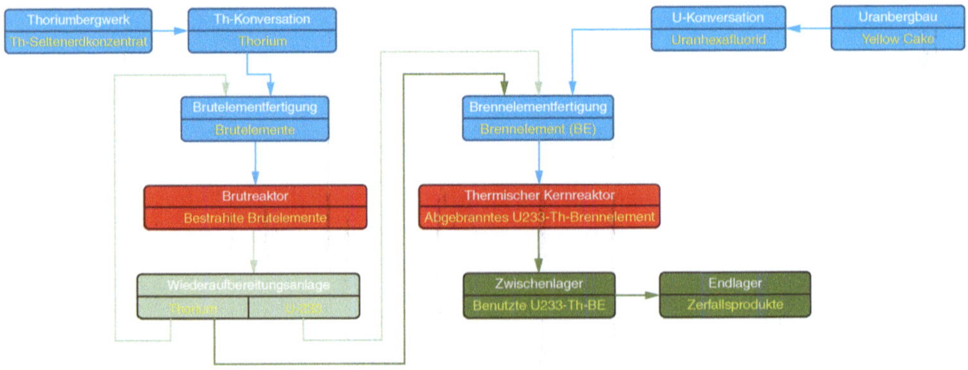

Abb. 6.11 Offener denaturierter Uran-Thorium-Brennstoffkreislauf

[4] Kugler, Schulten Hochtemperaturreaktortechnik ISBN: 978-3-540-51535-7.

[5] Hargraves THORIUM billiger als Kohle-Strom ISBN-13: 978-1497301856.

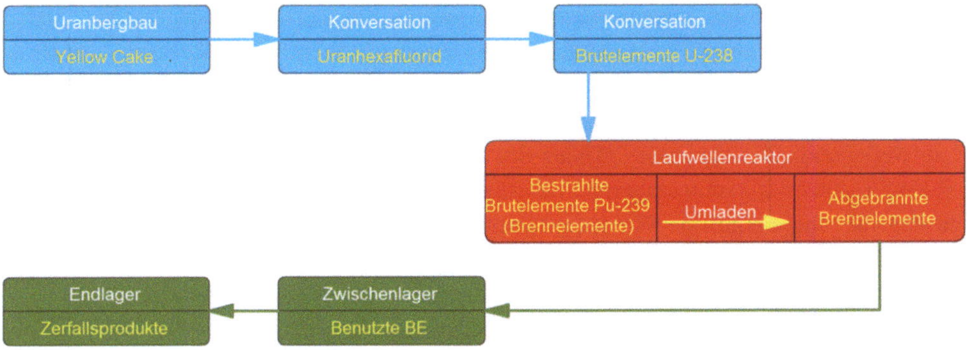

Abb. 6.12 Offener Brennstoffkreislauf mit Laufwellenreaktor

Das Problem dieses Brennstoffkreislaufs ist, dass er vergleichsweise unökonomisch ist und aus politisch-strategischen Gründen subventioniert werden müsste, um gegenüber anderen Brennstoffkreisläufen konkurrenzfähig zu sein. Bisher wurde er daher nicht in der Praxis umgesetzt.

6.2.1.5 Brennstoffkreislauf mit Laufwellenreaktor

Hierbei handelt es sich um einen fortschrittlichen offenen Brennstoffkreislauf, bei dem ein schneller Brutreaktor mit hochabbrennendem Brennstoff eingesetzt wird, Abb. 6.12.

Je nach Abbrand wird der Brennstoff im Kern umgeschichtet, sodass eine gute Neutronenökonomie erreicht, und ein großer Teil (theoretisch bis zu etwa 60 %, in der Praxis sind mehr als 20 % realistisch) des enthaltenen Urans, einschließlich des ^{238}U, abgebrannt werden kann, ohne dass eine Wiederaufbereitung nötig ist. Zum Vergleich: In thermischen Leichtwasserreaktoren kann, ohne Wiederaufbereitung, nur etwa 0,5 % des Natururans genutzt werden. Beispiele für geeignete Reaktorkonzepte sind der gasgekühlte schnelle Reaktor EM[6] von General Atomics oder der natriumgekühlte TerraPower-1 von TerraPower. Bisher wurden entsprechende Laufwellenreaktoren nicht in der Praxis realisiert. Angereicherter Brennstoff ist (im Idealfall) nur für die Erstkerne der ersten Reaktorgeneration erforderlich.[7]

Wie beim Brutreaktor erbrütet dieser seinen Brennstoff, kann aber unter anderem auch mit Rohuran oder bereits abgebranntem Kernbrennstoff betrieben werden und so die Rückstände seiner eigenen Produktion wiederverwerten. Theoretisch ist es so möglich, Material als Brennstoff zu verwenden, das derzeit als radioaktiver Abfall angesehen wird. Dies würde zur etwa 20- bis 50-mal effizienteren Nutzung von Kernbrennstoff beitragen.

---

[6] Rubbia et al. ONCEPTUAL DESIGN OF A FAST NEUTRON OPERATED HIGH POWER ENERGY AMPLIFIER http://www-mipp.fnal.gov/raja/energy_amplifier/cer-0210391.pdf.

[7] Once Through and Advanced Fuel Cycles Phillip Finck https://gcep.stanford.edu/pdfs/UVaodfDrAb3BdgeRCpoy-w/08-Finck.pdf.

Laufwellenreaktoren können auch als „Atommüllfresser" betrieben werden. Dabei wird anstelle von Natururan abgebrannter Kernbrennstoff thermischer Reaktoren als Brut- und Brennstoff eingesetzt. Fallweise kann dabei sogar auf eine konventionelle Wiederaufbereitung mit Trennung von Uran und Plutonium verzichtet werden. Prinzipiell können Laufwellenreaktoren auch mit ^{232}Th als Brutstoff betrieben werden.

Eine Langzeit-Zwischenlagerung des abgebrannten Brennstoffs, anstelle einer Endlagerung für eine zukünftige Wiederaufbereitung, ist hier etwas weniger sinnvoll, da der Brennstoff keinen ganz so hohen Anteil an nutzbaren Isotopen enthält, als bei anderen Reaktortypen, allerdings ist das denn noch eine potenziell sinnvolle Option.

6.2.1.6 Brennstoffkreislauf mit Fluidkernreaktoren

Fluidkernreaktoren, wie etwa Reaktoren mit einem Kern aus einer in Wasser gelösten Uransalzlösung, Abb. 6.13,

Flüssigsalzreaktoren, Gaskernreaktoren[8] oder Plasmakernreaktoren, ermöglichen die laufende Entfernung von Spaltprodukten aus dem fluidischen Kernbrennstoff, sodass im Idealfall ein vollständiger Abbrand aller zugeführten Spaltstoffe und Brutstoffe ohne externe Wiederaufbereitung erreicht werden kann. Dieser fortschrittliche Brennstoffkreislauf wurde bisher nur im Versuchsmaßstab praktisch umgesetzt. Je nach Reaktorauslegung können Uran oder Thorium, fallweise auch eine Mischung davon, als Ausgangsstoffe zum Einsatz kommen. Fallweise ist eine Anreicherung nötig, einige Reaktorkonzepte sehen auch einen dezidierten Brutmantel vor. Dargestellt ist der einfachste Fall dieses

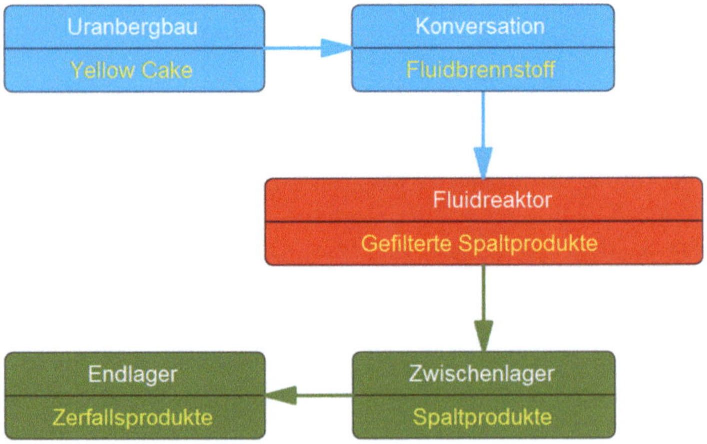

Abb. 6.13 Offener Brennstoffkreislauf mit Fluidkernreaktoren

[8] James A. Lane, u. a.: *FLUID FUEL REACTORS*, ADDISON-WESLEY PUBLISHING COMPANY, INC. 1958. Abgerufen am 24.02.2019. (Archivierte Version bei PDF).

Brennstoffkreislaufs mit Uran als Brennstoff bzw. Brutstoff ohne genauere Beschreibung der Fluidbrennstoffaufbereitung im Reaktor und ohne Anreicherung.[9,10]

Beachtlich ist, dass Fluidkernreaktoren auch als „Atommüllfresser" betrieben werden können. In diesem Fall dienen abgebrannte Brennelemente thermischer Reaktoren als Brut- und Brennstoff. Ist keine höhere Anreicherung erforderlich, kann auf eine externe Wiederaufbereitung verzichtet werden. In Reaktoren mit schnellen Neutronen und einer Brutrate von 1 oder mehr würde es genügen, die alten Brennelemente in Chloridsalz zu überführen und mit ca. 1 Gramm pro Minute in den Rücklauf zu geben. In diesem Fall würde die geplante PPU sämtliche Spaltprodukte ausfiltern und in den Reaktor kämen dann nur die 95 % U-238, 2 % Plutonium 239 und 2 % minore Aktinide. Dies passt perfekt, weil ein Reaktor pro Minute ca. 1 Gramm Material spaltet. Gleichzeitig brütet er 1 Gramm U-238 zu PU-239 und die PPU entfernt 1 Gramm Spaltstoffe. Man ersetzt also das fehlende Gramm U-238. Übrig bleiben im Idealfall nur kurzlebige Spaltprodukte.

6.2.1.7 Brennstoffkreislauf mit thermonuklearen Fissionskernreaktoren

In thermonuklearen Fissionsreaktoren findet die Kernspaltung nicht in einer kritischen Anordnung statt und wird primär nicht durch Neutronen initiiert, sondern zu einem wesentlichen Teil etwa durch Gammastrahlung (Photofission), Ionenbeschuss oder durch Kollisionen der Atomkerne untereinander in einem ultraheißen Plasma. Einige mögliche Konzepte ähneln damit prinzipiell Kernfusionsreaktoren, die wesentlichen Unterschiede sind der Brennstoff und die Betriebsparameter. Thermonukleare Fissionsreaktoren benötigen je nach Auslegung fallweise angereicherten Brennstoff, im Idealfall können sie aber auch ^{239}U und ^{232}Th direkt spalten, Abb. 6.14. Den eingesetzten Kernbrennstoff können sie

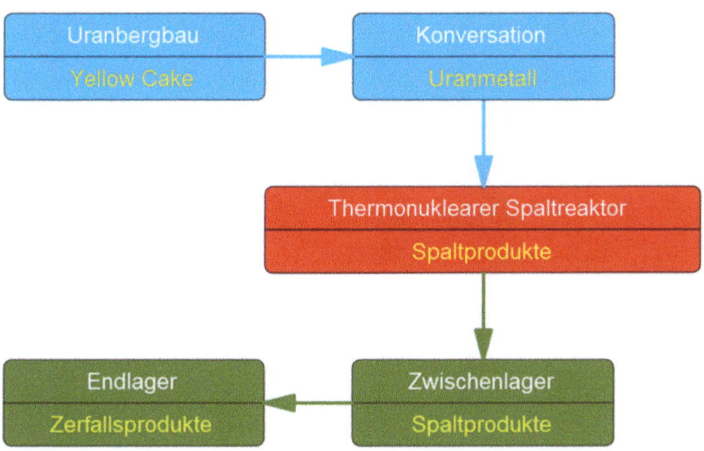

Abb. 6.14 Offener Brennstoffkreislauf mit thermonuklearen Fissionskernreaktoren

[9] K.H. Thom Der Gasphasenreaktor – Basis neuer Kerntechnologie ISBN 3-88540-000-6.

[10] The concept of Fast Spectrum Molten Salt Reactor (MSFR) http://www.institutfrancais-suede.com/wp-content/uploads/2013/12/stockholm-seminar-msfr-eml-03122013-.pd.

vollständig verbrennen. Fallweise können sie auch intern oder extern brüten. Konzepte für solche Reaktoren – jedenfalls für den Einsatz als Energiequelle – wurden bisher nicht ernsthaft verfolgt, da die technischen Hürden (insbesondere, wenn man einen Gewinn an Nutzenergie in einem Kernkraftwerk erzielen will) enorm hoch und die Vorteile gegenüber anderen Reaktorkonzepten gering sind.

6.2.2 Geschlossener Brennstoffkreislauf

Im geschlossenen Brennstoffkreislauf wird der abgebrannte Brennstoff wiederaufbereitet, spaltbare oder brutfähige Anteile werden teilweise oder vollständig erneut in Kernreaktoren eingesetzt. Damit kann die Ausnutzung des Brennstoffs, insbesondere des Anteils an Brutstoff, stark verbessert werden. Dadurch lässt sich auch die Menge des hoch radioaktiven Abfalls in Relation zur erzeugten Energiemenge reduzieren, auch die Endlagerdauer sinkt stark, da der übrig bleibende hoch radioaktive Abfall keine langlebigen Transurane mehr enthält. Beispielhaft sollen nur einige geschlossene Brennstoffkreisläufe dargestellt werden, da sie meistens auf Experimenten im Labor beruhen.

6.2.2.1 Uran-Plutonium-Brennstoffkreislauf mit thermischen Reaktoren

In diesem Brennstoffkreislauf, Abb. 6.15, wird der offene Uran-Brennstoffkreislauf mit thermischen Reaktoren (üblicherweise Leichtwasserreaktoren) um eine Wiederaufbereitung und eine Brennelementfertigung für Plutonium-Uran-Brennstoff, üblicherweise MOX, ergänzt.

Er wurde etwa in Frankreich, Belgien oder Großbritannien in industriellem Maßstab umgesetzt, andere Länder setzten diesen Brennstoffkreislauf in internationaler Zusammenarbeit (Wiederaufbereitung und/oder MOX-Brennstofffertigung im Ausland) um. Da

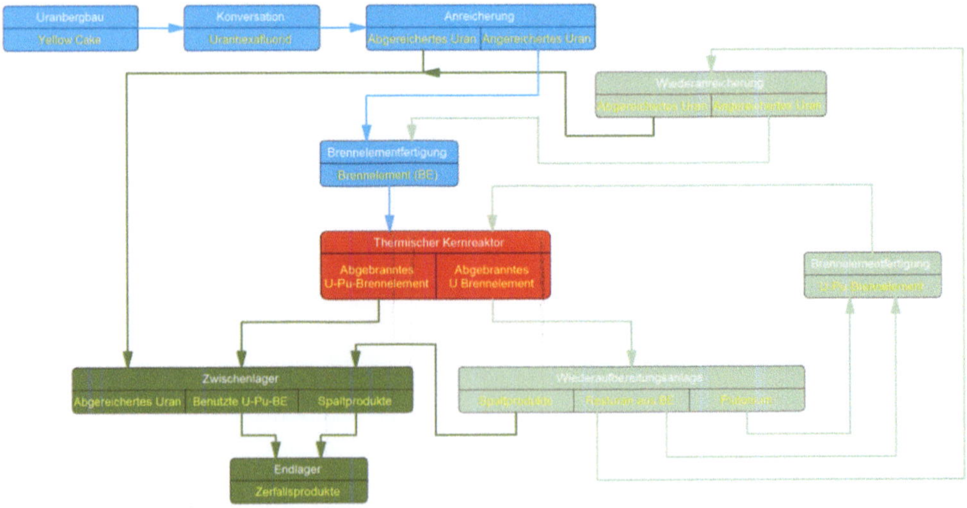

Abb. 6.15 Uran-Plutonium-Brennstoffkreislauf mit thermischen Reaktoren

bei der Wiederaufbereitung mehr Uran anfällt, als für die MOX-Produktion benötigt wird, kann das übrige Uran wiederangereichert oder in Reaktoren, die mit der geringeren Anreicherung auskommen, genutzt werden. Anreicherungsanlagen, die für die Wiederanreicherung genutzt werden, gibt es gegenwärtig in Russland. Abgebrannter Uran-Plutonium-Brennstoff hat allerdings einen so hohen ^{249}Pu-Gehalt, dass er nach einer erneuten Wiederaufbereitung nicht ohne weiteres in konventionellen thermischen Reaktoren eingesetzt werden kann (das Plutonium-240 ist thermisch nicht spaltbar, man kann den höheren ^{240}Pu-Gehalt wegen spezieller reaktorphysikalischer Effekte, wie etwa Spaltresonanzen, in konventionellen Reaktoren nicht einfach durch einen entsprechend höheren Gesamt-Pu-Anteil kompensieren), man spricht daher auch von einem „twice through"-Brennstoffkreislauf; es ist daher naheliegend, einen solchen Brennstoffkreislauf längerfristig um schnelle Reaktoren zu ergänzen. Beim Einsatz von Hochkonvertern mit härterem Neutronenspektrum kann der wiederaufbereitete Uran-Plutonium-Brennstoff allerdings fallweise auch ohne schnelle Reaktoren weitergenutzt werden. Bisher wurden solche Reaktoren nicht umgesetzt, aber etwa in der BRD, Frankreich, Japan und Russland vorgeschlagen. Viele herkömmliche LWR lassen sich prinzipiell zu Hochkonvertern umrüsten

6.2.2.2 Uran-Plutonium-Brennstoffkreislauf mit thermischen Reaktoren ohne Uran-Plutonium-Auftrennung

In diesem Brennstoffkreislauf wird der offene Uran-Brennstoffkreislauf mit thermischen Reaktoren (üblicherweise Leichtwasserreaktoren in Kombination mit Schwerwasserreaktoren) um eine Wiederaufbereitung und eine Brennelementfertigung für Plutonium-Uran-Brennstoff (üblicherweise MOX) ergänzt, Abb. 6.16.

Bei der Wiederaufbereitung werden in diesem Fall lediglich Spaltprodukte teilweise oder vollständig aus dem abgebrannten Brennstoff entfernt, welcher dann direkt wiederverwendet wird. Da seine effektive Anreicherung geringer ist, als jene von frischem Brennstoff, liegt es nahe, ihn in Schwerwasserreaktoren einzusetzen, die mit einer geringeren Anreicherung auskommen. So kann man etwa abgebrannten LWR-Brennstoff in CANDU Reaktoren (siehe Abschn. 3.2) weiterverwenden. Vorteilhaft ist hier, dass die

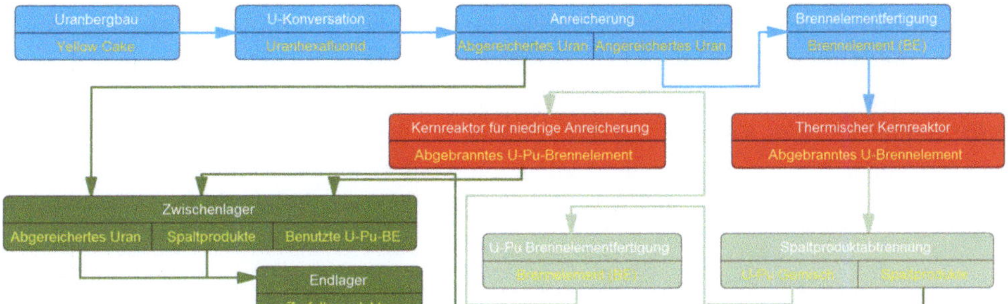

Abb. 6.16 Uran-Plutonium-Brennstoffkreislauf mit thermischen Reaktoren ohne Uran-Plutonium-Auftrennung

Spaltproduktabtrennung potenziell einfacher und billiger ist, als eine Wiederaufbereitung mit Trennung von Uran und Plutonium, zudem ist die Herstellung von CANDU-MOX-Brennstoff potenziell etwas einfacher und billiger, als die Herstellung von LWR-MOX. Sinnvoll ist ein solcher Brennstoffkreislauf insbesondere in Ländern, die sowohl Leichtwasserreaktoren, als auch Schwerwasserreaktoren oder andere Reaktoren, die mit einer geringeren Anreicherung auskommen, betreiben. Zu nennen sind hier insbesondere die VR China, Südkorea und auch Indien. Der abgebrannte Uran-Plutonium-Brennstoff kann aber auch hier im Normalfall nicht weitergenutzt werden.

Auch wenn nur LWR zur Verfügung stehen, kann eine Variante dieses Brennstoffkreislaufs genutzt werden. Das MOX aus der Wiederaufbereitung wird dafür mit relativ stark angereichertem Uran gemischt, bis die Gesamtanreicherung hoch genug ist. Diese Variante wird in Russland unter der Bezeichnung REMIX (regenerated mixture) erprobt. Man muss dafür zwar relativ stark angereichertes Uran beisteuern, allerdings fällt die Wiederanreicherung weg und man kann auch mit einer schlechteren Plutoniumqualität in weniger gut für MOX geeigneten Reaktoren arbeiten.[11]

6.2.2.3 Uran-Plutonium-Brennstoffkreislauf mit Schnellen Reaktoren ohne Uran-Plutonium Auftrennung

In schnellen Reaktoren mit Gleichgewichtskern oder Brüterkern ist es relativ einfach möglich, für die Wiederaufbereitung auf eine Plutonium-Uran-Separation zu verzichten, Abb. 6.17. Zunächst wird der Kernbrennstoff als Natururan bzw. abgereichertes Uran in den Brutmantel eingeführt, nach einer gewissen Brutphase ist der spaltbare Plutoniumanteil gestiegen und das Brennelement kann in den Kern versetzt werden.

Ist es abgebrannt, wird es aus dem Kern entfernt, die Spaltprodukte werden entfernt und der enthaltene Brennstoff kann wieder zu neuen Brennstoff verarbeitet werden, gegebenenfalls unter Zugabe von Natururan bzw. abgereichertem Uran. Dieses Konzept ähnelt dem TWR-Konzept, durch die Spaltproduktabtrennung ist jedoch eine noch bessere Neutronenökonomie und eine noch bessere Brennstoffausnutzung möglich; prinzipiell ist es möglich, einen offenen TWR-Brennstoffkreis durch Ergänzung um eine Wiederaufarbeitungsanlage und eine Fertigungsanlage für wiederaufbereiteten Brennstoff zu einem solchen Brennstoffkreislauf zu konvertieren. Ein derartiger Brennstoffkreislauf wurde in den USA im EBR-II in Kombination mit einer pyrochemischen Spaltproduktentfernung durch Metallschmelzextraktion testweise durchgeführt; in jüngerer Vergangenheit wurde es etwa für den gasgekühlten schnellen Reaktor General Atomics EM^2 vorgeschlagen.[12] Prinzipiell lässt sich mit diesem Konzept fast das gesamte, als Brennstoff und Brutstoff, zur Verfügung stehende Uran verwerten und spalten, der hoch radioaktive Abfall besteht fast nur aus kurzlebigen Spaltprodukten, und die Wiederaufbereitung ohne Plutoniumseparation

[11] Multiple Recycle of Remix Fuel Based on Reprocessed Uranium an Plutonium Mixture in Thermal Reactors http://www-pub.iaea.org/iaeameetings/cn226p/Session6/ID106Fedorov.pd.

[12] General Atomics Energy Multiplier Module EM^2 http://www.ga.com/energy-multiplier-module.

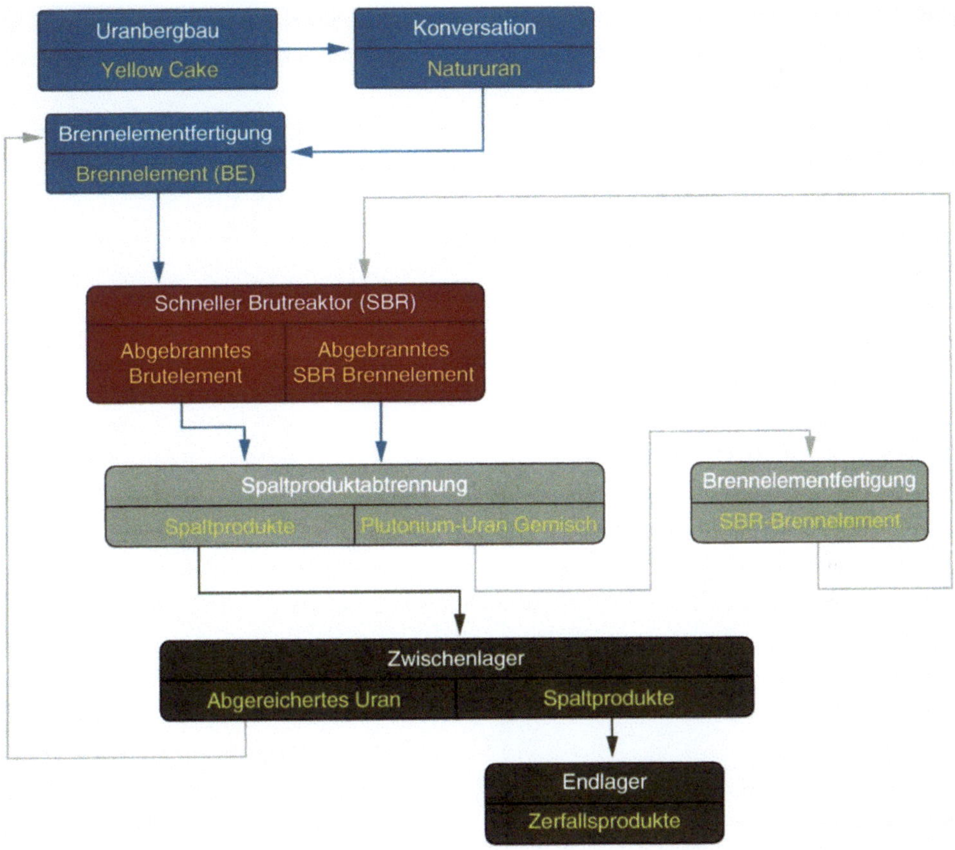

Abb. 6.17 Uran-Plutonium-Brennstoffkreislauf mit schnellen Reaktoren ohne Uran-Plutonium Auftrennung

ist proliferationsresistent und vergleichsweise einfach und billig umzusetzen. Geeignete Reaktoren stehen aber gegenwärtig noch nicht in größerer Anzahl zur Verfügung.

Langfristig liegt das Hauptaugenmerk auf fortschrittlicheren Wiederaufarbeitungskonzepten, Brennstoffzyklen und verbesserten Reaktoren. Von diesen fortgeschrittenen Technologien verspricht man sich eine wesentlich verbesserte Nachhaltigkeit der Kernenergie. Schnelle Reaktoren z. B. ermöglichen im Prinzip eine annähernd um den Faktor 50 verbesserte energetische Ausbeute des eingesetzten Urans.

7 Endlagerung

Die Einschlusszeit im Endlager bestimmt die Dauer, die notwendig ist, damit der Atommüll die Dosis von Natururan erreicht. Ab diesem Zeitpunkt ist es also belanglos, ob sich ein natürliches Uranerzvorkommen oder ein Endlager für hoch radioaktive Abfälle unter der Erde befindet. Bei der direkten Endlagerung sind etwa 200.000 Jahre nötig. Dies ist die kostengünstigste, und daher auch am weitesten verbreitetste Methode der Endlagerung. Da die meisten Leistungsreaktoren der Welt in den 70er-Jahren errichtet wurden und zwischen dem Einsetzen der Brennelemente in den Reaktor und ihrem endlagerungsfähigen Zustand etwa ein halbes Jahrhundert vergeht (etwa 4 Jahre im Reaktor, 5 Jahre im Abklingbecken und 40 Jahre Trockenlagerung), kann eine Endlagerung frühestens in den 2020er-Jahren erfolgen. In Abb. 7.1 entspricht dies der schwarzen Kurve „Total".

Wenn Plutonium und Uran zu 99–99,9 % abgetrennt werden (Pu + U), sind nur 6500 bis 11.300 Jahre Einschlusszeit nötig. Die verbliebenen Spaltprodukte *(engl. fission products, FP)* und minoren Actinoiden (MA) werden verglast, um die Wasserlöslichkeit zu reduzieren. Das PUREX-Verfahren ist bereits etabliert, und wird in der Wiederaufarbeitungsanlage La Hague mit einem Separationsgrad von 99,88 % angewendet. Im Diagramm rechts entspricht die Abtrennung von Pu + U der roten Kurve „Minor Actinides & Decay Products", welche nach 10.000 Jahren die Radiotoxizität von natürlichem Uranerz unterschreitet. In Zukunft sollen auch die Actinoide abgetrennt werden (Pu + U + MA), sodass die Radiotoxizität der verbliebenen Spaltprodukte bereits nach 320 bis 1100 Jahren das Niveau von natürlichem Uranerz erreicht. Im Diagramm rechts entspricht dies der schwarzen Kurve „Fission Products", welche nach 500 Jahren die Erzlinie schneidet. Die hierfür entwickelten Wiederaufarbeitungsverfahren sind allerdings nur sinnvoll, wenn die abgetrennten Actinoide in Kernreaktoren oder durch ein Beschleunigersystem (ADS) gespalten oder transmutiert werden können. Die Herstellung von Kernbrennstoff mit Targets aus

W. Osterhage, H. Frey, *Transformation radioaktiver Abfälle*, Energie in Naturwissenschaft, Technik, Wirtschaft und Gesellschaft,
https://doi.org/10.1007/978-3-658-38519-4_7

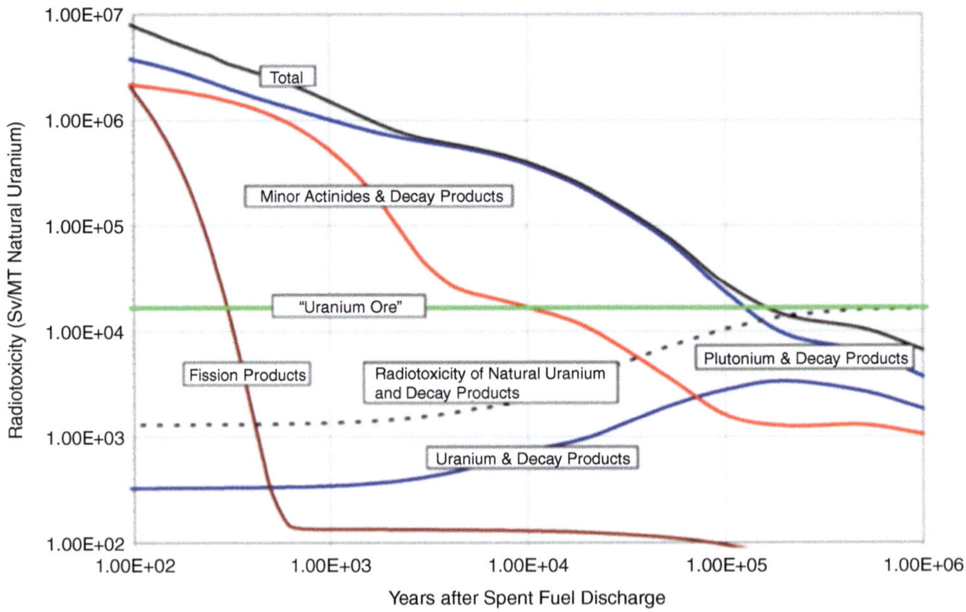

Abb. 7.1 Die notwendige Endlagerdauer und damit die erforderliche Qualität des Endlagers ist maßgeblich von der Qualität der Wiederaufbereitung abhängig

MA ist deshalb eine der größten Herausforderungen der Generation IV. Auch müssen die Wirkungsquerschnitte der MA noch genauer bestimmt werden.

Pro Jahr entstehen in Atomreaktoren mehrere Tonnen Technetium aus der Spaltung des Uranisotops $_{92}U^{235}$; sie haben an allen Spaltprodukten eines abgebrannten Brennelements einen Anteil von etwa 6 %.

Die bis zu Beginn des 21. Jahrhunderts künstlich hergestellte Gesamtmenge des Metalls liegt bei mehr als 90 Tonnen und damit weit über den natürlichen Technetium Vorkommen.

Der größte Teil des reaktorproduzierten Metalls bildet nur unerwünschten radioaktiven Abfall. Zur Lagerung muss das, mit einer Halbwertszeit von mehr als 200.000 Jahren, recht langlebige Isotop $_{43}Tc^{99}$ berücksichtigt werden, das in der Zeit zwischen etwa 10.000 und etwa 1.000.000 Jahren nach seiner Erzeugung die dominante Strahlungsquelle darstellt. Zur Entsorgung werden in erster Linie als stabil angesehene geologische Formationen wie Salzstöcke in Betracht gezogen; Kritiker äußern allerdings die Befürchtung, dass das Element dennoch durch Wasser in die Umgebung ausgewaschen werden könnte. Daneben wird auch die Möglichkeit der Transmutation, der Umwandlung des Metalls in andere Elemente durch Neutronenbeschuss, erwogen.

Zur kommerziellen Verwendung wird Technetium im Kilogramm-Maßstab in Wiederaufarbeitungsanlagen aus abgebrannten Nuklearbrennstäben gewonnen. Dazu wird es zunächst zu Pertechnetat TcO_4^- oxidiert und dann nach einer Abklingzeit von mehreren Jahren in gelöster Form durch Extraktion und Ionenaustauschverfahren von Uran-,

Plutonium- und anderen Verbindungen getrennt. Die Produkte Ammoniumpertechnetat NH_4TcO_4 oder auch Ammoniumtechnetiumhexachlorid $(NH_4)_2TcCl_6$ können dann bei hohen Temperaturen durch thermische Zersetzung in Wasserstoffgas H_2 zu elementarem Technetium reduziert werden. Alternativ kann das Metall durch Elektrolyse von Ammoniumpertechnetat in mit Wasserstoffperoxid (H_2O_2) angereicherter Schwefelsäure (H_2SO_4) gewonnen werden.

Die notwendigen Schritte für eine sachgerechte Entsorgung radioaktiver Abfälle können in folgende Kategorien eingeteilt werden:

- Minimierung der erzeugten Mengen;
- Konditionierung und Verpackung, um eine sichere Handhabung und den notwendigen Schutz während des Transports zu gewährleisten;
- Zwischenlagerung;
- Endlagerung.

Feste, schwach- und mittelaktive Abfälle lassen sich hoch verdichten und so deren Volumen erheblich verkleinern. Flüssige Abfälle müssen in feste Abfälle umgewandelt werden. Die radioaktiven Elemente können durch Filtration oder Ionenaustausch aus den Flüssigkeiten abgeschieden und danach getrocknet, in ein Fixiermedium absorbiert oder in Beton verfestigt werden. Nach entsprechender Behandlung werden schwach- oder mittelaktive Abfälle zu Zwecken der Zwischen- oder Endlagerung in Stahlfässern oder Stahlkästen verpackt. So werden z. B. die metallischen Überreste bei der Wiederaufarbeitung von Brennelementen typischerweise kompaktiert und dann in Stahlfässern zur Endlagerung einzementiert. Ist eine Endlagerstätte verfügbar, können schwach- und mittelaktive Abfälle direkt dorthin verbracht werden.

Der hoch radioaktive Abfall hat einen relativ geringen Mengenanteil (in Deutschland ca. 10 %), enthält aber den ganz überwiegenden Teil (ca. 99,9 %) der gesamten Radioaktivität. In der öffentlichen Diskussion um die Endlagerfrage geht es im Wesentlichen um solche hoch radioaktiven Spaltprodukte aus der Kernenergienutzung. Für schwach- und mittelaktive (keine Wärme entwickelnden) Abfälle werden in verschiedenen Staaten Endlager betrieben oder vorbereitet. Als weltweit erstes Endlager für hoch radioaktive Abfälle erhielt 2015 das Endlager Onkalo in Olkiluoto in Finnland die Baugenehmigung. Mit der Einlagerung von verbrauchten Brennelementen soll 2020 begonnen werden. Hoch radioaktive Spaltelemente, die z. B. als Nebenprodukt einer Wiederaufarbeitung anfallen, müssen zum Transport und einer möglichen Endlagerung in einen festen Stoff umgewandelt werden.

Dies geschieht normalerweise durch ein Verglasungsverfahren mit Borsilicatglas. Die dabei entstehenden Glaskokillen werden als korrosionsfest und unlöslich in Wasser angesehen. Zusätzlich werden sie wasserdicht in Edelstahlbehälter verpackt. Forscher entdeckten jedoch, dass die minoren Actinoide im Atommüll mit dem Borsilicatglas, aus dem die Kokillen bestehen, unter Wassereinfluss reagieren können, wenn die Edelstahlumhüllung durch Korrosion undicht wird. Die dabei entstehenden Kristalle könnten theoretisch das Glas zerstören. Endlagerexperten halten jedoch die Zerstörung des Glases

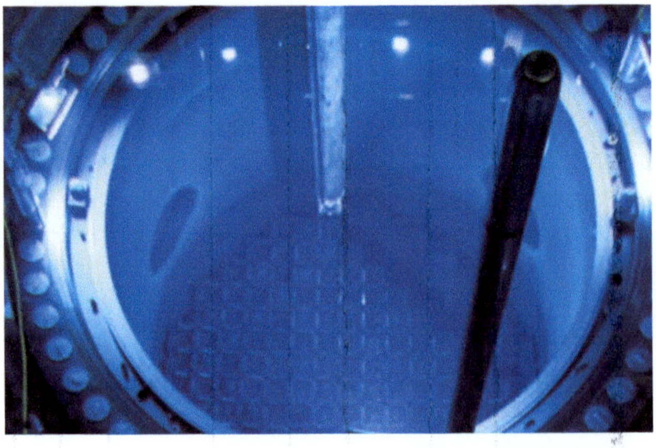

Abb. 7.2 Blick in einen Reaktorbehälter des schwedischen Kernkraftwerks Ringhals

trotz der Reaktionen für unmöglich, weil im realen Atommüll die Konzentration der Actinoide dafür zu gering wäre.

Alternativ wird auch die Einbindung der hoch radioaktiven Reststoffe in Keramik untersucht.

Die Entsorgungsphase im offenen Brennstoffkreislauf beginnt, wenn die bestrahlten oder „abgebrannten" Brennelemente dem Reaktor entnommen und für einen Anfangszeitraum von gewöhnlich fünf bis zehn Jahren im Kernkraftwerk oder auf dem Kraftwerksgelände gelagert werden. Bei dieser Zwischenlagerung werden die abgebrannten Brennelemente in wassergefüllte „Abklingbecken", Abb. 7.2, abgelegt.

Das Wasser dient sowohl der Strahlungsabschirmung als auch zur Kühlung der Brennelemente. Nach dieser ersten Abkühlungsphase, in der die Brennelemente einen großen Teil ihrer Restwärme abgeben, ist die Temperatur des Kernbrennstoffs so niedrig, dass dieser dann für die langfristige Lagerung oder wiederaufbereitet wird. Ist vorgesehen, dass die abgebrannten Brennelemente längerfristig nass gelagert werden sollen, überführt man die Brennelemente in ein anderes Wasserbecken, das weniger Kühlung benötigt.

7.1 Behälter

Eine Alternative ist die Trockenlagerung in großen, die Radioaktivität abschirmenden Behältern bei welchen der abgebrannte Kernbrennstoff durch natürliche Luftzirkulation gekühlt wird,[1] Abb. 7.3. Diese Behälter können gegebenenfalls auf der Straße oder Schiene zu anderen Standorten transportiert werden.

Die offene Lagerung von Behältern mit hoch radioaktivem Material unter freiem Himmel ist wegen der unter Wetterbedingungen und Sonneneinstrahlung möglichen Korrosion der Lagerbehälter, insbesondere auch durch die Gefahr der Freisetzung radioaktiver Substanzen durch einen Flugzeugabsturz, problematisch.

[1] Quelle: Lawrence Livermore Lab.

Abb. 7.3 Trockenlagerung von abgebrannten Brennelementen

In Mitteleuropa ist die dauernde offene Lagerung von Behältern mit radioaktivem Material in keinem Land politisch erwünscht oder legal zulässig.

Abgebrannte Brennelemente können unter nassen oder trockenen Bedingungen mehr als 30 bis 50 Jahre gelagert werden, bevor entweder ein Verpacken oder Umpacken für den Transport, in eine Wiederaufbereitungsanlage stattfindet oder das Material in einem Endlager entsorgt wird. Abb. 7.4 zeigt den Aufbau eines Transportbehälters für hoch radioaktive Abfälle.[2]

Behälter, die zur unterirdischen Endlagerung vorgesehen sind, beinhalten meist mehrere verbrauchte Kernbrennstäbe. Das Behältermaterial, einschließlich der Einbauten, muss daher sicherstellen, dass der radioaktive Zerfall keine atomare Kettenreaktion auslösen kann.

Der Behälter muss auch nach Verschließen des Endlagers einige hundert Jahre lang stabil und dicht bleiben, damit eine Rückholung und Umlagerung zur Not möglich ist. Wichtig ist dabei vor allem, dass entstehende radioaktiv kontaminierte Gase nicht austreten können. Um alle diese Anforderungen zu erfüllen, werden verschiedene Ansätze getestet.

Finnland und Schweden setzen für ihre geplanten Endlager auf eine Kombination aus Kupfer und Stahl. Dabei liegen die Brennstäbe einzeln in Fächern aus mit Grafit versetztem Stahl – dieser soll die Neutronen absorbieren und damit eine Kettenreaktion verhindern, Abb. 7.5. Umhüllt ist dieser Innenbehälter von einer fünf Zentimeter dicken Kupfer-

[2] OECD Kernenergie-Agentur (Nuclear Energy Agency – NEA).

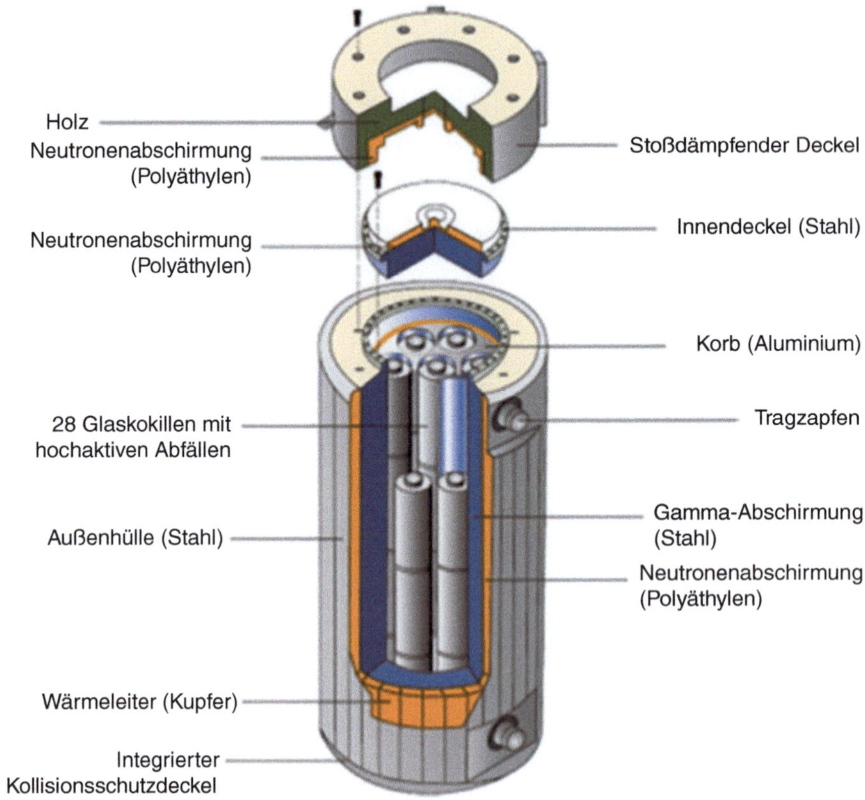

Abb. 7.4 Aufbau eines Transportbehälters für hoch radioaktive Abfälle (nach: Cogema, Frankreich)

Abb. 7.5 Finnischer Endlagerbehälter mit einem Innenteil aus Stahl und einer Außenhülle aus Kupfer. (© Posiva Oy)

schicht. Das Metall ist ein guter Wärmeleiter und korrodiert in sauerstofffreier Umgebung nur extrem langsam. Die Behälterhersteller gehen daher von einer Haltbarkeit der Kupferbarriere von rund 100.000 Jahren aus.

Es bestehen jedoch zwei Problemfelder: Zum einen ist während der Befüllung des Endlagers und in den rund 100 Jahren danach noch genügend Sauerstoff vorhanden, um das Kupfer zu oxidieren. Untersuchungen, scheinen zu zeigen, dass Kupfer unter bestimmten Voraussetzungen auch in sauerstofffreiem Wasser korrodieren kann. Vor allem aber Schwefelverbindungen könnten dem Metall im Laufe der Zeit genügend zusetzen, um die Barriere löchrig werden zu lassen.

Eine andere Behältervariante planen Frankreich und die Schweiz. Sie wollen ihren Atommüll in eine Außenhülle aus dickem Kohlenstoffstahl einschließen. Die größtenteils aus der Wiederaufbereitung stammenden Abfälle werden zuvor in Borosilikatglas eingegossen, dann mit dem von Grafit durchsetztem Metall ummantelt. Auch die zurzeit für den Transport und die Zwischenlagerung hoch radioaktiver Abfälle eingesetzten Castor-Behälter sind nach diesem Prinzip konstruiert.

Das Problem hierbei ist: Stahl korrodiert sehr viel schneller als Kupfer. Forscher gehen davon aus, dass die Behälterhüllen schon nach 1000 bis maximal 10.000 Jahren undicht werden. Die zersetzende Wirkung der Gammastrahlung könnte dies sogar noch beschleunigen. Hinzu kommt, dass bei der anaeroben Korrosion von Stahl Wasserstoffgas entsteht. Sammelt sich zu viel Gas an, könnte der Gasdruck Risse in das umgebende Gestein sprengen.

Daraus folgt: Das Design und die Eignung der Endlagerbehälter hängt stark davon ab, in welchem Gesteinsuntergrund das Endlager liegt, d. h. die Materialauswahl und Materialzusammensetzung der Behälter für die Endlagerung muss abhängig von der geologischen Beschaffenheit des Endlagers erfolgen.

Eine der wichtigsten Entscheidungen bei der Suche nach einem Endlager ist die Beschaffenheit des Untergrunds, der die Kavernen mit dem Atommüll einschließen soll.

Aufgrund der langen Zeiträume sind die Lagermaterialien nicht notwendigerweise dauerhaft in der Lage, die eingebundenen Stoffe zurückzuhalten. Daher ist die sichere Lagerung des verarbeiteten Mülls entscheidend. Selbst nach Zerfall der Lagerbehälter soll ein Transport der radioaktiven Substanzen durch das Gestein sehr langsam erfolgen. Die geologischen Eigenschaften der Kavernen müssen dabei den sicheren Einschluss der radioaktiven Stoffe gewährleisten, sodass diese nicht in die Biosphäre gelangen können. Über lange Zeiträume könnten chemische Reaktionen im Endlager dann eine Rolle spielen, wenn Wasser in den Endlagerbereich vordringt. Neben der Korrosion von Lagerbehältern könnte mit den im Abfall vorhandenen Radionukliden eine Vielzahl von Reaktionen auftreten: Auflösung und Fällungsreaktionen, Redoxreaktionen, Komplexbildungsreaktionen, Radiolyse und Kolloidbildung. Für diesen Fall muss dann ein Radionuklidtransport im Bereich des Endlagers angenommen werden. Die Untersuchungen zur Schaffung von Warnzeichen und Warnsymbolen, die über Jahrtausende auf die eingelagerten radioaktiven Stoffe hinweisen, werden unter dem Begriff Atomsemiotik zusammengefasst.

7.2 Analyse der Kavernenmaterialien

Die Beschaffenheit des Untergrunds bildet die geologische Barriere gegen die Radioaktivität.

Ein atomares Endlager soll hunderttausende von Jahren dichthalten. Welche Prozesse innerhalb dieser enormen Zeitspannen in einem Endlager ablaufen, lässt sich daher im Vorhinein nicht 1:1 erforschen oder simulieren. Bestenfalls kann versucht werden, mittels numerischer Simulationen mit Finite–Element-Software in Kombination mit Laborexperimenten, mögliche Reaktionen und Wechselwirkungen grob abzuschätzen und zu prognostizieren.

Solche Analysen bilden nur Teilaspekte der komplexen Wechselwirkung von radioaktivem Zerfall, chemischen Reaktionen und Veränderungen des Untergrunds ab.

Die Anforderungen sind entsprechend hoch: Der Untergrund muss so dicht sein, dass möglichst kein Grundwasser in die Kavernen gelangt und zur Korrosion der Behälter beiträgt. Umgekehrt sollte es den Austritt von radioaktiven Stoffen in umgebende Grundwasserleiter und zur Oberfläche blockieren. Im Idealfall bindet das Kavernenmaterial zudem Radionuklide und verlangsamt so deren Verbreitung im Untergrund.

Drei Gesteinsklassen werden gegenwärtig als geeignet für ein atomares Endlager betrachtet: Salzstöcke, Ton und kristalline Gesteine wie Granit oder Basalt. Welches davon die größte Sicherheit bietet, darüber gehen die Meinungen von Geologen jedoch auseinander.

Granit ist ein kristallines Gestein, das als sehr fest und stabil gilt – aber Risse bilden kann.

In Schweden wird Granit als Barrieregestein favorisiert. Bereits seit den 1980er-Jahren werden in Forsmark an der schwedischen Ostküste schwach- und mittelradioaktive Abfälle in einer Schachtanlage in Granitgestein gelagert. Ab 2025 soll diese Formation auch als Endlager für hoch radioaktiven Atommüll genutzt werden. Die Behälter mit dem Atommüll sollen in rund 500 Metern Tiefe eingeschlossen werden.

Der Vorteil von kristallinem Gestein wie Granit liegt in der Stabilität des Materials: Granit ist ein sehr festes Gestein, das hohe Belastungen aushält und Hohlräume umschließen kann, ohne einzustürzen. Das Gestein selbst ist zudem wasserdicht. Die Kehrseite dieser Festigkeit ist jedoch die Anfälligkeit des Granits für Risse: Weil das Gestein eher spröde ist, bilden sich leicht Spalten und Verwerfungen, durch die dann Wasser einströmen kann.

Ein weiterer Nachteil: Granit bindet austretende Radionuklide kaum. Sind die radioaktiven Materialien einmal aus ihren Behältern ausgetreten, können sie durch Risse relativ schnell und ungehindert verteilt werden. Eine wesentliche Barrierefunktion im Endlagerkonzept mit dem Wirtsgestein Granit muss deshalb der Abfallbehälter übernehmen.

In Frankreich und der Schweiz setzt man auf Ton für ein Endlager-Konzept. Das aus sehr feinen Partikeln bestehende Tongestein hat den Vorteil, dass es wasserundurchlässig ist, gleichzeitig aber so weich, dass es mehr oder weniger plastisch auf Druck reagieren kann. Für Ton spricht auch, dass das Material ein guter chemischer Puffer ist und Radionuklide an sich bindet.

Der Nachteil: Ton ist weniger fest als kristalline Gesteine – und jede Tonformation ist anders: Tonminerale und damit Tongesteine variieren – abhängig von ihrer Entstehung – vom plastischen Ton mit Übergangsformen bis zum stark verfestigten und geklüfteten Tonstein. Entsprechend groß sind die Unterschiede im Mineralbestand, Verformungsverhalten, der Temperaturempfindlichkeit und der Stabilität einer Tonkaverne.

In Deutschland setzte man lange auf Salzstöcke. Sie galten als ziemlich stabil und wasserundurchlässig – immerhin sind viele Salzformationen Millionen Jahre alt. Steinsalz verhält sich unter Druckbelastung plastisch, das heißt, das Vorkommen von zusammenhängenden Klüften und Spalten wird weitgehend verhindert; entstehen doch Risse, heilen diese schnell wieder aus. Außerdem leitet Steinsalz die vom Atommüll erzeugte Wärme deutlich besser ab als Ton oder Granit.

In der Beurteilung von Salz als Kavernenmaterial sind neben falschen Expertenbeurteilungen auch konkrete Fehleinschätzungen der geologischen Gegebenheiten vorgekommen. Ein Beispiel dafür ist die Schachtanlage Asse II bei Wolfenbüttel. Zwischen 1967 und 1978 wurden in diesem ehemaligen Salzbergwerk rund 126.000 Fässer mit schwach- und mittelradioaktiven Abfällen eingelagert – darunter auch mehrere Kilogramm Plutonium. Gutachter, Behörden und Betreiber waren sich auf Basis jahrelanger Tests und Untersuchungen sicher, dass dieser Atommüll für Jahrtausende sicher im Salzstock eingeschlossen bleiben würde.

Doch das erwies sich als fataler Irrtum: Der Salzstock ist instabil und undicht: Täglich strömen 12.000 Liter salzhaltiges Grundwasser in die Schachtanlage ein. Um eine Verseuchung des Untergrunds und Grundwassers zu verhindern, muss der Atommüll geborgen und anderweitig gelagert werden.

Alle drei Gesteinstypen haben Vor- und Nachteile. Berücksichtigt werden muss auch, dass alle Untergründe durch den Bau der Kavernen und Schächte für das Endlager zusätzlichen Belastungen ausgesetzt werden. Bohrungen und Grabungsarbeiten erzeugen Vibrationen und Druckveränderungen im Gestein, die beispielsweise zur Bildung von Rissen führen können.

Um radioaktive Abfälle halbwegs sicher einzuschließen, reicht die geologische Barriere allein nicht aus. Zudem wird sie für den Bau und die Befüllung des Endlagers durchbrochen. Daher wird der Atommüll mit zusätzlichen geotechnischen und technischen Barrieren umgeben, die ein Austreten des Materials verhindern sollen, Abb. 7.6.

Diese technischen Barrieren werden durch Stahl oder Betonverpackungen und das um die Behälter im Endlager eingebrachte Füllmaterial ergänzt. Für die Behälter wurde eine Reihe von Konstruktionen und Materialien vorgeschlagen, die sich nach dem geologischen Umfeld und der ihnen zugewiesenen spezifischen Sicherheitsfunktion richten. Durch die technischen Barrieren soll das Eindringen von Grundwasser verhindert werden. Sie können ferner chemische Bedingungen schaffen, die im unwahrscheinlichen Fall des Austritts von radioaktivem Material aus der Verpackung dafür sorgen, dass dieses nicht gelöst, bzw. dass etwaige dennoch gelöste Stoffe immobilisiert werden.

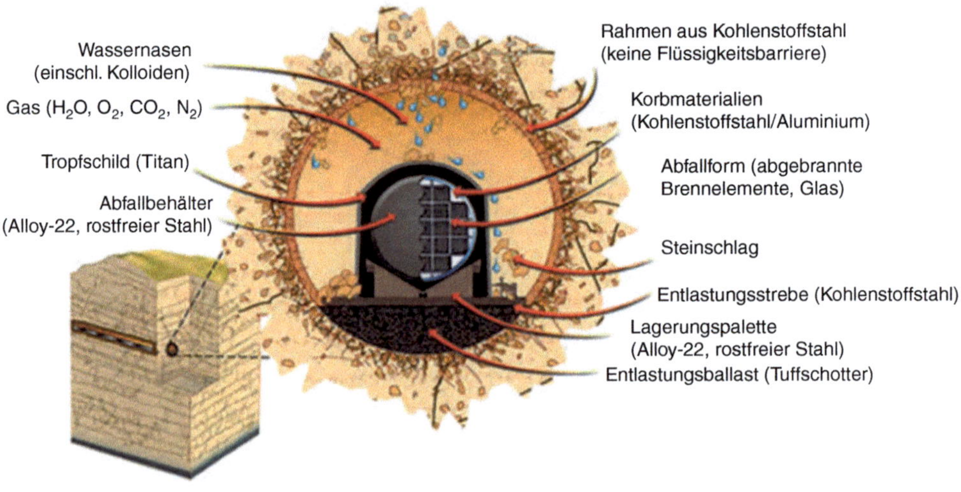

Abb. 7.6 Auslegungsmerkmale der technischen Barrieren für die geplante Endlagerstätte von Yucca Mountain in den Vereinigten Staaten. (Quelle: CRWMS, TDR-WIS-PA-000001 REV 00 ICN01, Dezember 2000)

Um ein Atommüll-Endlager längerfristig abzudichten, wird neben dem Untergrundgestein und den Behältern eine weitere Komponente benötigt: eine geotechnische Barriere. Sie dient dazu, die Zugangsschächte und Kavernen aufzufüllen, Abb. 7.7, und so die Schachtanlage sicher nach oben hin abzudichten. Gleichzeitig soll diese Barriere die Atommüllbehälter vor Wasser und chemischen Einflüssen schützen, die eine Korrosion beschleunigen würden.

Beton kommt für diese Aufgabe nicht in Frage. Denn die Mischung aus Zement, Kies und Sand hält unter Belastung meist nur wenige Jahrzehnte, bevor sich Risse und Brüche bilden. Hinzu kommt, dass in sich verformenden Wirtsgesteinen wie Ton oder Salz der sprödere Beton nicht flexibel genug ist, um eine anhaltende Abdichtung zu gewährleisten.

Als geotechnische Barriere der Wahl wird daher in fast allen Endlagerkonzepten ein natürlicher Füllstoff favorisiert: das Bentonit. Dieses Gestein besteht zu 60 bis 80 Prozent aus dem Mineral Montmorillonit, gemischt mit weiteren Tonmineralen. Der Clou dabei: Die besondere Kristallstruktur des Montmorillonits macht das Bentonit extrem quellfähig, bedingt durch feine Kristallstäbchen. Das Mineral kann große Mengen Wasser aufnehmen und dabei sein Volumen um ein Mehrfaches ausdehnen. Gleichzeitig lässt sich das Bentonit ähnlich wie Beton in flüssiger Lösung einfüllen und wird dann in Ruhe von selbst fest. Dieses mineralische Dichtungsmaterial ist daher besonders gut dafür geeignet, Hohlräume dicht auszufüllen und eindringendes Wasser aufzusaugen und einzuschließen.

Im Endlager soll das Bentonit die Atommüllbehälter umschließen und dadurch zusätzlich stabilisieren. Gleichzeitig dient es als Puffer, der eindringendes Grundwasser von den Behältern fernhält. Umgekehrt kann das Bentonit die nach Korrosion der Behälter möglicherweise austretenden radioaktive Flüssigkeiten zumindest zum Teil absorbieren und so deren Verteilung im Untergrund eindämmen – so die Theorie.

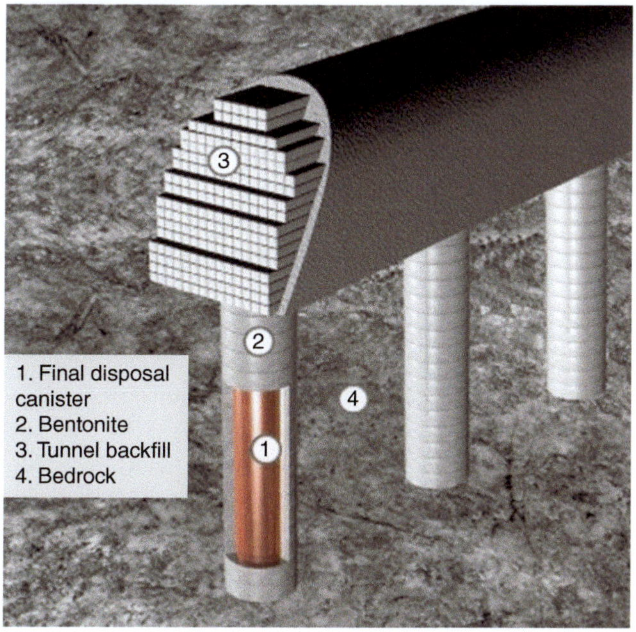

Abb. 7.7 Geotechnische Barriere dienen dazu, die Behälter einzuschließen und die Zugangsschächte abzudichten

Ob das Bentonit diese Aufgaben auch unter den harten Bedingungen eines Endlagers dauerhaft erfüllen kann, erforschen Wissenschaftler unter anderem im Rahmen des FEBEX-Projekts im schweizerischen Grimsel.

Leere Atommüllbehälter wurden dafür mit Ballast und Heizelementen gefüllt und 1997 in den Schächten eines Untergrundlabors in Bentonit eingeschlossen. Mehr als 100 Sensoren messen seitdem die physikalischen und chemischen Veränderungen, die im Bentonit und den Behältern auftreten.

Dabei zeigte sich: Das Bentonit schafft es offenbar auch bei Temperaturen bis 100 Grad Celsius, seine Pufferfunktion gegen einen Wassereinstrom zu behalten. Während die Außenbereiche der Bentonitbarriere nach einigen Jahren deutlich aufgequollen und wassergesättigt waren, blieb der Bereich um die Behälter trocken. Studien aus Südkorea deuten allerdings darauf hin, dass sich die Bentonitminerale innerhalb längerer Zeiträume in Illite umwandeln können – also in Tonminerale, die nicht quellen.

Im FEBEX-Versuch stellten die Forscher auch fest, dass sich im Bentonit durch chemische und mikrobielle Reaktionen Gase gebildet hatten – immerhin 350 Liter CO_2 pro 100 Kilogramm Bentonit. Auf Dauer könnte eine solche Gasproduktion Hohlräume in die Mineralbarriere sprengen und so deren Dichtigkeit gefährden. Hier besteht daher noch Forschungsbedarf. Ungeklärt ist auch, inwieweit chemische Wechselwirkungen – beispielsweise mit Korrosionsprodukten der Behälter oder ebenfalls zum Verfüllen genutzte Zement – die Eigenschaften des Bentonits verändern.

Auch nach Jahrzehnten der Forschung sind manche Aspekte der Endlagerung von hoch radioaktivem Atommüll alles andere als endgültig geklärt. „Der Weg hin zu einem geologischen Endlager ist geprägt von Überraschungen, neuen Einsichten und der Erkenntnis, dass selbst für die bestuntersuchten Orte Unsicherheiten darüber bleiben, wie sicher diese Anlagen langfristig sind", konstatierte das zuständige Komitee der US National Academy of Sciences.

Auch wenn einige Länder inzwischen bereits ihre Standortwahl getroffen haben und die ersten Endlager im Bau sind – letztlich ist die atomare Endlagerung ein Großexperiment mit ungewissem Ausgang.

Klar ist aber auch, dass die tausenden Tonnen hoch radioaktiver Abfälle nicht ewig in den Lagerhallen der Kernkraftwerke und den zentralen Zwischenlagern stehen bleiben können. Denn weder die Castorbehälter noch die oberirdischen Lagerhallen bieten auf Dauer eine ausreichende Sicherheit. Naturkatastrophen, Angriffe oder auch gesellschaftliche Umstürze können schnell dazu führen, dass diese Depots beschädigt, zerstört oder anderweitig kompromittiert werden.

Im Vergleich dazu erscheinen unterirdische Endlager zumindest als das kleinere Übel – selbst wenn auch sie vermutlich keine optimale und ewige Sicherheit bieten.

7.3 Legale Entsorgung in Meergewässern

Radioaktive Abfälle konnten legal in den Meeren verklappt werden, bis diese Vorgehensweise 1994 von der Internationalen Seeschifffahrts-Organisation (IMO) zumindest für Feststoffe verboten wurde. Sämtliche Atommüll-produzierenden Länder haben bis dahin in weniger als 50 Jahren mehr als 100.000 Tonnen radioaktiven Abfall im Meer versenkt. Großbritannien versenkte hiervon mit 80 % den größten Anteil, gefolgt von der Schweiz, die bis 1982 schwach- und mittelaktive Abfälle sowie radioaktive Abfälle aus Industrie, Medizin und Forschung unter der Führung der OECD im Nordatlantik versenkt hat. Die USA haben gegenüber der Internationalen Atomenergieorganisation eingeräumt, von 1946 bis 1970 über 90.000 Container mit radioaktivem Abfall vor ihren Küsten versenkt zu haben. Aus Deutschland wurden einige hundert Tonnen Atommüll im Meer entsorgt.

An einem Rekord-Tauchgang der Trieste am 23. Januar 1960 hatte der Meeresforscher Jacques Piccard festgestellt, dass auch in der Tiefsee Strömungen vorhanden sind und dass selbst auf dem tiefsten Meeresgrund Lebewesen leben. Seither warnte Piccard vor der Versenkung von radioaktiven Abfällen im Meer, da die Strömungen früher oder später an die Oberfläche gelangen. Die direkte Einleitung von radioaktiven Abwässern in Meeresgewässer ist jedoch nach wie vor legal und wird auch praktiziert: Die Wiederaufarbeitungsanlage La Hague leitet durch ein viereinhalb Kilometer langes Rohr täglich 400 Kubikmeter radioaktives Abwasser in den Ärmelkanal. Auch der Nuklearkomplex Sellafield (ehemals Windscale) leitet legal radioaktive Abwässer in die Irische See ein. Diese Einleitungen übersteigen die Einleitungen der Anlage La Hague hinsichtlich fast aller Nuklide.

In der arktischen See, dem weltweit wichtigsten Fanggebiet für Kabeljau, hat die russische Nordflotte Nuklearabfälle in geringer Tiefe entsorgt, darunter auch ganze Kernreaktoren, manche davon noch mit abgebrannten Brennelementen bestückt.

7.4 Lagerung unter freiem Himmel

Die andauernde offene Lagerung von Behältern mit radioaktivem Material ist in Mitteleuropa zwar in keinem Land politisch erwünscht oder legal zulässig. Als politischer Ausweg wird der Export von Behältern mit radioaktivem Material von verschiedenen Regierungen als legale Maßnahme gefördert. Eine Kontrolle der ausländischen Lagerorte erfolgt aber in der Regel nicht.

Hypothetische Szenarien eines Flugzeugabsturzes, Brandes oder eines ähnlichen Unfalles in der Nähe der Container sind mangels Vorbereitung weder durch Vorsorgemaßnahmen noch durch Sofortmaßnahmen zu beherrschen. Zuletzt aufgetretene Waldbrände in der Nähe von Lagerstätten zeigen die Gefährdung der Atmosphäre durch Brände und Austrag der Asche mit dem Wind.

Im Oktober 2009 wurde durch die Berichterstattung um den Film Albtraum Atommüll öffentlich bekannt, dass Frankreich seit den 1990er-Jahren heimlich einen nicht unerheblichen Teil seines Atommülls nach Sibirien transportiert. In der Stadt Sewersk, in der mehr als 100.000 Menschen leben, lagern knapp 13 % des französischen radioaktiven Abfalls in Containern unter freiem Himmel auf einem Parkplatz. Zudem wurde öffentlich, dass Deutschland sogar in noch größerem Maße radioaktiven Abfall nach Russland exportiert. Es handelt sich hierbei um abgereichertes Uran in Form von Uranhexafluorid, welches weiterverarbeitet werden soll. Eine Lagerung unter freiem Himmel ist in vielen Ländern üblich, die Radioaktivität dieses Materials liegt unterhalb von Natururan.

7.5 Illegale Entsorgung

Im September 2009 wurde 28 Kilometer vor der Küste Süditaliens das Wrack eines 110 Meter langen Frachters mit 120 Behältern Atommüll an Bord entdeckt. Damit wurde der seit Jahrzehnten bestehende Verdacht bestätigt, dass die italienische Mafia Giftmüll im Mittelmeer entsorgt. Mindestens 32 Schiffe mit Gift- und Atommüll sollen auf diese Weise in der Adria, dem Tyrrhenischen Meer und vor den Küsten Afrikas versenkt worden sein. Die Herkunft des radioaktiven Materials ist bislang nicht geklärt. Es soll nicht nur die Ndrangheta beteiligt gewesen sein, sondern auch der Geheimdienst und die Politik – manche damaligen Ermittler dürfen „aus institutionellen Gründen“ nicht über die Vorfälle sprechen, es gibt ungeklärte Todesfälle, die mit diesen Fällen in Zusammenhang gebracht werden. Auch chemischer Giftmüll ist offenbar so entsorgt worden.

Nach Aussagen eines Mafia-Kronzeugen sollen Millionen Tonnen hochgiftiger Müll rund um Neapel vergraben worden sein, darunter auch nuklearer Müll und Atommüll aus Deutschland, der hoch radioaktive Gammastrahler enthält. Ärzte beklagen in dieser Ge-

gend steigende Krebsraten, auch viele krebskranke Kinder. Die Polizei beschlagnahmte kontaminiertes Gemüse.

In der Ostsee wurden zwischen 1991 und 1994 radioaktive und chemische Altwaffen aus sowjetischen Beständen illegal versenkt.

7.6 Entsorgung ohne genauen Nachweis

Im Dezember 2009 wurde der Öffentlichkeit durch Recherchen des WDR-Hörfunks[3] bekannt, dass bei der Erdöl- und Erdgasförderung weltweit jährlich Millionen Tonnen radioaktiver Rückstände anfallen, die größtenteils ohne Nachweis und unsachgemäß (nämlich wie nicht-radioaktiver Abfall) entsorgt werden. Im Rahmen der Förderung an die Erdoberfläche gepumpte Schlämme und Abwässer enthalten TENORM-Stoffe (Technologically enhanced naturally occurring radioactive material), u. a. das hochgiftige und langlebige Radium 226 sowie Polonium 210. Die spezifische Aktivität der Abfälle beträgt zwischen 0,1 und 15.000 Becquerel (Bq) pro Gramm. In Deutschland, wo etwa 1000 bis 2000 Tonnen Trockenmasse im Jahr anfallen, ist das Material laut Strahlenschutzverordnung von 2011 bereits ab 1 Bq pro Gramm überwachungsbedürftig und müsste gesondert entsorgt werden. Die Umsetzung dieser Verordnung wurde der Eigenverantwortung der Industrie überlassen; diese beseitigte die Abfälle über Jahrzehnte hinweg sorglos und unsachgemäß. Es sind Fälle dokumentiert, in welchen Abfälle mit durchschnittlich 40 Bq/g ohne jede Kennzeichnung auf einem Betriebsgelände gelagert wurden und auch nicht für den Transport gekennzeichnet werden sollten.

In Ländern mit größeren geförderten Mengen von Öl oder Gas entstehen deutlich mehr Abfälle als in Deutschland; in keinem Land existiert eine unabhängige, kontinuierliche und lückenlose Erfassung und Überwachung der kontaminierten Rückstände aus der Öl- und Gasproduktion. Die Industrie geht mit dem Material unterschiedlich um: In Kasachstan sind weite Landstriche durch diese Abfälle verseucht, in Großbritannien werden die radioaktiven Rückstände in die Nordsee geleitet.[4]

In der Nordsee wurde Anfang der 1970er-Jahre ein Anstieg der Aktivitätskonzentration von $_{55}Cs^{137}$ nachgewiesen. Messungen haben gezeigt, dass auch die Wiederaufarbeitungsanlage im englischen Sellafield für diese Kontamination verantwortlich war. In den 1980er-Jahren nahmen die Einleitungen ab, sodass diese Reduzierung auch in der Nordsee messbar wurde.[5] Mit der Ernte von Blasentang in der Irischen See, das zu Nahrungs-, Futter- und Düngemittel verarbeitet wurde, gelangte radioaktiv belastetes Material in die Nahrungskette. Nach Untersuchungen des Öko-Instituts sind die aufgenommenen Dosen über diesen Pfad allerdings relativ gering. Nach dieser Studie lagen die effektiven Dosen für den Abwasserpfad dieser Anlage bei 7,9 mSv/a (Millisievert pro Jahr) für den Erwachsenen und 7,7 mSv/a für das Kleinkind, während vergleichbare Werte für La Hague bei 2,3 bzw. 0,83 mSv/a lagen.

[3] https://de.wikipedia.org/wiki/radioaktiver_abfall#cite_note-47.

[4] https://de.wikipedia.org/wiki/radioaktiver_abfall#cite_note-DFL_Hintergrund-49.

[5] https://de.wikipedia.org/wiki/radioaktiver_abfall#cite_note-47.

7.7 Unfälle mit radioaktivem Abfall

Eine Reihe von Vorfällen ereignete sich, als radioaktives Material nicht korrekt entsorgt wurde – beispielsweise auf einem Schrottplatz, von wo es zum Teil sogar gestohlen wurde – oder die Abschirmung während des Transportes defekt war.[6]

In anderen Vorfällen mit radioaktivem Abfall sind Seen oder Teiche mit Atommüll während außergewöhnlich starker Stürme überflutet worden. Radioaktives Material gelangte dabei in Flüsse. Dies passierte beispielsweise in Italien, wobei auch als Trinkwasser geeignetes Wasser belastet wurde. In Frankreich ereignete sich im Sommer 2008 eine Reihe von Vorfällen,[7] einer davon in der Nuklearanlage Tricastin, wo während einer Entleerungsaktion Flüssigkeit mit unbehandeltem Uran aus einem defekten Tank floss und dabei ungefähr 75 kg des radioaktiven Materials zunächst in den Boden sickerten und von dort in zwei nahegelegene Flüsse.

Die Plünderung von altem, mangelhaft bewachten radioaktiven Material war die Ursache für mehrere andere Vorfälle, bei denen Menschen gefährlicher Strahlung ausgesetzt wurden. Diese ereigneten sich meist in Entwicklungsländern, die weniger Vorschriften für den Umgang mit gefährlichen Stoffen haben, weniger generelle Aufklärung über Radioaktivität und deren Gefahren betreiben und zudem einen Markt für Metallschrott und geplünderte Güter besitzen. Sowohl die Plünderer selbst als auch die Käufer des Materials sind sich meist nicht bewusst, dass das Material radioaktiv ist, zumal es auch oft wegen seines ästhetischen Wertes ausgewählt wird.[8] Unverantwortlichkeit auf der Seite der ursprünglichen Besitzer des radioaktiven Materials – üblicherweise Krankenhäuser, Universitäten oder das Militär – sowie das Fehlen oder die nicht konsequente Umsetzung von Vorschriften zum Umgang mit Atommüll sind maßgebliche Faktoren, die zu derartigen Unfällen führen.

Transportunfälle mit ausgedienten Brennstäben von Kernkraftwerken haben aufgrund der Stärke der Transportbehälter bis jetzt noch nie zu radioaktiver Belastung von Menschen oder Umgebung geführt.

7.8 Stilllegung

Bei der endgültigen Schließung einer kerntechnischen Einrichtung, sei es ein Reaktor, ein Uranbergwerk oder eine andere Anlage des Brennstoffkreislaufes, muss diese in einen Zustand versetzt werden, in dem für die Bevölkerung, für die in der Anlage Beschäftigten und für die Umwelt kein Schaden entstehen kann. Bis Januar 2015 sind über 140 kommerzielle Reaktoren stillgelegt worden und befinden sich in verschiedenen Phasen des Rückbaus. Beim Stilllegungsprozess lassen sich zwei Konzepte unterscheiden, Abb. 7.8:

[6] https://de.wikipedia.org/wiki/radioaktiver_abfall#cite_note-70.

[7] https://de.wikipedia.org/wiki/radioaktiver_abfall#cite_note-70.

[8] https://de.wikipedia.org/wiki/radioaktiver_abfall#cite_note-76.

Abb. 7.8 Stilllegung von Kernkraftwerken

- Der direkte Rückbau,
- die Herstellung des Sicheren Einschlusses mit späterem Rückbau nach einer Wartezeit von mehreren Jahrzehnten, in der die Radioaktivität in der Anlage abklingen kann.

Beide Strategien haben Vor- und Nachteile, Tab. 7.1.

Sowohl beim direkten Rückbau als auch beim sicheren Einschluss und späteren Rückbau beginnt man mit der Entnahme der abgebrannten Brennelemente aus dem Reaktorcore, die auf die herkömmliche Weise gelagert werden, leert das Flüssigkeitssystem, schaltet das Betriebssystem ab und blockiert und versiegelt die Öffnungen der Anlage nach außen.

Alle Oberflächen werden mit Wasser oder mit mechanischen, chemischen oder elektrochemischen Mitteln behandelt, um die anhaftende Radioaktivität zu beseitigen (Dekontamination).

Alle in diesen Prozess einbezogenen Arbeitsinstrumente und -gebäude werden dann entfernt, auf etwaige verbleibende Radioaktivität überprüft und entweder wiederaufgearbeitet oder in Zwischenlagern untergebracht, sodass nur die Grundelemente des Kernreaktors übrig bleiben, d. h. der Reaktorbehälter und dessen Schutzmauern. Die nicht kontaminierten Teile der Einrichtung – Büroräume, Turbinen, Behälter usw. – werden verschrottet oder für andere Zwecke verwendet.

Beim Direkten Rückbau müssen nun die Coreeinbauten, der Reaktorbehälter, der Primärkühlkreislauf und der Dampferzeuger zerlegt werden. Aufgrund der noch relativ hohen Radioaktivität hat dies fernbedient oder unter Wasser zu erfolgen. Teilweise sind auch aktivierte Betonstrukturen mit starker Armierung zu zerlegen. Dazu dienen Roboter- und Telemanipulationstechniken.

Tab. 7.1 Wesentliche Vor- und Nachteile beider Konzepte

Direkter Rückbau	Sicherer Einschluss und späterer Rückbau
Vorteile	
Verfügbarkeit von Personal, das mit der Anlage und Betriebshistorie vertraut ist	Radioaktivität klingt mit der Zeit ab; das Volumen an radioaktivem Abfall nimmt ab.
Milderung sozialer Folgen für die Region.	Abbaubarkeit technisch einfacher durch geringere Strahlenbelastung
Gelände kann früher wieder einer anderweitigen Nutzung zugeführt werden.	
Nachteile	
Höhere noch vorhandene Radioaktivität.	Messtechnischer Aufwand für die radiologische Bewertung nimmt mit der Zeit zu.
Abbaubarkeit komplexer aufgrund höherer Strahlenbelastung.	Für den Rückbau nach dem sicheren Einschluss muss neues Personal gefunden werden.

Quelle: GRS

Wird der sichere Einschluss zum Rückbau des Reaktors gewählt, kontrolliert man die Atmosphäre in der Betonhülle, begrenzt den Zugang zum Reaktorgebäude und installiert Überwachungssysteme. Dieser Zustand des sicheren Einschlusses kann 10, 20 manchmal 100 Jahre nach der Schließung, dauern.

Die relativ langen Wartezeiten zwischen dem endgültigen Abbau eines Kernreaktors sollen ein Abklingen der Radioaktivität ermöglichen, dienen zum Schutz der am Stilllegungsprozess beteiligten Arbeitskräfte und erleichtern die Lagerung sowie die Endlagerung radioaktiver Stoffe.

7.8.1 Abfälle aus Stilllegungen

Nach der Stilllegung eines Kernkraftwerks oder einer anderen kerntechnischen Einrichtung fallen erhebliche Mengen an radioaktivem Abfall an, größtenteils in Form von schwachaktiven Abfällen, Abb. 7.9.

Der volumenmäßig größte Teil des radioaktiven Abfalls besteht aus Beton oder sonstigem Baumaterial mit einem nur sehr geringen Gehalt an Radioaktivität. Die abgebrannten Brennelemente im Reaktor sind die größte Quelle von Radioaktivität, und mit ihrer Beseitigung wird die Gesamtradioaktivität der Anlage um rd. 99 % reduziert. Große Komponenten wie der Reaktordruckbehälter und die Dampferzeuger werden ebenfalls wie radioaktiver Abfall behandelt, obwohl ihre Größe ganz spezifische Probleme aufwirft. Diese Komponenten können durch Zersägen zu einer leichter handhabbareren Größe reduziert oder, wie dies gewöhnlich der Fall ist, intakt demontiert und in Lagerstätten für schwachaktive Abfälle transportiert werden.

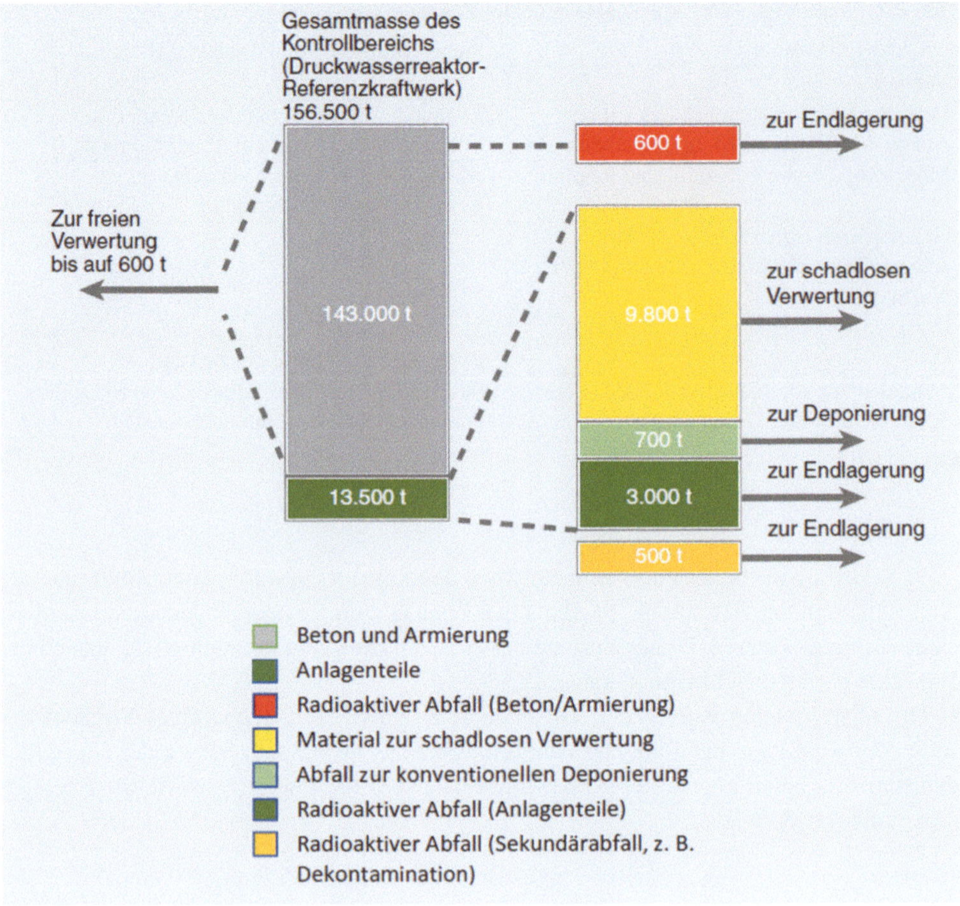

Abb. 7.9 Grobe Mengen des Kontrollbereichs eines Kernkraftwerkes

7.8.2 Wiederverwertung

Unter Umständen ist eine Nutzung des hoch radioaktiven Abfalls über eine Erzeugung von neuem Kernbrennstoff in Brutreaktoren hinaus denkbar. Unter den Spalt- und Zerfallsprodukten befinden sich wertvolle Stoffe wie Rhodium, Ruthenium und das radioaktive Element Technetium.

Da die heutigen Leichtwasserreaktoren nur etwa 5 % der Energie verwenden, die in neuen Brennelementen vorhanden ist, ist hier ein Potenzial vorhanden.

Viele radioaktiv kontaminierte Stoffe können – soweit wirtschaftlich sinnvoll – gereinigt (Dekontamination) und bei erwiesener Kontaminationsfreiheit bzw. Grenzwertunterschreitung (Freimessen) normal weiter genutzt werden. Des Weiteren können radioaktive Reststoffe in der Kerntechnik weiterverwendet werden; so wird z. B. schwachradioaktiver Stahlschrott zu Abschirmungen für Abfallbehälter verarbeitet.

Ein seit den 1950er-Jahren in Entwicklung befindliches Konzept zur energetischen Wiederverwertung von radioaktiven Abfällen ist der Laufwellen-Reaktor. Wie beim Brutreaktor erbrütet dieser seinen Brennstoff, kann aber unter anderem auch mit Rohuran oder bereits abgebranntem Kernbrennstoff betrieben werden und so die Rückstände seiner eigenen Produktion wiederverwerten. Theoretisch ist es so möglich, Material als Brennstoff zu verwenden, das derzeit als radioaktiver Abfall angesehen wird. Dies würde zur etwa 20- bis 50-mal effizienteren Nutzung von Kernbrennstoff beitragen. Die dafür nötige Technologie wird seit den 1970er-Jahren entwickelt, wurde jedoch bis jetzt in nur wenigen kommerziellen Reaktoren umgesetzt.

Die einzigen Brutreaktoren in kommerziellem Betrieb sind heute der russische BN-600 und das Nachfolgemodell BN-800, beide im russischen Kernkraftwerk Belojarsk in Saretschny. Der BN-800 speist seit dem 10. Dezember 2015 Strom ins russische Netz ein und arbeitet seit dem 31. Oktober 2016 im kommerziellen Leistungsbetrieb.

Australien plant zurzeit (Stand 2015) den Bau von Brutreaktoren der Baureihe PRISM (General Electric und Hitachi) zur Wiederverwertung von radioaktivem Abfall.

Organisation der nuklearen Entsorgung 8

8.1 Einleitung

Jedes Land hat seine eigene Organisation, die dafür sorgt, dass entsprechend der jeweiligen Gesetzgebung radioaktiver Abfall gelagert und entsorgt wird. Das trifft auch für Länder zu, die keine Kernreaktoren betreiben, in denen aber radioaktive Stoffe z. B. in der Medizintechnik oder in Forschungseinrichtungen eingesetzt werden bzw. entstehen.

Übergeordnet gibt es eine Reihe von Organisationen, die auf internationaler Ebene versuchen, Unterstützung für deren Mitgliedsstaaten bei der nuklearen Entsorgung zu geben. Dazu gehören

- die IAEA
- die NEA der OECD
- Euratom
- ISTC.

Wir werden kurz auf die Aufgaben der IAEA und der NEA/OECD eingehen. Euratom und ISTC werden in Kap. 10 über ausgewählte Transmutationsprojekte behandelt. Es folgt die Darstellung der in der Bundesrepublik Deutschland agierenden Organisationen, dann derjenigen für die wichtigsten Länder, deren Energieversorgung durch einen signifikanten Anteil Kernenergie sichergestellt wird, und schließlich eine Liste sonstiger Länder.

W. Osterhage, H. Frey, *Transformation radioaktiver Abfälle*, Energie in Naturwissenschaft, Technik, Wirtschaft und Gesellschaft,
https://doi.org/10.1007/978-3-658-38519-4_8

8.2 Internationale Organisationen

IAEA

Die IAEA (International Atomic Energy Agency) mit Hauptsitz in Wien, der praktisch alle Staaten der Erde angehören, beschäftigt sich seit ihrer Gründung mit allen Fragen im Zusammenhang mit Atom- oder besser: Kernenergie. Auf diese Gesamtaufgaben soll an dieser Stelle nicht weiter eingegangen werden. Wichtige Instrumente in unserem Zusammenhang sind Konferenzen und die Sammlung und Verbreitung von relevanten Daten.

Entsprechend ihrer Aufgaben unterteilt sich die IAEA in thematische Bereiche, für uns relevant das Department of Nuclear Energy. Das Department of Nuclear Energy selbst ist wiederum in Abteilungen untergliedert, und hier ist von Bedeutung die Division of Nuclear Fuel Cycle and Waste Technology. Wie der Name schon besagt, formuliert diese Institution Aktivitäten rund um den nuklearen Brennstoffzyklus inklusive der Behandlung nuklearer Abfälle bis hin zur Stilllegung von Kernreaktoren und entwickelt Strategien. Dabei lässt sie sich durch Spezialistengruppen und -komitees, wie beispielsweise dem Advisory Committee on Fission Product Nuclear Data, beraten.

OECD Nuclear Energy Agency (NEA)

Der OECD-NEA gehören die folgenden Staaten an: Argentinien, Australien, Belgien, Bulgarien. Dänemark, Deutschland, Finnland, Frankreich, Griechenland, Irland, Island, Italien, Japan, Kanada, Korea, Luxemburg, Mexiko, Niederlande, Norwegen, Österreich, Polen, Portugal, Rumänien, Russland, Schweden, Schweiz, Slowakei, Slowenien. Spanien, Tschechien, Türkei, Ungarn, USA und das Vereinigte Königreich.

Diese Agentur mit Sitz in der Nähe von Paris hat sich zum Ziel gesetzt, Kooperationen zwischen ihren Mitgliedsstaaten, die über fortgeschrittene Nukleartechnologie verfügen, hinsichtlich Sicherheit, Technology, Wissenschaft, Umweltschutz und Gesetzgebung zu unterstützen. Dazu gehört auch das Management aller Arten von radioaktivem Abfall. Die Repräsentanten im Radioactive Waste Management Committee (RWMC), gegründet 1975, stammen aus den jeweiligen Regulierungsbehörden, Stilllegungsorganisationen, politischen Entscheidungsorganen und Forschungs- und Entwicklungsinstitutionen.

Deutschland

Dachorganisation und konkrete gesetzgeberische Verantwortung liegt beim Bundesministerium für Umwelt, Naturschutz und nukleare Sicherheit. Ausführende Organe sind

- die Bundesgesellschaft für Endlagerung
- das Bundesamt für die Sicherheit der nuklearen Entsorgung
- die Gesellschaft für Zwischenlagerung.

Bundesgesellschaft für Endlagerung
Die BGE, deren Eigner die Bundesrepublik Deutschland ist, mit Hauptsitz in Peine, koordiniert die Suche nach einem Endlagerstandort für hoch radioaktive Abfälle und betreibt aktuell die Schachtanlage Asse II und die Endlager Konrad und Morsleben sowie die Erhaltung von Gorleben. Die Gesellschaft beschäftigt 1700 Mitarbeiter. Finanziert wird die Arbeit durch einen Fonds, in dem die Energieversorger 24 Milliarden Euro eingezahlt haben, sowie aus Steuermitteln.

BGE Technology GmbH ist eine Tochtergesellschaft, die der BGE zu 100 % gehört. Sie beschäftigt sich mit internationaler Kooperation und Endlagersicherheit.

Bundesamt für die Sicherheit der nuklearen Entsorgung
Das BASE wurde 2014 gegründet und ist die zentrale Behörde der Bundesrepublik Deutschland für den Umgang mit den radioaktiven Hinterlassenschaften der Kernenergiewirtschaft. Zu ihren Aufgaben gehören:

- Regulierungs-, Genehmigungs- und Aufsichtsaufgaben im Bereich Endlagerung, Zwischenlagerung und Transport von radioaktiven Abfällen
- Überwachung des Standortauswahlverfahrens für ein Endlager
- Unterstützung der Bundesaufsicht für den Bereich der kerntechnischen Sicherheit
- Beratung des Bundesumweltministeriums in Fragen der nuklearen Entsorgung.

Zur Durchführung dieser Aufgaben ist das BASE in fünf Fachabteilungen untergliedert:

- Öffentlichkeitsbeteiligung
- Standortauswahlverfahren
- Genehmigungsverfahren Zwischenlagerung/Transporte
- kerntechnische Sicherheit und atomrechtliche Aufsicht in der Entsorgung und
- aufgabenbezogene Forschung, berg-, wasser- und atomrechtliche Verfahren.

Gesellschaft für Zwischenlagerung
Alleiniger Gesellschafter der BGZ Gesellschaft für Zwischenlagerung mit Hauptsitz in Essen ist die Bundesrepublik Deutschland. Die BGZ betreibt die Zwischenlager Ahaus und Gorleben und führt weitere zwölf Lager für schwach- und mittelradioaktive Abfälle aus deutschen Kernkraftwerken. Die Aufsicht über die von der BGZ geführten kerntechnischen Anlagen obliegt jedoch den Atomaufsichtsbehörden des jeweiligen Bundeslandes.

Finnland
Die Gesellschaft POSIVA, mit Sitz in Eurajoki, kümmert sich um Entsorgungsprojekte, inklusive Konzeptentwicklung. Sie betreibt das Endlager Onkalo in der Felsformation Olkiluoto. Sie wurde 1995 von den Elektrizitätsgesellschaften Teollisuuden Voima Oyi (60 %) und Fortum Power Oy (40 %) gegründet. Im Einzelnen beschäftigt sich POSIVA mit

- der Weiterentwicklung ihres Endlagerkonzeptes bzgl. Behälterkonstruktion und natürlicher Barrieren
- Verkapselung und Betrieb der Versorgungssysteme im Fels.

Frankreich
Verantwortlich für die Konzeptentwicklung des Umgangs mit radioaktiven Abfällen ist die Agence nationale pour la gestion des déchet radioactifs (ANDRA) mit Sitz in Châtenay-Malabry, 1979 zunächst als Institut der CEA (Commissariat à l'énergie atomique) gegründet, 1991 in eine eigenständige Gesellschaft umgewandelt. Die ANDRA beschäftigt sich mit den Optionen

- Endlagerung in tiefen geologischen Schichten,
- Langzeitzwischenlagerung und
- Abtrennung und Transmutation der langlebigen Radionuklide.

Japan
In Japan sind die Verantwortlichkeiten für Umgang und Entsorgung radioaktiver Abfälle je nach Abfallart aufgeteilt.

Die Japan Nuclear Fuel Ltd. (JNFL) in Aomori ist zuständig für

- Wiederaufarbeitung
- Herstellung von MOX Brennelementen
- Lagerung von verglastem radioaktiven Abfall
- Entsorgung von radioaktivem Abfall und Uran-Anreicherung –

also den gesamten Brennstoffzyklus.

Für die geologische Endlagerung liegt die Verantwortung bei der Nuclear Waste Management Organization of Japan (NUMO) in Tokyo. Stillegungsabfälle und niedrig-aktiver Abfall werden von dem Radioactive Waste Management and Nuclear Facility Decommissioning Technology Center (RANDEC) betreut.

Kanada
Die Nuclear Waste Management Organisation NWMO in Toronto wurde 2002 gegründet. In ihrer Verantwortung liegt die Planung und Einführung des langfristigen Managements von abgebrannten Brennelementen. Ziel ist die Endlagerung in geologischen Formationen. Die endgültigen Lagerstätten müssen noch selektiert und bewilligt werden.

Niederlande
In den Niederlanden wird die Sammlung, Aufbereitung und Lagerung von allem radioaktiven Abfall zentral durch eine einzige Organisation betrieben, die COVRA, gegründet im Jahre 1982. Zu diesem Zweck wurde in Zeeland in Borsele eine Lager- und Aufbereitungsanlage gebaut. Einziger Anteilseigner ist das niederländische Finanzministerium. COVRA kooperieret mit ähnlichen Organisationen in Spanien, Dänemark und Belgien.

Schweden
Auch in Schweden gilt für die Entsorgung das Verursacherprinzip. Dazu haben die schwedischen Kernkraftwerksbetreiber die SKB, die Schwedische Kernbrennstoff und Abfall Management Gesellschaft, mit Sitz in Solna und 600 Mitarbeitern gegründet. Die Gesellschaft verfügt über einen Fundus von ca. 147 Millionen Schwedische Kronen, der von 0,05 Schwedischen Kronen, die pro produzierter Kilowattstunde von den Kraftwerksbetreibern erhoben wird, gespeist wird. Die SKB betreibt Endlager in Forsmark und Oskarsham.

Schweiz
Hauptverantwortung trägt das Bundesamt für Energie. Grundsätzlich sind aber nach Schweizer Gesetzgebung die Verursacher für die Entsorgung verantwortlich. Zur Unterstützung dieser Aufgaben wurde 1972 die Nationale Genossenschaft für die Lagerung radioaktiver Abfälle mit Sitz in Wettingen ins Leben gerufen. Sie ist insbesondere tätig bei der Auswahl geeigneter Endlagerstätten.

Spanien
Das Ministerium für Ökologie ist verantwortlich für die politischen Richtlinien zur Behandlung von radioaktivem Abfall. Ihm berichtet der Nukleare Sicherheitsrat. Ausführendes Organ ist ENRESA (Empresa Nacional de Residuos Radioactivos), eine Gesellschaft mit Sitz in Madrid, deren Anteilseigner das Forschungszentrum für Energie, Umwelt und Technologie sowie SEPI, eine staatliche Industrie Holding Gesellschaft, sind.

ENRESA betreibt ein oberirdisches Endlager in El Cabril und führt eigene Forschungen bzgl. geologischer Endlagerung und Transmutationsverfahren durch.

USA
Im Jahre 1982 beschloss der US-amerikanische Kongress ein Gesetz zur Behandlung radioaktiver Abfälle, den Nuclear Waste Policy Act. Mit dessen Implementierung wurde das Department of Energy (DoE) beauftragt. Das DoE gründete dafür das Office of Civilian Radioctive Waste Management (OCRWM). Das OCRWM ist verantwortlich für Empfehlungen, den Bau und den Betrieb von Lagerstätten für hoch-radioaktive Abfälle. Ihm untersteht auch der Nuclear Waste Fund, der von Beiträgen der Energieerzeuger, Konsumenten und Instanzen, die nukleares Material zu Verteidigungszwecken nutzen, gespeist wird. Nach der Schließung der unterirdischen Testlagerstätte Yucca Mountain sind die Kraftwerksbetreiber gehalten, ihre Abfälle vor Ort in Sicherheitsbehältern zu lagern. Schwach- bis mittelradioaktive Abfälle aus dem Forschungsbereich werden an sechs Standorten endgelagert, Abfälle aus dem militärischen Bereich in einer Salzformation bei Carlsbad in New Mexico.

Vereinigtes Königreich
Die Verantwortung für die Entsorgung nuklearer Abfälle selbst liegt beim Verursacher. Stilllegung und Endlagerung steht unter der Aufsicht der Nuclear Decommissioning Authority (NDA) mit Sitz in Cumbria und London. Die NDA betreut z. Zt. 17 Lokationen.

Sie berichtet dem Department for Business, Energy and Industrial Strategy und ist insbesondere verantwortlich für

- Stilllegung und Abtragung kerntechnischer Anlagen
- das Management von radioaktiven Abfällen
- Entwicklung einer langfristigen Strategie für radioaktive Abfälle.

Sonstige Länder

Tab. 8.1 listet sonstige Länder, die Kernreaktoren betreiben – entweder kommerziell oder als Forschungseinrichtungen. Andere Länder, in denen anderer geringfügiger radioaktiver Abfall anfällt, der auch entsorgt werden muss, sind nicht aufgeführt.

Tab. 8.1 Verantwortliche Entsorgungsorganisationen für radioactive Abfälle weltweit

Land	Organisation
Ägypten	Hot Laboratory and Waste Management Center, Inshas
Argentinien	Comisión Nacional de Energía Atómica (CNEA), Buenos Aires
Armenien	KKW Mezamor
Australien	Department of Education, Science and Training (DEST)
Brasilien	Comissão Nacional de Energia Nuclear (CNEN), Rio de Janeiro
Bulgarien	State Enterprise Radioactive Wastes (SE-RAW), Kosloduj
China	China National Nuclear Corporation (CNNC), Peking
Indien	Nuclear Power Corporation of India Limited (NPCIL), Mumbai
Iran	Atomic Energy Organization of Iran, AEOI, Teheran
Israel	Israel Atomic Energy Commission (IAEC), Ramat Aviv
Lettland	RAPA Ltd., Salaspils
Litauen	Radioactive Waste Management Agency (RATA), Stabatiske
Mexiko	Energieministerium
Norwegen	Institute for Energy Technology (IFE), Kjeller
Pakistan	Pakistan Institute of Nuclear Science and Technology(PINSTECH), Nilore
Polen	RWMP, Warschau
Rumänien	Agenţia Naţională pentru Deşeuri Radioactive (ANDRAD), Mioveni

(Fortsetzung)

Tab. 8.1 (Fortsetzung)

Land	Organisation
Russland	RosRAO, Moskau
Slowakei	SE-VYZ, Bohunice
Slowenien	ARAO, Ljubljana
Südafrika	Nuclear Energy Corporation of South Africa (NECSA),Pretoria
Südkorea	Korea Radioactive Waste Agency (KORAD), Gyeongju-si
Taiwan	Taipower. Taipeh
Tschechien	RAWRA (Radioactive Waste Repository Authority), Prag
Ukraine	Staat
Ungarn	Radioaktív Hulladékokat Kezelő (RHK), Paks
Weißrussland	Staat

9 Transmutation: Überblick

9.1 Physikalisch Grundlagen

Rutherford

Nach der Entdeckung der Radioaktivität (Kap. 2) durch Becquerel und den Curies konnte die Erklärung der Radioaktivität im Zusammenhang mit der Struktur von Atomen zunächst nicht geliefert werden. Das zu tun, blieb Ernest Rutherford vorbehalten. Rutherford erkannte, dass die Strahlung, die z. B. vom Uran ausging, aus mindestens zwei unterschiedlichen Komponenten bestand, die er als α- und β-Strahlung bezeichnete. Später identifiziert er das α-Teilchen als den Kern des Heliumatoms ($_2He^4$). Im Jahre 1908 erhielt er dafür den Nobelpreis der Chemie. Um der induzierten Radioaktivität auf der Spur zu kommen, führten Rutherford und Ernest Marsden später ein spannendes Experiment durch Dieses Experiment zeigte bereits, dass es neben in der Natur vorkommenden Transmutationen auch künstlich erzeugte Umwandlungen gibt.

Ernest Rutherford wurde am 30. August 1871 in Brightwater in Neuseeland geboren. Bis zu seinem fünfzehnten Lebensjahr besuchte er Schulen in Foxhill und Havelock. Nachdem er ein Stipendium erhalten hatte, konnte er sich im Nelson College einschreiben. Im Jahre 1890 trat er ins Canterbury College in Christchurch ein. Im Jahre 1892 erhielt er dort den Bachelor of Arts und ein Jahr später den Master in Mathematik und Physik, 1894 schließlich den Bachelor of Science. Letzteres ermöglichte ihm die Zulassung zum Trinity College in Cambridge in England unter J. J. Thomson.

Mit siebenundzwanzig, im Jahre 1898, wurde Rutherford als Macdonald Forschungsprofessor der Physik an der McGill Universität in Montreal berufen. Über neun Jahre lang führte er mit Frederick Soddy Experimente zur Erforschung der Radioaktivität durch. Diese Arbeiten waren der Grund für seine Ernennung zum Fellow der Royal Society im

W. Osterhage, H. Frey, *Transformation radioaktiver Abfälle*, Energie in Naturwissenschaft, Technik, Wirtschaft und Gesellschaft,
https://doi.org/10.1007/978-3-658-38519-4_9

Jahre 1903 und die Verleihung der Rumford Medaille ein Jahr später. Im Jahre 1907 übernahm er den Langworthy Lehrstuhl für Physik an der Universität von Manchester. Dort gelang es ihm, mit Hilfe des gerade erfundenen Geigerzählers die Ladung des α-Teilchen zu ermitteln. Zusammen mit Thomas Royds wies er später nach, dass es sich bei α-Teilchen um Heliumkerne handelt, indem er Gas untersuchte, durch welches α-Teilchen gewandert waren, und mit spektroskopischen Methoden nachwies, dass es sich tatsächlich um Helium handelte. Nach Streuexperimenten mit α-Teilchen entwickelte er eine Theorie des Atomkerns. Nach dem I. Weltkrieg, im Jahre 1919, veröffentlichte er seine Ergebnisse über die künstliche Transmutation der Materie. Er wurde der Nachfolger von J. J. Thomson als Cavendish Professor in Experimentalphysik an der Universität von Cambridge und Fellow des Trinity College. Er starb im Jahre 1937.

Kernreaktionen

Wenn wir von Kernreaktionen hören, kennen wir Kernspaltung und vielleicht auch Kernverschmelzung. Daneben aber gibt es eine Vielzahl von anderen Reaktionen, die genutzt wurden und werden, um Aussagen über die Eigenschaften von Atomkernen zu gewinnen. So kann man praktisch alles auf alles schießen.

Zu den wichtigsten Kernreaktionen gehören:

$$
\begin{gathered}
{}_{Z}Y^{N}(n,\gamma) \\
(d,\alpha) \\
(n,p) \\
(n,t) \\
(n,f) \\
(n,\alpha) \\
(p,\gamma) \\
(d,p) \\
(n,2n) \\
(\alpha,n)
\end{gathered}
$$

mit Y dem Targetkern, links in der Klammer das Projektil, rechts das Reaktionsergebnis.

Wirkungsquerschnitte sind ein Maß für die Wahrscheinlichkeit einer Kernreaktion in Abhängigkeit von der Energie des eingehenden Projektils, gemessen in [barn] (1 [barn] = 10^{-28} [m^2]).

Neben den Spaltquerschnitten spielen in der Kerntechnik insbesondere die Absorptionsquerschnitte eine wichtige Rolle. Sie geben ein Maß für die Wahrscheinlichkeit der Absorption, des Einfangs, von Neutronen, z. B. $\sigma_{n,\gamma}$. Es gibt Materialien mit hohen Absorptionsquerschnitten gerade in jenem Energiebereich, der für die Kernspaltung wichtig ist. Mit solchen Materialien lassen sich Kettenreaktionen kontrollieren bzw. zum Stillstand bringen. Dazu gehören Cadmium und Bor.

Induzierte Radioaktivität

Sowohl die Curies als auch Rutherford stellten fest, dass sich Substanzen, die isoliert nicht radioaktiv waren, radioaktive Eigenschaften annahmen, wenn sie sich in der Umgebung natürlich-radioaktiver Substanzen befanden. Nach deren Entfernung aus der Mischung verloren sie diese Aktivität wieder nach einem asymptotischen Abklingen entsprechend einer e-Funktion. Man nannte diese Eigenschaft „induzierte Radioaktivität". Diese Beobachtungen legten den Schluss nahe, dass durch bestimmte kernphysikalische Reaktionen Ausgangsisotope in andere Isotope umgewandelt – transmutiert – werden können.

Rutherford stellte auch bei der Untersuchung von Thoriummineralen induzierte Radioaktivität an Nachbarelementen fest. Diese Radioaktivität stammte von „Thoron", wie man dieses Isotop in der Anfangszeit der Radioaktivitätsforschung nannte. Dabei handelte es sich um das gasförmige Rn-220. Rutherford gab dieser Strahlungsquelle die Bezeichnung „Emanation". Dieser Begriff wurde auch in den deutschen Sprachgebrauch übernommen. Weitere Untersuchungen ergaben, dass das Gas der Emanation seinen Ursprung nicht im Thorium selbst hatte, sondern von einem Tochterelement stammen musste. Es handelte sich also beim radioaktiven Zerfall um die Umwandlung von Elementen. Später entdeckte Friedrich Ernst Dorn, dass auch Radium eine Emanationsquelle war – geliefert von dem ebenfalls gasförmigen Rn-222. André Debierne und Friedrich Giesel entdeckten danach unabhängig voneinander das gasförmige Rn-219, historisch als Actinon bezeichnet.

Die Benennung der verschiedenen Emanationen war zunächst uneinheitlich. Nachdem Radon, Thoron und Actinon die Symbole Rn-222, Rn-220 und Rn-219 erhielten, benannte man die Folgeprodukte als Radium A, Radium B, Thorium A usw. Diese Bezeichnungen wurden dann später durch die Isotope der exakten Elemente dahinter ersetzt: also Po-218, Pb-214, Po-216 usw.

Beim Radon handelt es sich um ein in der Natur vorkommendes radioaktives Edelgas, das man in Gesteinen, im Boden, in der Luft und Wasser findet. Innerhalb der verschiedenen Zerfallsreihen von Uran und Thorium entstehen durch α-Zerfall von Radium jeweils andere Radonisotope mit unterschiedlichen Halbwertszeiten (Abb. 9.1): in der U-238-Reihe Rn-222 mit ca. 3,8 d, in der U-235-Reihe Rn-219 mit 3,9 s und in der Th-232-Reihe Rn-220 mit 55 s Sekunden.

Rutherford-Marsden-Experiment

Um der induzierten Radioaktivität auf der Spur zu kommen, führten Rutherford und Ernest Marsden folgendes Experiment durch (veröffentlicht in Philosophical Magazine, Vol. 37 (1919), S. 537 ff.) (Abb. 9.2):

Die Experimentierkammer bestand aus Messing mit zwei Zuflüssen für den Einlass bzw. Abfluss von Gasen. Sie wurde an beiden Enden verschlossen. An dem einen Ende befand sich eine Glasplatte (C), am anderen Ende eine Platte, ebenfalls aus Messing (E). In die Messingplatte war eine kleine Öffnung (S) zur Beobachtung eingefräst. Diese Öffnung konnte ebenfalls verschlossen werden, um α-Teilchen aufzuhalten. Dazu wurden Plättchen

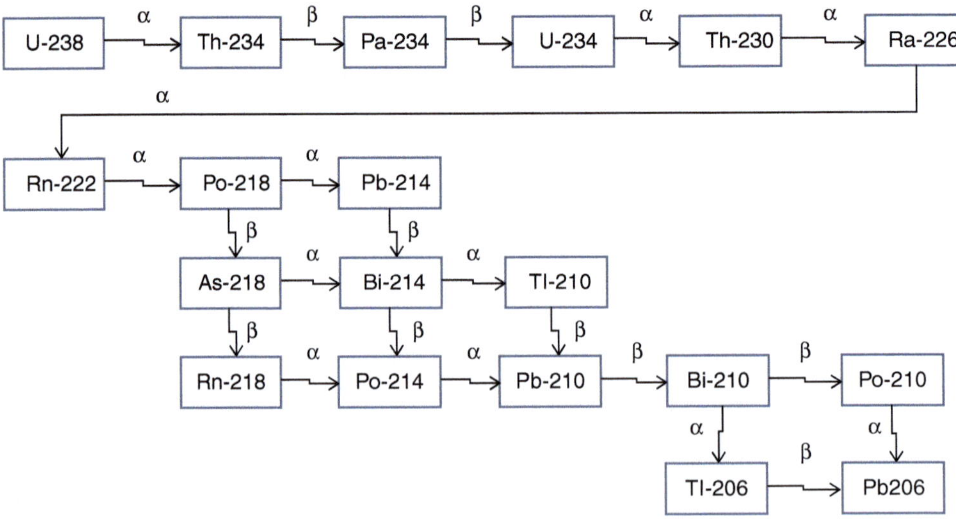

Abb. 9.1 U-238-Zerfallsreihen

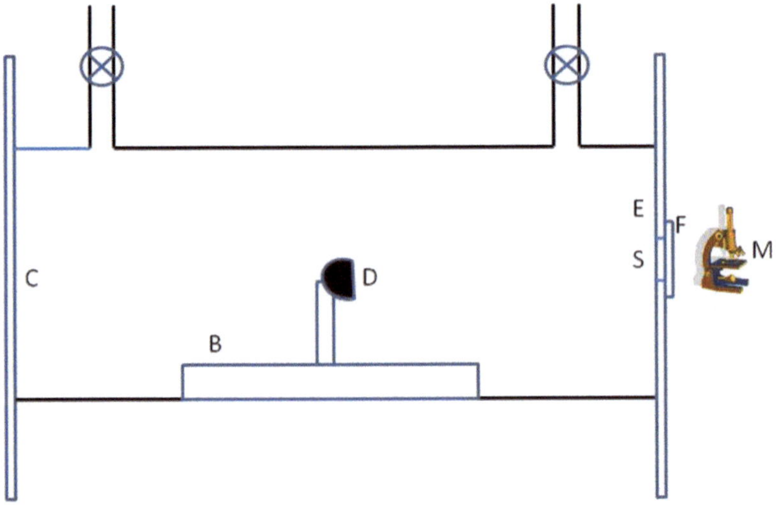

Abb. 9.2 Aufbau des Transmutationsexperiments von Rutherford/Marsden

(F) aus Silber, Aluminium oder Eisen verwandt. Darüber wurde eine Folie aus Zinksulfid als Szintillator gelegt. Die Zinksulfid-Folie wurde durch ein Mikroskop (M) beobachtet, um die Anzahl der Szitillationstreffer zu zählen. Die bei diesem Experiment ebenfalls auftretenden β-Strahlen wurden durch ein magnetisches Feld abgelenkt. Die radioaktive Quelle (D) wurde auf eine Metallschiene (B) montiert

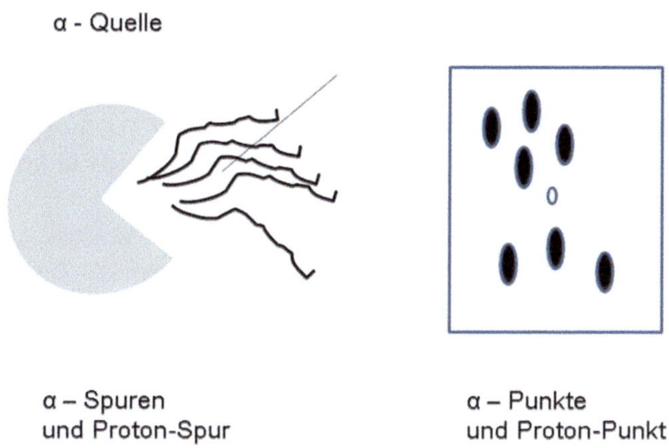

Abb. 9.3 Spuren und fluoreszierende Punkte von α-Teilchen und Protonen

In dem Experiment wurde eine Radium-Quelle verwendet. Indem Rutherford die Kammer mit jeweils unterschiedlichen Gasen befüllte, beobachtete er neben den Effekten von α- und β-Strahlen auch Szintillationsvorgänge, die er auf positive Ladungen wie den Wasserstoffkern zurückführte, die sich von der radioaktiven Quelle lösten, und die man auch bei vollständigem Vakuum erkennen konnte. Durch den Einsatz verschiedener Gase wurden diese Teilchen innerhalb des Gases gestoppt in Abhängigkeit von der Entfernung von der Quelle. Diese Erscheinungen waren ihm nicht neu, da er sie in anderen Zusammenhängen bereits vorher beobachtet hatte.

Dann beschickte Rutherford seine Nebelkammer mit reinem Stickstoff und entdeckte hierbei eine Spur, die sich in eine dünne, lange und in eine dicke, kurze gabelte.

Außerdem erschienen die Szintillationsblitze auf dem Zinksulfid eher wie winzige Punkte im Gegensatz zu den α-Teilchen (Abb. 9.3). Des Weiteren nahm die Intensität der Erscheinungen nicht wie z. B. bei Sauerstoff mit der Entfernung von der Quelle ab, sondern die Signale nahmen zunächst noch zu. Nachdem Rutherford und Marsden durch verschiedene Kombinationen sonstige Verunreinigungen ausgeschlossen hatten, kamen sie zu dem Ergebnis, dass die α-Teilchen mit dem Stickstoff reagiert haben müssten, und zwar auf folgende Weise:

$$_{14}N^7 +_4 He^2 \rightarrow_{17} O^8 + 1H^1 \tag{9.1}$$

oder

$$^{14}N(\alpha,p)^{17}O \tag{9.2}$$

Dabei handelte es sich jedoch nicht um eine chemische Reaktion, sondern um eine kernphysikalische. Das Ergebnis dieses Experiments legte zum ersten Mal nahe, dass ein stabiles Isotop durch Beschuss mit einem anderen Teilchen, in diesem Falle ein Heliumkern, kernphysikalisch umgewandelt werden kann mit als Ergebnis dem Isotop eines völlig anderen Elements.

So schreibt er selbst am Ende seiner Veröffentlichung: „Das Stickstoffatom zerfällt unter der enormen Kraft einer direkten Kollision mit einem α-Teilchen“.

Dann wagt er eine Prophezeiung, dessen Ausmaß ihm damals in keinster Weise bewusst gewesen war:

„Wenn man die große Bewegungsenergie des α-Teilchens, welches vom Radium ausgesandt wird, berücksichtigt, dann scheint es, als wäre der direkte Zusammenstoß solch eines Teilchens mit einem leichten Atom die Ursache für die Zerstörung des letzteren. Die Kräfte, die durch eine solche Kollision auf Kerne wirken, müssen größer sein, als alle bisher bekannten Ursachen .... Die Ergebnisse lassen vermuten, dass bei Beschuss mit α-Teilchen – oder gar anderen Projektilen – mit noch größeren Energien erwartete werden kann, dass die Strukturen vieler Atome gebrochen werden können.“

9.2 Überblick über existierende Verfahren

Das Experiment von Rutherford zeigt bereits, dass es neben in der Natur vorkommenden Transmutationen auch künstlich erzeugte Umwandlungen gibt. Im Kapitel über Radioaktivität am Anfang des Buches ist über die gewaltige Anzahl mittlerweile künstlich erzeugter Radionuklide, die größtenteils als radioaktiver Abfall konditioniert werden müssen, berichtet worden. Neben den Möglichkeiten der Endlagerung, deren sichere Verwahrung über geschichtliche Zeiträume garantiert werden muss, arbeitet die Kernforschung seit den 1990er-Jahren daran, diese Radionuklide in Isotope zu transmutieren, die kürzere Halbwertszeiten haben. In diesem Abschnitt wird ein kurzer Überblick über diejenigen Verfahren gegeben, die sich bereits in der Experimentier- bzw. Erprobungsphase befinden. In den dann folgenden Kapiteln werden ausgewählte Großprojekte und weitere innovative Ansätze vorgestellt.

P&T-Verfahren

Transmutation, d. h. die Umwandlung eines chemischen Elements in ein anderes, war bereits der Traum der Alchemisten. Allerdings lässt sich das mit chemischen Mitteln nicht erreichen. Erst die Kernforschung hat die Wege dazu erschlossen. Alle gegenwärtigen Verfahren basieren auf den Beschuss von Radionukliden, die in Reaktoren eingebracht werden, durch Neutronen, die entweder zu Kernspaltungen oder Neutroneneinfang führen. Bei Spaltungen bewegen sich die Neutronenenergien oberhalb von 1 MeV, da für die in Frage kommenden Radionuklide deren Spalt-Wirkungsquerschnitt anwächst. Zu diesen Radionukliden gehört neben dem Plutonium, das aus vorhandenen Waffenvorräten stammt, die Klasse der minoren Actinoiden, also Neptunium, Americium und Curium. Es gibt daneben Konzepte, die auch Spaltprodukte zum Gegenstand haben und in einem weiteren Kapitel weiter unten beschrieben werden. Bevor jedoch all diese Radionuklide in den

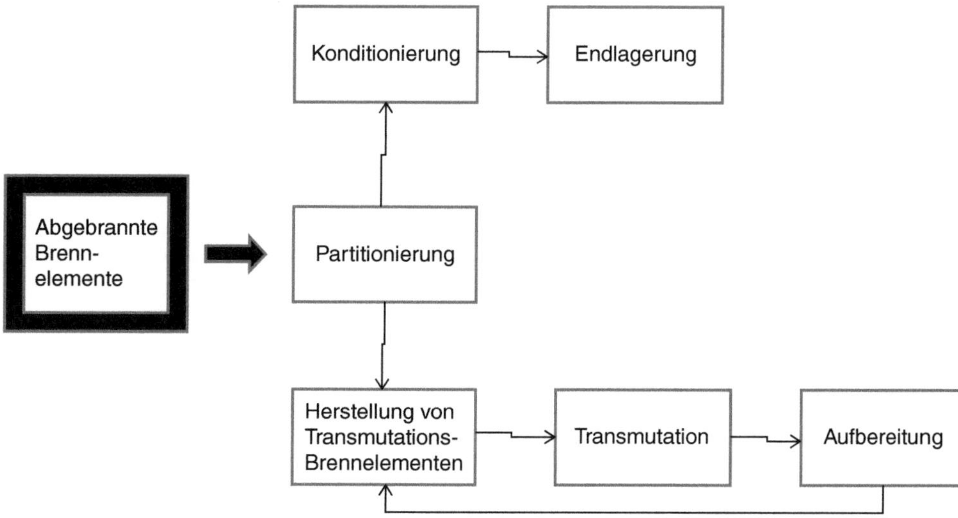

Abb. 9.4 P&T-Zyklus

dafür vorgesehen Anlagen eingesetzt werden können, müssen sie nach einer Zwischenlagerung zuerst aus ihrer Umgebung, z. B. abgebrannten Brennelementen aus Reaktoren, mittels chemischer Verfahren ausgesondert werden. Man spricht deshalb von P&T-Verfahren: Partitionierung und Transmutation (Abb. 9.4). Typischerweise enthalten abgebrannte Brennstoffzellen aus Reaktoren ca. 1 % Plutonium und bis zu 0,2 % minore Actinoide sowie bis zu 6 % Spaltprodukte. Insgesamt zielt der P&T-Ansatz auf eine Verringerung von Plutonium und Beständen der minoren Actinoide.

Bei der Partitionierung werden diese Anteile chemisch getrennt. Dazu sind je nach Element unterschiedliche neuartige chemische Verfahren erforderlich.

Brutreaktoren

Schnelle Neutronen für eine Transmutation werden z. B. in Brutreaktoren erzeugt. Dabei kann es sich auch um kommerzielle Reaktoren zur Energiegewinnung handeln. Da allerdings der Transmutationsreaktor das Plutonium und die minoren Actinoiden verbrennen statt erbrüten soll, ist eine entsprechende Anpassung des Reaktorkerns erforderlich. Man unterscheidet homogene und heterogene Rezyklierung: Bei der homogenen Rezyklierung werden Transmutationsbrennstoffe gleichmäßig im Reaktorkern verteilt, bei der heterogenen Rezyklierung befinden sich die Transmutationstargets beispielsweise an dessen Peripherie. In beiden Fällen müssen aus den partitionierten Stoffen zunächst vorher wieder Brennelemente hergestellt werden. Auf diese Weise erhält man Mischoxid-Brennstoffe mit Uran. Beim Einsatz in Reaktoren entstehen natürlich wiederum neue Transurane. Reine Uran freie Brennstoffe hat man bisher nur im Labormaßstab entwickelt.

Reaktoren der IV. Generation
In der Diskussion sind auch Reaktoren der IV. Generation, die ab 2030 in Betrieb genommen werden sollen, sowie Salzschmelzereaktoren mit Lithiumfluorid als Basis für das Trägersalz. Letztere haben den Vorteil, dass keine festen Brennstoffpellets im Vorfeld produziert werden müssen und im Nachgang eine online-Aufbereitung durch Abtrennung der Spaltprodukte aus dem Salzstrom möglich ist.

Generell lässt sich sagen, dass sich wegen der hohen Wärmeabfuhrleistungen durch die erforderliche hohe Neutronenflussdichte Reaktoren mit Flüssigmetallkühlung eher eignen als solche mit klassischen Kühlmitteln. In Frage kommen hier beispielsweise flüssiges Natrium, flüssiges Blei oder eine Blei-Bismut-Legierung. Ideal wären Isobreeder, d. h. Reaktoren, die ebensoviel neuen Spaltstoff erbrüten wie sie unter Einbeziehung der Verbrennung von minoren Actinoiden bei seinem Betrieb verbrauchen.

Folgende Reaktortypen der IV. Generation sind für schnelle Neutronen im Rahmen des P&T-Verfahrens geeignet:

- Natrium gekühlter schneller Reaktor (Kühlung durch flüssiges Natrium, Uran- oder MOX-Brennelemente; Brutfaktor: 1,2–1,45)
- Blei gekühlter schneller Reaktor (Kühlung durch flüssiges Blei)
- Gas gekühlter schneller Reaktor (Kühlung durch Helium; Brennelemente aus einer Pu-U-Carbid-Mischung mit minoren Actinoiden; Brutfaktor: 1)
- Salzschmelzereaktor TMSR (Thorium Molten Salt Reactor; Thorium-Fluoridsalz-Gemisch)
- Salzschmelzreaktor AHTR (Fluoride Cooled High Temperature Reactor; Brennstoffkügelchen in Grafitblöcken)
- superkritischer Leichtwasserreaktor (Kühlung durch Wasser, Brennelemente aus Oxidkeramik mit minoren Actinoiden).

ADS-Systeme
Des Weiteren können unterkritische Reaktoren, die von Teilchenbeschleunigern getrieben werden, eingesetzt werden: accelerator driven systems (ADS; Abb. 9.5). Die Kritikalität zunächst unterkritischer Konfigurationen wird durch die Bestrahlung von Spallationstargets, in denen ein hoher Neutronenfluss durch Protonenbeschuss aus Linearbeschleunigern oder Ringbeschleunigern entsteht, erreicht. In Blei oder Blei-Bismut gekühlten Reaktoren kann das Kühlmittel gleichzeitig als Spallationsquelle dienen.

Die Reaktorleistung selbst wird bestimmt durch die Kritikalität der zunächst unterkritischen Reaktorkonfiguration in Kombination mit der Ausbeute des Spallationstargets und damit der Anzahl zusätzlicher Neutronen mit Energien > 6 MeV für die Kernspaltung (zwischen 10 und 30 Neutronen/Spallationsreaktion). Beschleunigerenergien und Strahlstärken hängen von der vorgesehenen Reaktorleistung ab und bewegen sich zwischen einigen hundert MeV und 2 GeV. Besondere Beachtung unter Sicherheitsgesichtspunkten

Abb. 9.5 Beispiel eines ADS

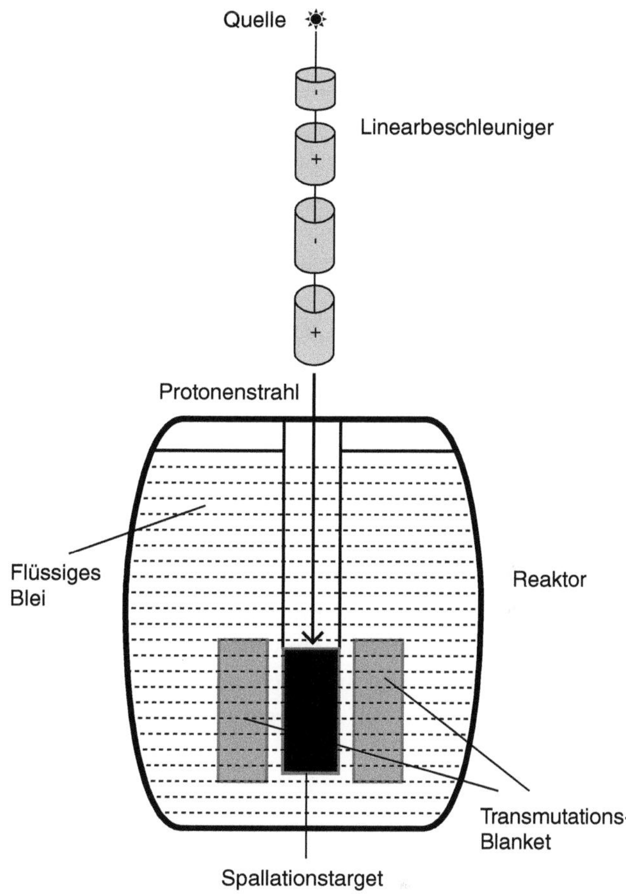

beim Zusammenwirken eines beschleunigergetriebenen Reaktors und dessen Steuerung sind die Rückkopplungseffekte im unter- bzw. überkritischen Zustand, ausgelöst durch die gepulste Zufuhr von Neutronen von außen. Bei einem überkritischen Zustand würde die Reaktorleistung verbunden mit einem Temperaturanstieg exponentiell ansteigen. Die Regulierung des Gesamtsystems kann über die Leistung des Beschleunigerstrahls und über die üblichen Kontrollstäbe im Reaktor erfolgen. Dabei ist sicherzustellen, dass der Beschleunigerstrahl sich innerhalb weniger Sekunden abschalten lässt. Außerdem nimmt die Leistung in einem solchen System mit dem Abstand vom Spallationstarget exponentiell ab. In einem Bestrahlungszyklus wird allerdings nur ein bestimmter Prozentsatz des Transmutationsbrennstoffs umgewandelt, sodass eine Mehrfachrezyklierung erforderlich ist. Die Beschleunigerperformance über einen längeren Zeitraum muss außerdem den Reaktivitätsverlust des Reaktors durch den Abbrand kompensieren.

Zusammenfassend lässt sich sagen, dass folgende Anlagen für ein funktionierendes P&T-Verfahren erforderlich sind:

- eine Wiederaufarbeitungsanlage zur Separation von Plutonium und minoren Actinoiden
- eine Anlage zur Verarbeitung des gewonnenen Materials zu Brennelementen
- die eigentliche Transmutationsanlage (schneller Reaktor oder Beschleuniger getriebener unterkritischer Reaktor mit Spallationstarget)
- Rückgewinnungsanlage für noch nicht transmutiertes Plutonium und minore Actinoide
- Anlage zur Konditionierung von Restabfällen zur anschließenden Endlagerung.

Weitere Voraussetzungen für die eigentliche Transmutationsanlage sind

- ein schnelles Neutronenspektrum wegen der speziellen Eigenschaften der minoren Actinoide
- eine hohe Leistungsdichte, d. h. hohe Neutronenflussdichte
- bei Beschleuniger getriebenen Reaktoren ein hohe Verfügbarkeit (> 80 %)
- die Erfüllung hoher Sicherheitsanforderungen und
- eine effiziente Transmutation.

Unter effizienter Transmutation versteht man, dass innerhalb eines kurzen Zeitraums unter Einsatz weniger Anlagen in wenigen Zyklen viel Transmutationsmaterial umgewandelt wird. Des Weiteren sollte die Umwandlungsrate gegenüber der Neubildungsrate möglichst groß sein. In allen bisher besprochenen Transmutationssystemen findet eine hohe Strahlenbelastung statt, sodass entsprechende strahlungsresistente Strukturmaterialien erforderlich sind.

Spallation
Bei der Kernspaltung wird ein Atomkern nach Einfang eines einkommenden Neutrons in zwei annähernd gleich große Bruchstücke unter Aussendung von 2–3 weiteren Neutronen zerlegt. Voraussetzung dafür ist ein Kern mit einem geeigneten Spaltwirkungsquerschnitt mit entsprechenden Resonanzen im thermischen oder unteren MeV-Bereich. Dabei handelt es sich um Thorium-, Uran- oder Plutonium-Isotope mit ungerader Neutronenzahl. Es gibt aber noch eine weitere Art, solche oder andere Atomkerne, z. B. die von flüssigem Blei, einem nicht-spaltbaren Material, zu zerlegen – und zwar in mehrere Bruchstücke und viele freie Neutronen. Das Verfahren wird als Spallation (Abb. 9.6) bezeichnet. Bei der Spallation wird ein Zielkern mit einem Elementarteilchen, z. B. einem Proton, hoher Energie (> 100 MeV) aus einem Teilchenbeschleuniger beschossen. Das einkommende Geschoss agiert zunächst mit Nukleonen des Zielkerns, die dann kaskadenartig mit ihren Nachbarnukleonen im Kern reagieren, die daraufhin den ursprünglichen Kern verlassen. Das geschieht in 10^{-22} s. Die Energie der austretenden Nukleonen kann der des eintretenden Teilchens betragen. Der Restkern ist hoch angeregt, sodass in den folgenden 10^{-16} s weitere Emissionen von 20–30 Neutronen mit Energien bis zu 10 MeV erfolgen. Diesen Reaktionsschritt nennt man „abdampfen“. Da das ursprüngliche Geschossteilchen aus einem gepulsten Beschleuniger stammt, entsteht hier ebenfalls ein gepulster Neutronenfluss. Zurück bleibt ein radioaktiver Restkern.

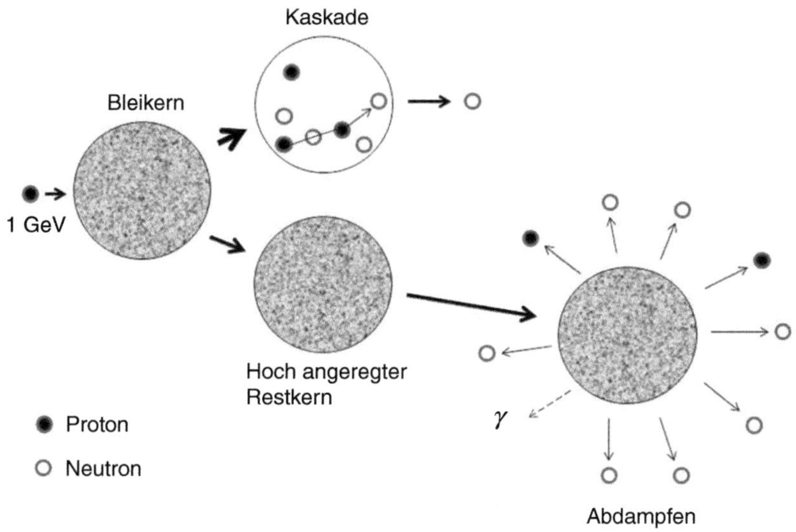

Abb. 9.6 Spallation

9.3 Zusammenfassung und Stand der Entwicklungen

Die in diesem Überblick vorgestellten Verfahren sind größtenteils theoretische Möglichkeiten, die bisher das Niveau industrieller Produktion noch nicht erreicht haben. Großtechnisch eingesetzt wird das PUREX-Verfahren zur Abtrennung von Uran und Plutonium aus abgebrannten Brennelementen. Für die minoren Actinoide müssten entsprechende Verfahren entwickelt werden. Getestet wurde der GANEX-Prozess zur Rezyklierung von Transuranen im Labor, ebenfalls die Abtrennung von Americium und Curium im DIAMEX-Prozess. Industrielle Erfahrungen gibt es bei der Herstellung von MOX-Brennstoffen aus Uran und Plutonium. MOX-Brennstoffe mit zusätzlichen Anteilen minorer Actinoide sind erst im Labor getestet worden. Für den Einsatz des Schnellen Brüters liegen umfangreiche Erfahrungen mit Natrium-Kühlsystemen vor, sodass vorhandenen Anlagen schon in naher Zukunft für Transmutationen in einer Demonstrationsphase genutzt werden können. Experimentelle Reaktoren mit Bleikühlung befinden sich im Bau in Russland (s. u.). Bzgl. ADS, also Beschleuniger getriebene unterkritische Reaktoren, existiert bisher keine Prototypanlage; existierende Projekte befinden sich in der Konzeptionsphase (s. u.). Erste Erfahrungen mit Stand-alone-Spallationsquellen liegen vor (s. u.). Die Tab. 9.1 gibt einen Überblick über den Stand der Technik.

Die bisherigen Betrachtungen zur Transmutation bezogen sich im Wesentlichen auf Uran, Plutonium und minore Actinoide. Von großem Interesse beim Management von radioaktiven Abfallstoffen sind natürlich weitere Isotope, die eine Halbwertszeit von mehr als 30 Jahren haben. Dazu gehören bestimmte Spaltprodukte, die etwa 6 % des Gesamtvolumens ausmachen. Diese haben einerseits lange Halbwertszeiten, andererseits – und das

Tab. 9.1 Stand der Entwicklungen

	Grundlagenforschung	Nachweis der Machbarkeit	Industrieller Einsatz
Abtrennung Uran und Plutonium			X
MOX-Fertigung			X
Natrium gekühlter Schneller Brüter			X
Natrium gekühlter Schneller Brüter mit minoren Actinoiden		X	
Beschleuniger getriebene Systeme	X		

Tab. 9.2 Einige wichtige Spaltprodukte mit ihren Halbwertszeiten

Isotop	Halbwertszeit [Mill. Jahre]
^{79}Se	0,327
^{93}Zr	1,61
^{99}Tc	0,211
^{107}Pd	6,5
^{126}Sn	0,23
^{129}I	15,7
^{135}Cs	2,3

liegt in der Natur der Sache – nur eine geringe Radioaktivität. Betrachtet man die Entwicklung der Radioaktivität dieser wenigen relevanten Spaltprodukte, so stellt man fest, dass nach etwa einhundert Jahren deren Gesamtradioaktivität stark abfällt. Nach 500 Jahren beträgt sie etwa ein Tausendstel derjenigen der minoren Actinoide oder ein Fünfzigstausendstel dessen bei der Entladung aus dem Reaktor. Tab. 9.2 fasst die wesentlichen Spaltprodukte zusammen, die zu diesen Überlegungen beitragen.

Von den Spaltprodukten sind lediglich ^{93}Zr, ^{99}Tc, ^{107}Pd, ^{129}I, ^{135}Cs geeignete Kandidaten für eine Transmutation nach den oben beschriebenen Verfahren. Nichtspaltbare Actinoide können durch Neutronenbeschuss in spaltbare Nuklide umgewandelt und dann gespalten werden.

Eine andere Transmutationsphilosophie basiert auf der Idee, dass ^{233}U erzeugt und gleichzeitig Pu und minore Actinoide, die aus dem Pu generiert werden, verbrannt werden. Dieses Verfahren basiert auf der Anwendung eines harten Neutronenspektrums aus der Spallationsquelle in Kombination mit einem unterkritischen System mit Thorium als Brutmaterial, Plutonium als Spaltmaterial und flüssigem Blei als Target und Kühlmittel. In einer solchen Konfiguration würden ^{233}U erbrütet sowie Plutonium und minore Actinoide verbrannt. Abb. 9.7 zeigt das Flussbild eines solchen Prozesses.

Weiter unten wird ein weiteres Verfahren vorgestellt, mit dem Spaltprodukte transmutierte werden können (Spaltprodukt-Transmutator).

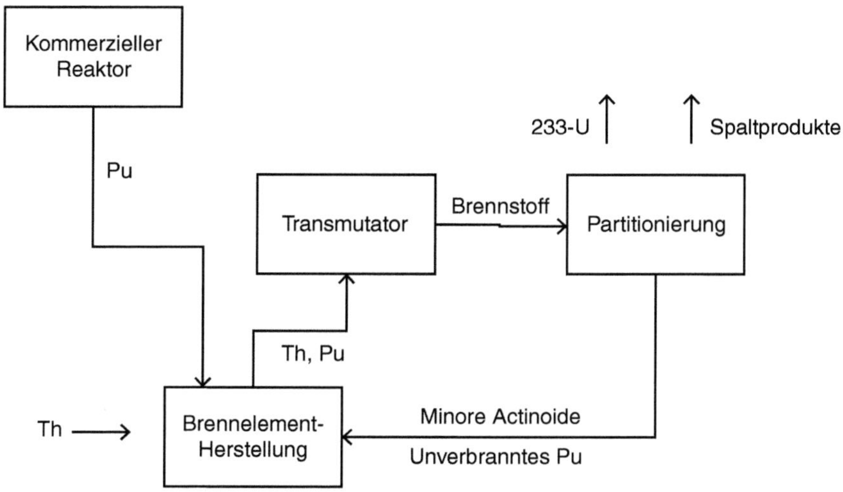

Abb. 9.7 Schema eines geschlossenen Kreislaufs zur Erzeugung von ^{233}U und Plutonium-Verbrennung

Transmutation: ausgewählte Projekte mit minoren Actinoiden 10

Einleitung

In fast allen Ländern, in denen die Erzeugung von Elektrizität durch Kernenergie eine Rolle spielt, existieren theoretische Überlegungen und experimentelle Forschungsvorhaben zgl. des Brennstoffzyklus, der Beschaffenheit von Brennelementen und der Transmutation von minoren Actinoiden, insbesondere der Verwendung von Pu. Zu diesen Ländern gehören: Belgien, China, Frankreich, Deutschland, Indien, Italien, Japan, Niederlande, Polen, Russland, Südkorea, Tschechien, Ukraine, USA und das Vereinigte Königreich. Im Laufe dieses Kapitels werden einige der wichtigsten Forschungsvorhaben vorgestellt.

10.1 Phenix

Eine zukünftige Transmutationsanlage muss ein schnelles Neutronenspektrum, eine hohe Leistungsdichte und – im Falle eines Reaktors – ein extrem effizientes Kühlmedium aufweisen, um eine hoch effiziente und sichere Transmutation gewährleisten zu können. Bisher durchgeführte Nachweise zur Verbrennung von minoren Actinoiden wurden im natriumgekühlten Schnellen Reaktor PHENIX (Marcoule, Frankreich) geführt. Der Reaktor stammt aus den 1970er-Jahren und war ursprünglich nicht auf Transmutation, sondern auf das Brüten von Spaltstoffen ausgelegt.

PHENIX ist mittlerweile stillgelegt. Sein ursprünglicher Haupteinsatz war nicht nur als Experimentalreaktor und Vorläufer des später gescheiterten Super-PHENIX, sondern als Lieferant kommerziellen Stroms. Er wurde betrieben von der EdF (Electricité de France) und dem CEA (Commissariat à l'énergie atomique). Der Betrieb von Super-PHENIX begann 1990 und dauerte mit Unterbrechungen bis 1997. Während seiner letzten Phase diente er als Experimentierbett u. a. für die Transmutationsforschung.

W. Osterhage, H. Frey, *Transformation radioaktiver Abfälle*, Energie in Naturwissenschaft, Technik, Wirtschaft und Gesellschaft,
https://doi.org/10.1007/978-3-658-38519-4_10

Die elektrische Nettoleistung von PHENIX betrug 233 MW (242 brutto), die thermische Leistung 563 MW.

Dieser Experimentalreaktor hat exzellente Betriebsergebnisse geliefert. Die technischen Möglichkeiten für die Transmutation von Plutonium und Actinoiden, wie Americium und Curium, wurden im PHENIX durch umfangreiche Bestrahlungsexperimente im Labormassstab nachgewiesen.

Ein Problem dieser Anlagen ist die hohe Strahlenbelastung der Strukturmaterialien. Für Anlagenkomponenten mit geringer Strahlenbelastung ist der austenitische Stahl 316L, der auch im PHENIX eingesetzt wurde, vorgesehen. Für Komponenten mit hoher Strahlenbelastung wie z. B. Hüllrohre und ein Spallationstarget wird der austenitische Stahl 15-15 Ti stabilisiert, wie ebenfalls im PHENIX-Reaktor, verwendet.

Die thermohydraulischen Verhältnisse in natriumgekühlten schnellen Reaktoren wurden experimentell ebenfalls am PHENIX in zahlreichen Experimenten untersucht. Damit stehen umfangreiche Erkenntnisse und Messungen aus dem Betrieb einer realen Leistungsanlage zur Verfügung.

Eine weitere Herausforderung besteht in der Herstellung von Kernbrennstoffen mit Targets aus minoren Actinoiden. Auch dazu fanden Tests im PHENIX statt. Verwendet wurden Americium haltige MOX-Brennstoffe. Untersucht wurden auch Magnesiumoxid-Brennstoffe, die aus einer Mischung aus Magnesiumoxid und Actinoidenoxid bestanden, auch als CERCER bezeichnet.

Nach der Abschaltung des PHENIX-Reaktors in Frankreich im Jahre 2010 steht zurzeit (2021) in der EU keine Bestrahlungseinrichtung mit schnellem Neutronenspektrum mehr zu Verfügung.

10.2 EUROTRANS

Neben PHENIX und ähnlichen Reaktoren gibt es einen weiteren Reaktortyp als Hauptoption für die Spaltung von Transuranen. Dazu gehört der EFIT-Reaktor (European Demonstration Facility for Industrial Transmutation), ein unterkritisches ADS mit flüssigem Blei als Kühlmittel, der im Rahmen des Projekts EUROTRANS entwickelt wurde. EUROTRANS war Bestandteil des angeschlossenen 6. Forschungsrahmenprogramms von EURATOM und damit das größte Verbundvorhaben zum Themenkomplex P&T. Beteiligt waren 31 Partner, darunter Forschungseinrichtungen und Unternehmen der Kerntechnik sowie 16 Universitäten. Es handelte sich um ein Fünfjahresprogramm von 2005 bis 2010 als Anschluss an das 5. Forschungsrahmenprogramm, welches einen vorläufigen Entwurf für ein experimentelles ADS (XT-ADS) zum Ziel hatte.

In Tab. 10.1 sind die grundsätzlichen Eigenschaften von XT-ADS und EFIT zusammengefasst (EFIT ist das Folgeprojekt von MYRRHA; s. u.):

Im Rahmen des EUROTRANS-Programms wurden die Aktivitäten in fünf technische Domänen aufgeteilt:

Tab. 10.1 Vergleich XT-ADS und EFIT

Anlage	XT-ADS	EFIT
Zielsetzung	Demonstration des Gesamtkonzeptes und der Transmutationsfähigkeit; Bereitstellung einer Bestrahlungsanlage	Maximierung der Transmutationseffizienz; Handhabung und Wartung; hohe Verfügbarkeit
Leistung	10–100 MW_{th}	mehrere 100 MW_{th}
Kritikalität	$k_{eff} \sim 0,95$	$k_{eff} \sim 0,97$
Protonenstrahl	600 MeV; 2,5 mA	800 MeV; 20 mA
Brennstoff	MOX	minore Actinoide
Kühlung	Blei-Bismut	Blei

- Experimente im kleinen Maßstab, um die Kopplung zwischen Beschleuniger und Reaktor zu testen
- Testen eines Spallationstargets mit einem unterkritischen Reaktorkern
- Untersuchungen von neuen Brennstoffen zur Transmutation
- Untersuchungen von möglichen Strukturmaterialien und Flüssigmetallkühlung
- Sammlung von Nukleardaten.

Im Rahmen dieses Programms wurde eine Vielzahl von Targets und Brennstoffen auf ihre Brauchbarkeit in einem integrierten P&T-System untersucht.

Als Brennstoff für EFIT ist eine Plutoniumoxid-Americiumoxid-Molybdän-Komposition aus $(Pu, Am)O_{2-x} - {}_{92}Mo$ (93 Prozent Anreicherung) vorgesehen. Dieser als CERMET bezeichnete Brennstoff erfüllt viele Herstellungskriterien und Sicherheitsaspekte beim Betrieb. Magnesium-Oxid und abgereichertes metallisches Molybdän wurden als inerte Matrix untersucht mit Zirkoniumdioxid und Zirkoniumnitrat als Alternativen. Die Erkenntnisse, die im Rahmen der EUROTRANS-Forschung gewonnen wurden, sind gleichzeitig die Basis für die thermohydraulische Auslegung von Transmutationstargets, die Entwicklung einer entsprechenden Kernauslegung und Brennstoff-Konfiguration für das Zukunftsprojekt MYRRHA (s. u.) mit Blei-Bismut als Kühlmittel. Wichtige Daten dazu wurden im begleitenden Spallationstarget-Großversuch MEGAPIE (s. u.) gewonnen. Zukünftige Spallationstargets sind aus flüssigem Metall vorgesehen.

10.3 MYRRHA

Im belgischen Forschungszentrum SCK CEN in Mol wird das erste Demonstrations-ADS zur Transmutation minorer Actinoide errichtet. Es handelt sich um die größte Anlage ihrer Art weltweit. Das Projekt wird maßgeblich von der Europäischen Kommission finanziert. Dabei arbeiten eine Reihe europäischer und nicht-europäischer Forschungsinstitute zusammen.

Erste Arbeiten begannen bereits im Jahre 1998. Wesentliche Aspekte sind die Erprobung von flüssigem Schwermetall als Kühlung und gleichzeitig als Spallationsquelle sowie die Erforschung der Sicherheitsparameter, die Demonstration der technischen Machbarkeit einer Schwermetall gekühlten ADS-Anlage sowie die von unterkritischen Reaktorsystemen.

Myrrha soll dabei die folgenden vier Aufgabenbereiche abdecken:

- Erfahrung sammeln mit einer Blei-Bismut-Kühlung
- Demonstration der Machbarkeit eines vollständigen ADS-Konzeptes bestehend aus einem Beschleuniger, einem Spallationstarget und einem unterkritischen Reaktor. (Durch die Subkritikalität des Reaktors wird die Kettenreaktion lediglich durch den Beitrag des Teilchenbeschleunigers aufrechterhalten. Durch Anhalten des Protonenstrahls kommen die Spaltvorgänge automatisch zum Erliegen.)
- Demonstration effizienter Transmutation radioaktiver Abfälle
- Bereitstellung einer flexiblen Bestrahlungsquelle, um innovative Brennstoffzellen zu entwickeln.

Basierend auf den Erfahrungen mit diesem Demonstrationsprojekt MYRRHA soll dann das vollindustrielle System EFIT (European Facility for Industrial Transmutation) gebaut werden.

Nach den Voruntersuchungen im Rahmen von EUROTRANS ist als Kühlmittel für die MYRRHA-Anlage (**M**ultipurpose h**Y**brid **R**esearch **R**eactor for **H**igh-tech **A**pplications) ein Bei-Bismut-Eutektikum vorgesehen, obwohl in Europa die besten Erfahrungen für flüssiges Natrium vorliegen. Als Brennstoff sollen MOX-Elemente dienen. Simulationen haben gezeigt, dass bis zu 30 % minore Actinoide als Spezialbrennstoff hinzugefügt werden können. Der zugehörige Beschleuniger wird ein teilweise supraleitender 400 m langer Linearbeschleuniger mit Protonenenergien von 17 MeV, gefolgt von einer supraleitenden Kavitätenkonfiguration, die in letzter Stufe die Protonen, die dem Reaktorbehälter zugeführt werden, auf 600 MeV Endenergie bringen soll, bei einer Strahlstärke von 2–4 mA (Abb. 10.1). Gegenwärtig wird der Injektor im Cyclotron Resource Centre (CRC) an der Université Catholique in Louvain-la-Neuve getestet, bevor er in SCK CEN in Mol eingebaut wird.

Aus Verfügbarkeitsgründen sind Beschleuniger und einige Kavitäten am Ende der Ausbaustrecke redundant ausgelegt. Um die Kritikalität des Reaktors zu bestimmen, muss der Protonenstrahl jeweils für etwa 0,2 ms unterbrochen werden. Das ist erforderlich, um das Verhältnis von prompten zu verzögerten Neutronen zu messen. Die Strahlunterbrechung hat allerdings Auswirkungen auf das Verhalten der supraleitenden Kavitäten. Die dazu erforderliche Hochfrequenzregelung ist Gegenstand weiterer Forschungen. Myrrha ist auch ein Meilenstein für den ADS-Demonstrationsreaktor ASTRID in Cadarache (Süd-Frankreich) (s. u.) und der Pilotanlage für die Entwicklung des bleigekühlten Reaktors ALFRED in Mioveni in Rumänien.

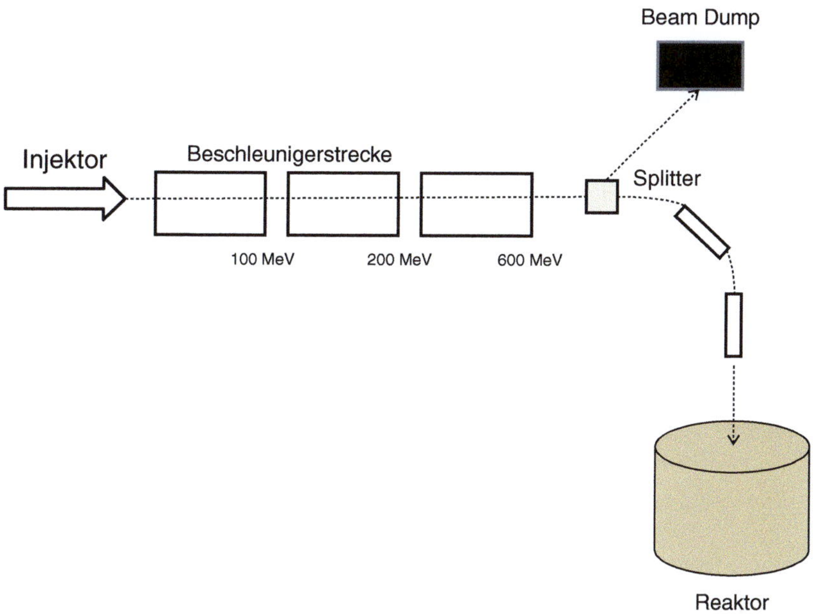

Abb. 10.1 Myrrha-Konfiguration

Gegenwärtig wird am Kerndesign des Reaktors gearbeitet – ohne zunächst die minoren Actinoide einzubeziehen. Das Hauptaugenmerk liegt jedoch auf der Entwicklung des Beschleunigers und der Schnittstelle zum Targetsystem. Vor dem Hintergrund der Anlagenverfügbarkeit steht die Forderung im Raum, dass während eines dreimonatigen Betriebszeitraums nur eine Strahlausfallhäufigkeit unterhalb von zehn Beam-Trips mit weniger als jeweils 3 s Dauer toleriert werden dürfen. Gesteuert wird die ADS-Assembly einerseits durch das Abschaltsystem des Beschleunigers, andererseits durch die klassische Reaktorregelung mittels Steuerstäbe. Dabei kommt es auf das genaue Austarieren von k_{eff} an, um einerseits die erforderliche Unterkritikalität zu gewährleisten, andererseits überkritische Leistungserhöhung des Reaktors zu verhindern.

MYRRHA verfügt über einen hohen Neutronenfluss mit einem breiten Energiespektrum von thermischen Neutronen bis zu hochenergetischen. Die Anlage soll im Jahre 2026 in Vollbetrieb gehen.

Abb. 10.2 zeigt einen Schnitt durch den Reaktorbehälter [1]. Tab. 10.2 gibt einige charakteristische Daten wieder.

Der endgültige Startschuss zum Bau von MYRRHA wurde am 7. September 2018 durch die belgische Regierung gegeben. Der Aufbau erfolgt in drei Phasen:

- Phase 1 bis 2026: Konstruktion und Test der ersten LINAC-Teilstrecke (bis 100 MeV)
- Phase 2 bis 2033: Erweiterung der LINAC-Leistung auf 600 MeV
- Phase 3 bis 2036: Aufbau des Reaktors

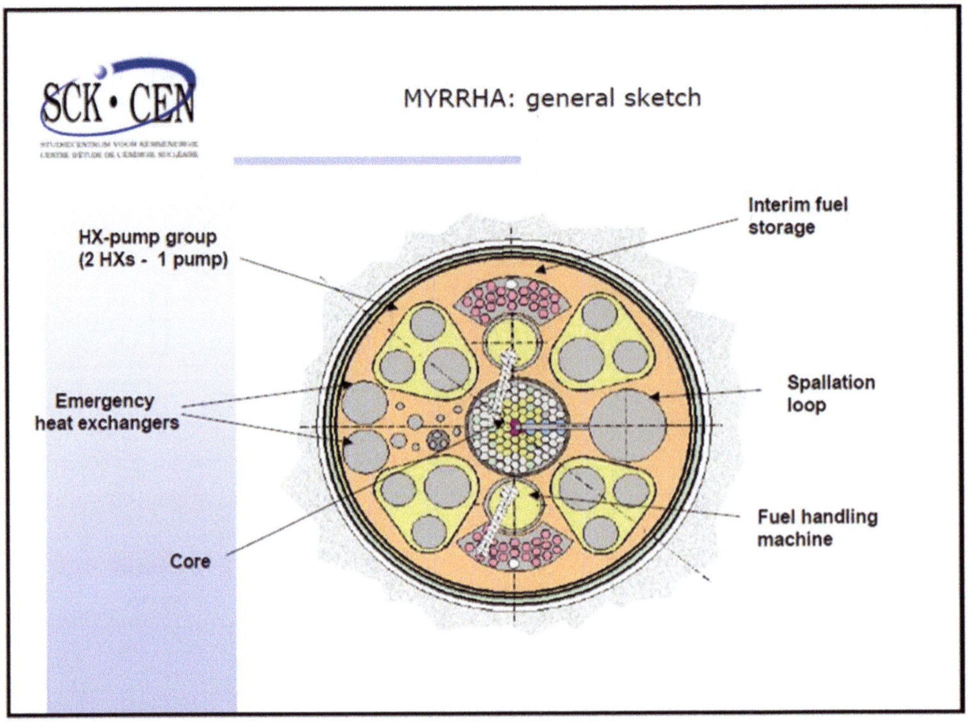

Abb. 10.2 Schnitt durch den Myrrha-Reaktorbehälter (E. Malambu, B. Arien, SCK CEN, Boeretang 200, Mol, Belgien, 2004)

Tab. 10.2 Eckdaten des MYRRHA-Reaktors [1] s. Abb. 10.2

Reaktorkennzahlen	Dimensionen
Kerndurchmesser	1000 mm
Kernhöhe	1800 mm
Behälterdurchmesser	4400 mm
Behälterhöhe	7000 mm
Nennleistung	52 MW, maximal 100 MW_{th}
Druck	atmosphärisch
Kühlmittel	7800 t Blei-Bismut
Kühlmittel-Eingangstemperatur	200 °C
Kühlmittel-Ausgangstemperatur	337 °C

10.4 BN-800

Am 10.12.2015 ging im Kernkraftwerkskomplex in Beloyarsk in der Region von Swerdlovsk die vierte Einheit ans Netz. Dabei handelte es sich um den schnellen Brutreaktor BN-800 mit einer Leistung von 789 MW_e. Seine Brennelemente bestehen aus einem Mix von Uran und Plutoniumoxyd (MOX) aus abgerüsteten Atomsprengköpfen. Der BN-800 folgt dem seit mehr als 38 Jahren betriebenen Natrium gekühlten BN-600 Reaktor. Auch das Nachfolgemodell BN-1200 befindet sich bereits in der Planung.

Die Transmutation von minoren Actinoiden mit einem modifizierten Coredesign des BN-800 ist mittlerweise demonstriert worden. Gegenwärtige Forschungen konzentrieren sich auf die Erhöhung des Durchsatzes und damit der erforderlichen Anpassung des Brennstoffmixes. Das hat zum Ersatz axialer und radialer Brutzonen durch nicht brütende Mäntel geführt. Faktisch wurde der Brüter zu einem Plutonium-Verbrenner umgerüstet.

Auf der Tagung „Studies of Advanced Reactor Technology Options for Effective Incineration of Radioactive Waste", eines IAEA Coordianted Research Projects (CRP) in Hefei im Jahre 2004 wurden die Charakteristika des Kerndesigns des BN-800 vorgestellt (Tab. 10.3) [2]:

Wie aus der Tabelle hervorgeht, besteht der Core-Brennstoff aus einer Mischung von Thorium- und Plutoniumoxyd mit Oxyden von minoren Actinoiden (Np, Am, Cm). Das Plutonium wurde russischen Druckwasserreaktoren entnommen und setzt sich wie folgt zusammen (Tab. 10.4):

Die Zusammensetzung des Brennstoffanteils aus minoren Actinoiden ist aus Tab. 10.5 ersichtlich.

Das Reaktor-Core ist in drei radiale Zonen unterteilt (LEZ, MEZ, HEZ), um die Leistungskurve einzuebnen. Diese Zonen sind mit unterschiedlichen Plutoniumkonzentrationen bestückt. Das Thoriumdioxyd dient als Material für die axialen und radialen Brutzonen.

Tab. 10.3 Core Charakteristika des BN-800

Core Charakteristika	Kenngröße
Nennleistung	2100 MW_{th}
Anzahl Brennelement mit niedriger Anreicherung (LEZ)	210
Anzahl Brennelement mit mittlerer Anreicherung (MEZ)	156
Anzahl Brennelement mit hoher Anreicherung (HEZ)	150
Core Radius (effektiv)	123,6 cm
Core Höhe (effektiv)	96,4 cm
Brennstoff	ThO_2 + PuO_2 + minore Actinoide
Brutmaterial	UO_2/ThO_2

Tab. 10.4 Plutoniumzusammensetzung

Isotop	Anteil [%]
^{238}Pu	0,9
^{239}Pu	61,0
^{240}Pu	22,0
^{241}Pu	10,9
^{242}Pu	4,1
^{241}Am	1,1

Tab. 10.5 Zusammensetzung der minoren Actinoiden

Isotop	Anteil [%]
^{237}Np	57,1
^{241}Am	27,5
^{242}Am	0,05
^{243}Am	11,8
^{242}Cm	0,02
^{243}Cm	0,03
^{244}Cm	3,3
^{245}Cm	0,2

Zurzeit ist es möglich, im BN-800 eine Transmutation für die Menge von minoren Actinoiden vorzunehmen, die in einem Jahr in einem 1 GW-Kraftwerk anfallen. Durch weitere Design-Optimierungen des Cores soll dieser Output kontinuierlich erhöht werden.

10.5 Transmutation durch Teilchen-Beschuss

Bisher haben wir uns mit der Transmutation von minoren Actinoiden durch Beschuss mit schnellen Neutronen aus Spallationsquellen befasst. Denkbar ist aber auch eine andere Methode, die zu einer Spallation der Kerne von minoren Actinoiden selbst führt: der Beschuss von minoren Actinoiden durch relativistische leichte Teilchen (0,8c), wie z. B. Protonen oder α-Teilchen. In diesem Falle werden die schweren Targetkerne aufgebrochen und in eine Vielzahl kurzlebiger Fragmente zerlegt. Die Wahrscheinlichkeit, dass eine solche Reaktion bei bestimmten Energien erfolgt, wird durch den Transmutationsquerschnitt festgelegt. Die Gesellschaft für Schwerionenforschung in Darmstadt (GSI) hatte zur Bestimmung dieser Transmutationsquerschnitte dazu im Jahre 1994 ein Patent in Deutschland angemeldet, es aber zwischenzeitlich wieder auslaufen lassen.

Die Transmutation selbst würde nach diesem Vorschlag mit inverser Kinematik erfolgen: die zu transmutierenden Kerne würden in einem Beschleuniger auf eine Energie von 1 GeV/u gebracht, um anschließend mit leichteren Kernen (^{12}C, ^{9}Be, ^{2}H, ^{1}H) zu kollidieren. In dem angedachten Verfahren zur Bestimmung der Transmutationsquerschnitte würden ^{238}U und ^{232}Th zur Anwendung kommen, die Querschnitte selbst würden durch die Messung von magnetischer Steifigkeit, Flugzeit und Energieverlust bestimmt.

10.5.1 ADNA

Im Jahre 1998 kam C. D. Bowman nach Langzeit-Modellrechnungen zu dem Ergebnis, dass ein ADS mit einem thermischen Spektrum Vorteile gegenüber einem mit schnellen Neutronen hätte. Zugrunde lag eine Vergleichsrechnung zwischen Bowmans Patent für sein ADNA System (Los Alamos) mit thermischen Neutronen sowie Daten, die im Rahmen des

MSRE-Programms in Oak Ridge (MSRE: Molten Salt Reactor Experiment) gewonnen worden waren, und einer Konfiguration mit schnellen Neutronen unter der Leitung von Carlo Rubbia im CERN. Die technologische Basis für diese Langzeitbetrachtungen war die Struktur der US-amerikanischen Energieversorgung und deren geografische Verteilung. Langjährige Erfahrungen mit Flüssigmetall oder Natrium gekühlten Reaktoren wie in Europa lagen der Studie nicht zugrunde.

Das Prinzip des ADNA Systems beruht auf der Verwendung eines Salzschmelzereaktors. Die Herstellung spezieller Brennelement ist dafür nicht erforderlich. Vorab findet das Fluorisieren des radioaktiven Abfalls aus z. B. einem LWR statt. Danach erfolgt die Absonderung von Uran und den Spaltprodukten, bevor das Plutonium und die minoren Actinoide in ein flüssiges Eutektikum von $NaF\text{-}ZrF_4$ eingeleitet werden. Am Ende des Transmutationsprozesses erhält man radioaktiven Abfall, der ohne weitere Verarbeitung – nach einer Abklingperiode – in speziellen Behältern einer geologischen Endlagerung zugeführt werden kann. Alternativ könnte man die nochmals entstandenen Spaltprodukte wiederum separieren und die verbliebenen minoren Actinoide einem weiteren ADS-Prozess zuführen.

Bowman sieht die Vorteile eines thermischen Spektrums gegenüber einem Spektrum mit schnellen Neutronen im höheren Spaltwirkungsquerschnitt der minoren Actinoiden bei niedrigen Energien. Langzeitberechnungen führen zu kürzeren Lebenszyklen und Zwischenlagerungszeiten. Allerdings sind auch die Absorptionsquerschnitte bei niedrigen Energien höher, sodass Neutronen durch Einfang verloren gehen. Um die resultierenden Isotope zu separieren, bieten sich Systeme mit flüssigem Brennstoff an, da dann nicht nach jedem Zyklus neue Brennelemente produziert werden müssen.

Vor einigen Jahren wurde das ADNA-Konzept unter dem Namen GEM*STAR erweitert. Das Entwicklungskonzept von GEM*STAR beinhaltet neben einem Salzschmelzereaktor auch einen supraleitenden Protonenbeschleuniger.

10.5.2 ISTC Projekte

Im Rahmen der nuklearen Abrüstung wurde seit 1992 durch das ISTC (International Science and Technology Center in Moskau) eine Reihe von Projekten zur Transmutation von Waffen-Plutonium initiiert. Diese Untersuchungen, die den Charakter von Grundlagenforschung haben, basieren auf ADS Technologien und beziehen auch andere minore Actinoide mit ein. Die Experimente hatten im Wesentlichen die folgenden Ziele:

- Untersuchungen der kinetischen Eigenschaften eines flüssigen Pb-Bi-Eutektikums
- Bestimmung der Spaltquerschnitte für hohe und mittlere Neutronenenergien von Np-, Pu-, Am- und Cm-Isotopen
- Bestimmung der thermischen Wirkungsquerschnitte für Neutronen indizierte Spaltung und Neutroneneinfang von ^{238}Np
- Messung der Spektra von prompten Neutronen von Th, U, Np und Pu nach Bestrahlung durch 40–200 MeV Protonen

- Messung der spektralen Eigenschaften von Sekundärteilchen aus Targets unter Bombardement von 0,5–2,0 GeV Protonen
- Messung von Produktionsquerschnitten stabiler und langlebiger Kerne nach Protonenwechselwirkungen mit verschiedenen leichten Kernen
- Untersuchung der Neutronenfelder auf den äußeren Oberflächen von dicken Targets unterschiedlicher Geometrien und Zusammensetzungen, die elektro-nukleare Target-Konfigurationen simulieren.

Die folgenden technischen Anlagen wurden für diese Untersuchungen eingesetzt:

- schnelle kritische Konfigurationen (BIGR, BIR) im VNIIEF (Kerntechnischen Zentrum des Gesamtrussischen Wissenschaftlichen Forschungsinstituts für Experimentalphysik der Russischen Föderation) in Sarov
- der EGP-10 elektrostatische Beschleuniger, ebenfalls am VNIIEF
- der MAKET Schwerwasserreaktor am Staatlichen Wissenschaftlichen Zentrum des Instituts für Theoretische und Experimentelle Physik der Russischen Föderation ITEP in Moskau
- das 10 GeV Protonen-Synchrotron, ebenfalls am ITEP
- das 200 MeV Protonen-Zyklotron an der Universität von Uppsala in Schweden
- eine Anzahl hoch-angereicherter Proben von Transuranen, die mit dem SM-2-Separator am VNIIEF hergestellt wurden

Auch am Vereinigten Institut für Kernforschung in Dubna, in der Nähe von Moskau, wurden Forschungsaktivitäten im Rahmen von ADS durchgeführt. Dabei ging es um Vorhaben der Grundlagenforschung. Der Fokus lag auf der Ermittlung nuklearer Daten, im Wesentlichen die Messung von Wirkungsquerschnitten für Spallation und Transmutation. Bei dem Beschleuniger handelte es sich um das dortige Nuclotron für Hohe Energien. Verwendet wurden Proben von ^{237}Np und ^{241}Am. Neutronenerzeugung erfolgte durch Beschuss eines Blei-Targets durch GeV-Protonen. Das schnelle Spektrum wurde durch eine Uranummantelung des Targets erreicht, ein thermisches Spektrum durch einen Paraffin-Moderator.

Weitere Experimente in Dubna im Rahmen des ISTC erfolgten in der SAD-Konfiguration (Sub-critical Assembly Dubna). SAD ist ein integrales System niedriger Leistung (15–20 kW) zusammen mit einem 660 MeV Protonenbeschleuniger mit einer Strahlleistung von 0,75–1 kW. Der unterkritische Reaktorkern besteht aus einem Uran-Plutonium-Mix mit einem $k_{eff} \sim 0{,}95$.

ISTC beteiligt sich außerdem zusammen mit Rosatom und Euratom an dem Flüssigsalzreaktorprojekt der 4. Generation MOSART. MOSART hat eine thermische Leistung von 2,4 GW_{th} und ist so ausgelegt, dass er als Transmuter (Verbrenner) und/oder Brüter gefahren werden kann.

Tab. 10.6 listet die Materialien, die in den MOSART-Experimenten untersucht wurden.

Tab. 10.6 Untersuchte Materialien für MOSART [3]

Komponenten	Brüter	Brenner
Flüssige Hauptbestandteile	LiF, BeF_2	LiF, NaF, KF, BeF_2
Brutstoff	ThF_4	Brutstoff frei, UF_4
Spaltmaterial	UF_4, PuF_3	PuF_3, AmF_3
Lösliche Spaltprodukte	CeF_3, NdF_3, LaF_3	CeF_3, NdF_3, LaF_3
Gasförmige Reaktionsprodukte	T(D)	T(D)
Hauptlegierungskomponenten	Ni-Mo; Ni-W	Ni-Mo; Ni-W

10.5.3 ASTRID

ASTRID ist ein Acronym und steht für „Advanced Sodium Technological Reactor for Industrial Demonstration". Dieser Reaktor wurde im Jahre 2010 geplant und sollte 2026 in Marcoule in Frankreich ans Netz gehen. Im August 2019 wurden die Arbeiten an dem Projekt vorläufig eingestellt.

Das ASTRID-Konzept gehörte der Generation IV von Kernreaktoren an und sollte auf den Erfahrungen mit PHENIX aufbauen. Hintergründe waren:

- Beherrschung des wachsenden Pu-Inventars durch Recycling, da in einem schnellen Neutronenspektrum alle Pu-Isotope spaltbar sind.
- effizientere Nutzung von Uran, auch abgereichertem, in einem schnellen Reaktor
- Transmutation und Verbrennung von minoren Actinoiden, da in einem schnellen Neutronenspektrum gegenüber einem thermischen das Verhältnis von Spaltung zu Neutroneneinfang höher ist.

Für die Anlage waren keine Front-end-Vorbereitungen und keine Anreicherungstechnologie erforderlich. Als Brennelemente war MOX-Abbrand vorgesehen. Die Betriebskosten sollten durch Elektrizitätserzeugung kompensiert werden. Während des Betriebs sollten neue Messinstrumente, innovative Brennelemente und Systemkomponenten getestet werden. Letztere Aufgaben hätten allerdings eine verminderte Verfügbarkeit für den kommerziellen Betrieb zur Folge. Ähnlich wie beim PHENIX sollten auch Bestrahlungsexperimente durchgeführt werden mit den Zielen:

- Verbesserung der Performanz von Reaktorkern und Absorbern
- neue Arten von Brennelementen und Strukturmaterialien zu testen
- radioaktiven Abfall zu transmutieren
- Beeinflussung der Brutraten.

Mitte der 2010er-Jahre waren die wesentlichen Parameter für den Entwurf von ASTRID festgelegt. Ein erster Entwurf mit Kostenschätzungen und einem konkreten Zeitplan (Abb. 10.3) lag 2012 vor. An dem Konsortium, in dem bis 500 Beschäftigte arbeiteten,

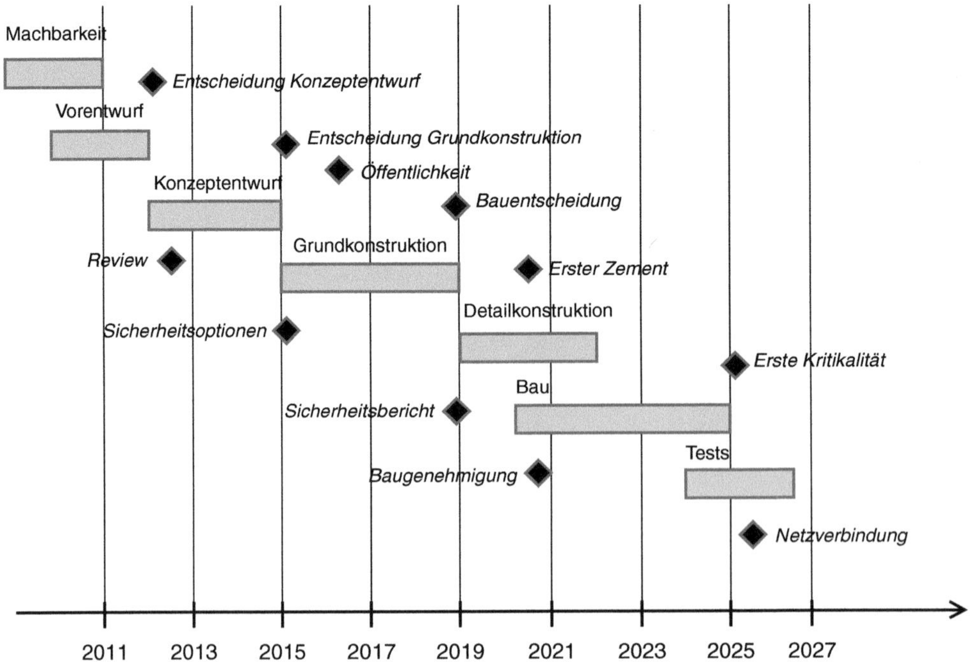

Abb. 10.3 ASTRID-Zeitplan

Tab. 10.7 ASTRID Kenngrößen

Core Charakteristika	Kenngröße
thermische Leistung	1500 MW_{th}
elektrische Leistung	600 MW_{el}
Kerneingangstemperatur	400 °C
Kernausgangstemperatur	550 °C
Brennelemente	MOX
Reaktorbehälter	rostfreier Stahl
Brennelementmanteltemperatur	700 °C
Brennelementmantel	Ti
Kühlmittel	Na

waren unter der Leitung des Commissariat à l'énergie atomique (CEA) beteiligt: Électricité de France, Areva, Alstom Power Systems, Comex Nucléaire, Jacobs France, Toshiba und Bouygues Construction.

Tab. 10.7 zeigt die wesentlichen Charakteristika von ASTRID.

10.5.4 SPHINX

In Tschechien hat sich ab 1996 das Konsortium „Transmutation“ gebildet, das verantwortlich zeichnet für das SPHINX (Spent Hot Fuel Incinerator in Neutron Flux)-Projekt. Ihm gehören das Nuklearforschungsinstitut Rez bei Prag, SKODA Nuklearmaschinenbau in Pilsen, das Institut für Nuklearphysik der Wissenschaftsakademie in Rez und die Technischen Universitäten in Prag und Brno an. Unterstützt wird das Projekt durch das Ministerium für Industrie und Handel der Tschechischen Republik, dem Tschechischen Energiekonzern CEZ sowie RAWRA, der Tschechischen Behörde für radioaktiven Abfall. Internationale Kooperation erfolgt über ein Abkommen mit der Europäischen Kommission und dem Kurtschatow-Institut in Russland.

Gegenstand dieses Transmutationsprojekts ist ein System, basierend auf sub-kritischem Reaktor mit geschmolzenen Fluoriden, getrieben von einer geeigneten Neutronenquelle, z. B. einem Teilchenbeschleuniger. Forschung und Entwicklung konzentrieren sich auf die langfristige Bestrahlung von Salzschmelzesystemen und Strukturmaterialien unter hochenergetischem Neutronenfluss, die Entwicklung geeigneter Simulationsprogramme über das langfristige Verhalten von minoren Actinoiden in diesem Transmuter sowie Materialforschung in Neutronen- und Gamma-Feldern bei hohen Temperaturen. Das Konzept beinhaltet weiterhin Untersuchungen über pyrochemische und pyrometallurgische Partitionierung abgebrannter Brennelemente, sowie Laborforschung mit dem Ziel einer Elektroseparation der Fluoridschmelze.

10.6 Spallationsquellen

Neben den Forschungseinrichtungen, die Spallationstechnologien im Zusammenhang mit ADS einsetzen und auf den tatsächlichen Transmutationsbetrieb ausgerichtet sind, wie z. B. SAD in Dubna, gibt es eine Reihe von Spallationsquellen, die international betrieben und für Forschungszwecke zur Verfügung gestellt werden. Solche Neutronen-Spallationsquellen werden für diverse Forschungsvorhaben unterschiedlicher Disziplinen eingesetzt, aber eben auch für Messungen, die Aufschluss über die Dynamik von Spallationstargets, Wirkungsquerschnitten, Neutronenfluss und Materialbelastungen in ADS-Konfigurationen geben. Die Ergebnisse solcher Messungen fließen letztendlich in die Konzeption von ADS-Anlagen auf Basis von Spallation und das Design von den zugehörigen Spallationstargets ein. Im Folgenden werden kurz vorgestellt:

- SINQ am Paul-Scherrer-Institut in Villingen in der Schweiz und das MEGAPIE Experiment
- ESS (European Spallation Source) in Lund in Schweden
- SNS in Oak Ridge, USA
- ISIS im Rutherford Appleton Laboratory in Harwell im Vereinigten Königreich

SINQ

Die SINQ-Neutronenanlage am Paul-Scherrer-Institut in Villingen in der Schweiz wird für die Grundlagenforschung eingesetzt, im Bereich der Festkörper- und Materialphysik, für biologische und medizinische Forschung und Fragestellungen der Umwelttechnologie. SINQ ist eine Spallationsquelle, die auf kontinuierlicher Basis funktioniert. Ihr Neutronenfluss beträgt 10^{14} Neutronen/cm^2/s. Ein kalter Moderator aus flüssigem Deuterium kann die Neutronen zu niedrigen Energien verlangsamen. Für die meisten Anwender ähnelt das Energiespektrum dem mittleren Neutronenfluss eines Forschungsreaktors.

Die Spallationsquelle befindet sich am Ende einer Kaskade von drei Beschleunigern, die einen Protonenstrahl von 590 MeV mit einer Stromstärke von 2,3 mA liefert. Die Beschleunigerstrecke beginnt mit einer Cockcroft-Walton-Maschine als Vorbeschleuniger (870 keV), gefolgt von einem Zyklotron-Injektor (72 MeV) und schließlich dem Hauptzyklotron, aus dem der Hauptstrahl durch eine Driftröhre schließlich dem SINQ-Target zugeführt wird.

Das Spallationstarget besteht aus einer Anordnung von Bleistäben in Zirkaloy-Hüllen, die durch schweres Wasser gekühlt werden.

10.6.1 Das MEGAPIE-Experiment

Im Jahre 2006 wurde in der SINQ-Anlage das MEGAPIE-Experiment durchgeführt. Dabei wurde ein Spallationstarget aus einem flüssigen Eutektikum von Blei-Bismut vier Monate lang durch den Beschleunigerstrahl bestrahlt. Die Beschleunigerleistung betrug 0,8 MW. Um den Neutronenfluss zu messen, wurde im Zentrum des Targets ein spezieller Neutronendetektor, entwickelt und vom Dapnia Labor der CEA (Commissariat à l'énergy atomique) in Saclay, Frankreich, installiert.

Ziel dieses Experiments war die Demonstration, dass ein Spallationstarget aus flüssigem Metall sicher betrieben werden konnte. Tab. 10.8 stellt die wichtigsten Eckdaten des Experiments zusammen:

Tab. 10.8 MEGAPIE-Parameter

Parameter	
Strahl-Energie	575 MeV
Strahl-Stromstärke	1,74 mA
geplante Lebensdauer	1 Jahr
Target/Kühlmittel	Blei-Bismut-Eutektikum (BBE)
BBE Volumen	88 l
zugeführte Wärme	650 kW
BBE Temperaturbereich	230–380 °C
Strahlfenster	T91 Stahl
Fenstertemperatur	330–380 °C

Das Experiment wurde als erfolgreich eingestuft. Die Neutronenproduktionsrate entsprach den Vorausberechnungen. Das thermohydraulische Verhalten blieb stabil, und die Strahlauslösung konnte kontrolliert gefahren werden. Außerdem fand man heraus, dass die Freisetzung von Edelgasen in flüssigen Targets bedeutender war als in Feststoff-Targets. Es traten unerwartete Lecks auf, die aber beherrschbar waren. Alles in allem wurden wichtige und umfangreiche Datenmengen gesammelt, die als Basis für die Gestaltung zukünftiger Spallationstargets dienen.

ESS

Im Jahre 2014 begann der Bau der European Spallation Source (ESS) im süd-schwedischen Lund. Auch die ESS dient unterschiedlichen Forschungsbereichen: Grundlagenforschung, Bio-Wissenschaften, Festkörperphysik und Umwelttechnologie. Hauptkomponenten dieser Großforschungseinrichtung unter internationaler Beteiligung von mehr als 100 Partner-Laboratorien sind ein Hochleistungs-Protonen-Linearbeschleuniger, ein Helium gekühltes Wolfram-Target von 5 t Gewicht, sowie 22 Neutronenmessstationen.

SNS

Die Spallation Neutron Source (SNS) in Oak Ridge wird aus einem Speicherring gespeist, in dem sich Protonen mit einer Energie von 1 GeV befinden. Diese Protonen durchlaufen zuvor nach Erzeugung in einer Ionenquelle einen Linearbeschleuniger mit einer Pulsfrequenz von 60 Hz. Das Spallationstarget besteht aus einem Stahlbehälter, gefüllt mit flüssigem Quecksilber. Je nach Experimentierbedarf können die durch die Spallation erzeugten schnellen Neutronen durch Wasser oder flüssigen Wasserstoff auf thermische bzw. kalte Energie abgekühlt werden. Auch die SNS steht einem breiten Spektrum von Neutronenstreuversuchen aus diversen Domänen der Wissenschaft zur Verfügung.

ISIS

Auch das STFC Rutherford Appleton Laboratory in Harwell bei Oxford betreibt seit 1985 eine Spallationsquelle, ISIS genannt. Bei dem Namen handelt es sich dieses Mal nicht um ein Akronym, sondern tatsächlich um den Namen der alt-ägyptischen Göttin, der auch lokal für die Themse verwendet wird. ISIS besteht aus einem Tantaltarget, welches von einem gepulsten Protonenstrahl aus einer Beschleunigeranlage bombardiert wird. Obwohl die Energie, die in dem Target freigesetzt wird, nur 160 kW beträgt, wird ein hochenergetisches, schnelles Neutronenspektrum (15 Neutronen pro eingehendes Proton) erzeugt.

Die Beschleunigerstrecke beginnt mit einer Ionenquelle, aus der der H^+-Strahl in einen Linearbeschleuniger eingespeist wird, der die Ionen auf 70 MeV bringt. Die Pulslänge beträgt 200 Mikrosekunden bei einer Stromstärke von 22 mA. Von dort gelangen die Teilchen in ein Synchrotron, in dem die Protonen auf ihre Endenergie beschleunigt werden. Bei einer Pulslänge von 100 ns und einer Pulsseparation von 230 ns schließlich werden die Protonen extrahiert. Der gesamte Beschleunigungsprozess wird 50 Mal pro Sekunde wiederholt.

Die Moderation der schnellen Neutronen erfolgt durch Wasser, flüssiges Methan oder flüssigen Wasserstoff – je nachdem, welches Neutronenspektrum für bestimmte Versuche benötigt wird. Mehr als 2000 Forscher aus vielen Bereichen der Wissenschaft aus aller Welt nutzen die ISIS Einrichtung.

Literatur

1. E. Malambu, B. Arien, SCK·CEN, Boeretang 200, Mol, Belgien, 2004
2. V. M. Dekusar et al., Feasibility Studies of BN-800 Type Reactor with $(Pu\text{-}Th)O_2$ Fuel for Effective Incineration of Minor Actinides, Technical Meeting of the CRP on Studies of Advanced Reactor Technology Options for Effective Incineration of Radioactive Waste, Hefei, China, 2004
3. V. Ignatiev, Developing the Next Generation of Molten Salt Reactor Systems in Russian Federation, Molten Salt Reactor Workshop, PSI, Switzerland, 2017

11 Spaltprodukte und sonstiger radioaktiver Abfall

11.1 Einleitung

Die bisherigen Betrachtungen zur Transmutation bezogen sich auf Uran, Plutonium und minore Actinoide. Es fallen allerdings in Forschung, Medizin und Energiewirtschaft noch weitere radioaktive Abfallstoffe in größeren Mengen an. Dazu gehören vor allem Spaltprodukte aus Reaktoren. Spaltprodukte haben teilweise lange Halbwertszeiten und damit nur eine geringe Radioaktivität. Diese Radioaktivität fällt im Laufe der Zeit noch weiter ab. Das ist bereits nach einhundert Jahren der Fall. Nach 500 Jahren beträgt sie etwa ein Tausendstel derjenigen der minoren Actinoide oder ein Fünfzigtausendstel dessen bei der Entladung aus dem Reaktor.

Aus den obigen Gründen wird deshalb argumentiert, eine Weiterbehandlung dieser Stoffe wäre unwirtschaftlich, das Begraben in stillgelegten Bergwerken sei ausreichend. Unter rein wirtschaftlichen Aspekten mag das zutreffen, da auch eine Aufbereitung und anschließende Transmutation von z. B. Spaltprodukten hohe Initialinvestitionen erfordern würden. Neben den rein wirtschaftlichen Gesichtspunkten gibt es aber zusätzlich zwei weitere Aspekte, die eine Transmutation auch von diesen Isotopen sinnvoll erscheinen lassen:

- Die Verantwortung für die nachkommenden Generationen, denen man die Bewachung von Abfallstoffen aus unseren Zeiten über Hunderte von Jahren nicht zumuten sollte; außerdem wächst ja der „Berg" dieser Stoffe in Zukunft immer weiter, solange Kernkraftwerke betrieben werden.
- Sicherheitsgesichtspunkte, da niemand voraussagen kann, wie sich Zivilisation und Staatssysteme über Jahrhunderte weiter entwickeln werden.

Aus den genannten Gründen macht es Sinn, über die Weiterverarbeitung auch dieser Stoffe nachzudenken.

W. Osterhage, H. Frey, *Transformation radioaktiver Abfälle*, Energie in Naturwissenschaft, Technik, Wirtschaft und Gesellschaft,
https://doi.org/10.1007/978-3-658-38519-4_11

Im Folgenden werden zunächst Verfahren vorgestellt, bei denen durch Teilchenbeschuss Transmutationen vorgenommen werden. Danach wird Bezug genommen auf ein neuartiges Transmutationsverfahren unter Zuhilfenahme von Linearbeschleunigern, Ionenquellen und einem Abbremsverfahren. Die theoretischen Grundlagen basieren auf das Giant-Dipole-Resonance-Verhalten bestimmter Kerne, die hier erläutert werden. Schließlich erfolgt ein Ausblick auf die industriellen Möglichkeiten dieses neuartigen Verfahrens.

11.2 Transmutation durch Beschuss mit γ-Strahlen

Wir kennen Kernspaltung und Kernverschmelzung und die Vorgänge in Spallationstargets. Daneben aber gibt es eine Vielzahl von anderen Reaktionen, die genutzt wurden und werden, um z. B. Aussagen über die Eigenschaften von Atomkernen zu gewinnen, und die auch in Kernreaktoren stattfinden. So kann man praktisch alles auf alles schießen. Zu den wichtigsten Kernreaktionen durch Teilchenbeschuss gehören, wie bereits am Anfang von Kap. 9 erwähnt:

$$
\begin{aligned}
&{}_{Z}Y^{N}(n,\gamma)\\
&(d,\alpha)\\
&(n,p)\\
&(n,t)\\
&(n,f)\\
&(n,\alpha)\\
&(p,\gamma)\\
&(d,p)\\
&(n,2n)\\
&(\alpha,n)
\end{aligned}
$$

Aber auch umgekehrt können Teilchen erzeugt werden durch den Beschuss mit γ-Strahlen:

$${}_{Z}Y^{N}(\gamma,x),$$

mit ${}_{Z}Y^{N}$ dem Target-Kern und x einem beliebigen Folgeteilchen, das durch den γ-Beschuss erzeugt wird. Im Weiteren wollen wir die Reaktion

$${}_{Z}Y^{N}(\gamma,n)$$

betrachten.

Tab. 11.1 Transmutation durch (γ,n) (Ausnahmen (γ,2n) und (γ,3n) sind vermerkt)

Ursprungsisotop	Zwischenkern	Zerfall	Stabiler Endkern
Fe^{60}	Fe^{59}	β- (44,5 d)	Co^{59}
Co^{60}			Co^{59}
Ni^{63}			Ni^{62}
Kr^{85}			Kr^{84}
Sr^{90}	Sr^{89}	β- (50 d)	Y^{89}
Y^{90}			Y^{89}
Tc^{99}	Tc^{96} (γ,3n)	β- (4,3 d)	Ru^{96}
I^{129}	I^{128}	β- (25 min)	Xe^{128}
Cs^{137}	Cs^{136}	β- (13 d)	Ba^{136}
Ba^{133}			Ba^{132}
Tl^{204}			Tl^{203}
Pb^{210}			Pb^{208} (γ,2n)
Bi^{210}			Bi^{209}

Transmutation durch stimulierten radioaktiven Zerfall
Im Jahre 2003 schlug P. M. Brown ein Verfahren zur Behandlung von radioaktivem Abfall vor, in dem Radioisotope mit langen Halbwertszeiten in solche mit kürzeren umgewandelt werden [1]. Grundlage dafür ist die (γ,n)-Reaktion. Bei Bestrahlung eines Targets mit dem zu konvertierenden Isotop muss die Energie des γ-Strahls höher sein als die Bindungsenergie des Neutrons. Nach der Absorption der γ-Strahlen gerät der Zielkern in einen angeregten Zustand, aus dem er sich löst durch die Emission eines Neutrons. Auf diese Weise kommt der daraus resultierende Folgekern dem Tal der Stabilität näher mit einer Halbwertszeit, die unterhalb derjenigen des ursprünglichen Kerns liegt.

Eine mögliche Prozessvariante sieht folgendermaßen aus:

Das in Frage kommenden Isotop wir zunächst aus dem radioaktivem Abfall separiert und als Target aufbereitet.

Beschleunigte Elektronen aus einem Linearbeschleuniger werden auf ein Target mit hohem Atomgewicht, z. B. aus Wolfram oder Titan, gelenkt, um die erforderliche γ-Strahlung zu generieren. Über ein Kollimatorsystem erreichen die γ-Strahlen dann das Target mit dem Zielisotop. Beispiele für mögliche Transmutationskandidaten sind in Tab. 11.1 aufgeführt.

11.3 Transmutation durch Abbremsverfahren

Das im Folgenden vorgestellte Verfahren basiert auf einem Patent eines der Autoren dieses Buches [2]. Zugrunde liegt die Giant-Dipole-Resonance-Theorie, die zunächst erläutert wird. Technologische Voraussetzungen sind eine geeignete Ionenquelle und ein Ionen-Linearbeschleuniger. Das System kann für unterschiedliche Verfahren eingesetzt werden, die im Einzelnen erläutert werden.

Die Giant-Dipole-Resonance-Theorie

Gaint-Dipole-Resonances (GDR), oder Riesendipolresonanzen, gehören zu den Grundschwingungen eines Atomkerns. Sie kommen in fast allen Kernen vor. Die Schwingungsenergien liegen zwischen 10 und 30 MeV. Am bekanntesten ist die Giant Dipole Electric Resonance, bei der alle Protonen und Neutronen mit entgegengesetzter Phase oszillieren. Eine GDR kann durch verschiedene Mechanismen ausgelöst werden, durch die die dafür erforderliche Energie auf den Kern übertragen wird. Dazu gehören z. B. γ-Strahlen mit Energien von 7–40 MeV.

Die Anregungsenergie für eine GDR berechnet sich wie folgt:

$$E_{GDR} = 31{,}2A^{-1/3} + 20{,}6A^{-1/6}\left[\text{MeV}\right] \tag{11.1}$$

Für mittlere und schwere Kerne vereinfacht sich die Berechnung:

$$E_{GDR} \approx 80A^{-1/3}\left[\text{Me}\right] \tag{11.2}$$

Die Aberregung einer GDR kann auf unterschiedliche Weise erfolgen: u. a. Aussendung von γ-Strahlen oder Neutronen bei Kernen mit einem hohen Neutronenüberschuss.

Spaltprodukt-Transmutator (SPT) auf Basis der GDR-Theorie

Nukleare Spaltprodukte entstehen bei der Spaltung von Atomkernen in Reaktoren und kerntechnischen Versuchsanlagen sowie in Atombomben. Diese Isotope liegen bei Massenzahlen zwischen etwa 80 und 160. Sie sind in der Regel wegen ihres hohen Neutronenüberschusses radioaktiv mit Halbwertszeiten zwischen wenigen Stunden und vielen Jahren. Diese Spaltprodukte werden nach Aufbereitung der abgebrannten Brennelemente separiert und müssen zwischen- bzw. endgelagert werden. Das ist zurzeit das gängige Endstadium bei der Entsorgung. Da Halbwertszeiten aus physikalischen Gründen nicht verkürzt werden können, besteht die einzige Möglichkeit, die Lagerungszeiten dieser radioaktiven Abfälle zu reduzieren, in der Verkürzung der Zerfallsketten durch Reduzierung des Neutronenüberschusses der in Frage kommenden Isotope im Vorfeld.

Indem man sich die Existenz von Giant Dipole Resonances in Atomkernen zunutze macht, kann die Transmutation zu stabileren Kernen beschleunigt werden. Die Funktionsweise des Spaltprodukt-Transmutators basiert auf der Erregung und Erzeugung einer Dipole Resonance durch Bremsenergie und dem dadurch einhergehenden Verlust von überschüssigen Neutronen.

Der Transmutator (Abb. 11.1) besteht aus folgenden Elementen: einer Ionisationskammer (1), einem angeschlossenen Linearbeschleuniger (3), der mittelschwere Ionen auf 10–30 MeV in einem gepulsten Strahl beschleunigen kann, gefolgt von einer Driftröhre (4), die in einer Reaktionskammer (5) mündet, die unter einer dem Linearbeschleuniger entgegen gesetzten elektrische Spannung steht, in der sich ein Ablenkmagnet (6) befindet, einem Auslass für Reaktionsprodukte (8), der in einem Beam Dump (9) mündet, gekühlt

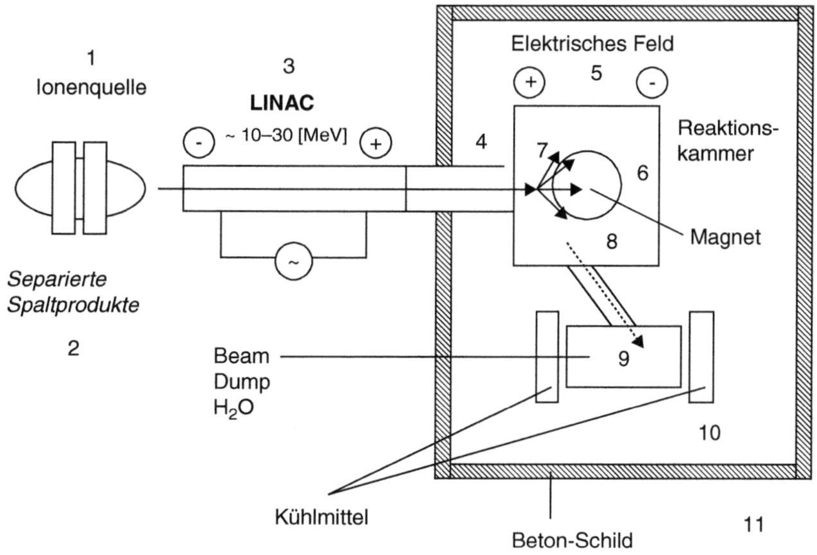

Abb. 11.1 Spaltprodukt-Transmutator

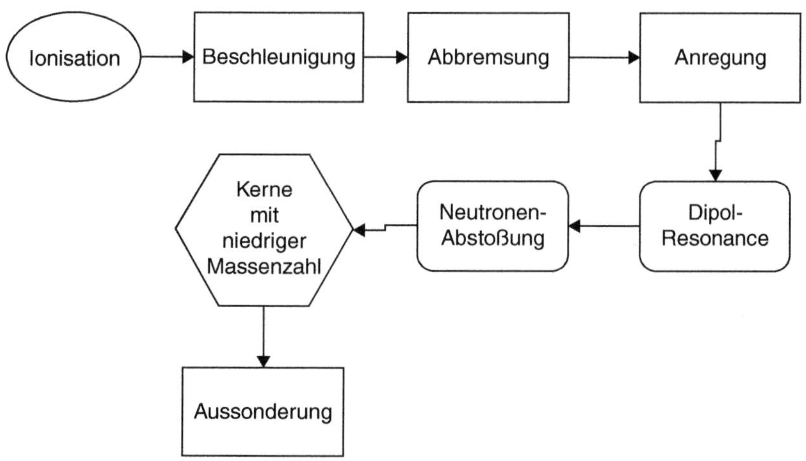

Abb. 11.2 Reaktionsschema

von einem Kühlmittel (10). Reaktionskammer, Magnet und Beam Dump sind von einem Beton-Schild (11) umgeben.

Das zugehörige Reaktionsschema ist in Abb. 11.2 dargestellt.

In der Ionenquelle (1) findet eine Komplettionisation ausgesuchter Spaltprodukte (2) statt. Alternativ kann hier auch ein Gemisch unterschiedlicher Spaltprodukte ohne vorherige Separation eingesetzt werden.

Die positiv geladenen Kerne der Spaltprodukte werden in den angeschlossenen Linearbeschleuniger (3) gefüttert. Dort werden die Spaltproduktkerne entsprechend ihrer

Massenzahl auf Energien zwischen 10 und 30 MeV beschleunigt. Hinter dem Linearbeschleuniger gelangen sie in eine Driftröhre (4), die vollständig evakuiert ist. Hinter der Driftröhre befindet sich die Reaktionskammer (5), durch dessen Öffnung die Spaltproduktkerne in die Reaktionskammer gelangen. In dieser Kammer werden die beschleunigten Spaltproduktkerne durch ein gegenpoliges elektrisches Feld auf Null-Energie gebremst. Die Bremsenergie führt zu einer Anregung der Spaltproduktkerne und erzeugt eine Dipol-Resonanz mit der einhergehenden Abstoßung eines Teils der überschüssigen Neutronen. Dadurch werden Isotopenkerne mit niedrigerer Massenzahl erzeugt (7), die durch ein magnetisches Feld (6) über einen Auslass (8) in den Beam Dump (9) aus der Reaktionskammer geleitet werden. Die Reaktionsprodukte können dann später aus dem Beam Dump separiert werden.

Neben der Verwendung von reinen Isotopen von Spaltprodukten derselben Ordnungszahl kann auch ein Gemisch aus unterschiedlichen Spaltproduktkernen verwendet werden. Die Konfiguration kann außerdem zur Transmutation jeglicher anderer radioaktiver Stoffe, wie sie z. B. im medizinischen Bereich vorkommen, oder von minoren Actinoiden eingesetzt werden.

Ionenquelle

Neben dem Linearbeschleuniger ist die Ionenquelle als front end eine wichtige technologische Voraussetzung für das Funktionieren des Transmutator-Ensembles. Moderne Ionenquellen können unterschiedliche Verfahren zur Grundlage haben. Man unterscheidet:

- Elektronenstoßionisation
- chemische Ionisation
- Feldionisation
- Ionisation durch Teilchenbeschuss
- Photoionisation

Ionen werden z. B. in einem stabil eingeschlossenen Plasma erzeugt oder durch Oberflächenmechanismen aus Festkörpern durch Beschuss mit primären Ionen (chemische Ionisation). In einer Volumen-Plasmaquelle kann z. B. die Erzeugung von Gasionen durch HF Anregung in einer Entladungskammer im Vakuum, dem Ionisator, stattfinden. Dabei wird das Arbeitsgas über einen speziellen Einlass in den Ionisator eingeführt. Die angelegte Hochspannung bestimmt das Plasmapotenzial und die Ionenenergie. Die Extraktion der Ionen erfolgt dann mittels Multigittersysteme über statische elektrische Felder oder eines Diodensystems. Bei Volumenquellen ist die Wand des Gefäßes die Anode. Ein Sonderfall ist z. B. die MUCIS-Ionenquelle beim GSI in Darmstadt (Abb. 11.3), bei der ein magnetisches Multipolfeld das Plasma einschließt.

Als weitere Typen von Ionenquellen sind bekannt:

- ECR (Electron Cyclotron Resonance) Ionenquelle
- EBIS (Electron Beam Ion Source) Ionenquelle
- Laser Ionenquelle (Photoionisation)

Abb. 11.3 Ionenquelle vom Typ MUCIS (Multicusp Ion Source); © G. Otto, GSI Helmholtzzentrum für Schwerionenforschung

Ein weiteres Potenzial in diesem Zusammenhang zur effizienten Beschleunigung von Ionen bietet die sogenannte Kielfeld-Beschleunigung (wakefield acceleration), auch Plasma-Beschleunigung genannt, die erfolgt, wenn man einen kurzen Teilchenstrahl aus Elektronen oder Protonen in ein Plasma schießt. Durch den Abstoßungseffekt der Elektronen im Plasma entsteht ein elektrisches Feld, das sich wellenförmig durch das Plasma ausbreitet. Mithilfe eines solchen Feldes kann man andere Teilchen beschleunigen, die dann auf dieser Welle reiten. Auf diese Weise kann man hohe Energien bereits auf einer Strecke erreichen, die nur ein Bruchteil von herkömmlichen LINAC-Längen beträgt – um einen Eindruck zu vermitteln: 1 cm statt 10 m. Eines der weltweit interessantesten Beschleuniger-Projekte ist FACET (Facility for Advanced Accelerator Experimental Tests) am Stanford National Accelerator Laboratory.

SPT-Anwendungen

Der SPT könnte in mehrfacher Weise zum Einsatz gebracht werden:

- als stand alone Anwendung
- in großindustrieller Ausführung in Kaskaden (Abb. 11.4)
- zusätzlich als Neutronenquelle (Abb. 11.5)
- in einer ADS-Konfiguration.

Im Falle der Kaskadenanwendung werden die transmutierten Ionen nicht in den Beam Dump geleitet, sondern über einen Magneten in den nächsten Linearbeschleuniger, um auf diese Weise einer Folgetransmutation zu unterliegen. Das kann für bestimmte Isotope Sinn machen, wenn eine erste oder weitere Transmutationen zu neuen Radioisotopen führen mit entsprechend anderen Halbwertszeiten, die möglicherweise den Anforderungen noch nicht genügen. Im Idealfall würden in der letzten Stufe stabile Kerne erzeugt.

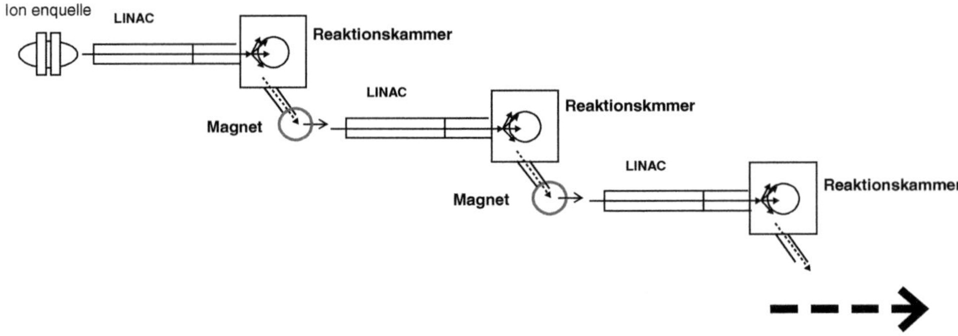

Abb. 11.4 Kaskadenanwendung des SPT

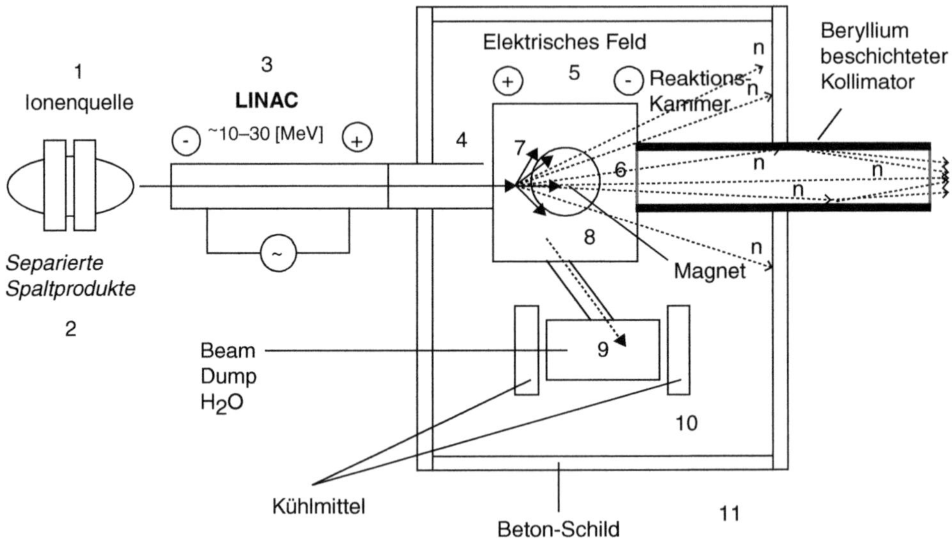

Abb. 11.5 SPT als Neutronenquelle

Berechnungen basierend auf Schätzwerte für Eckdaten des Ionenpulses und der Neutronenausbeute haben ergeben, dass ein SPT durchaus auch als Neutronenquelle infrage kommen kann. Wie in der Abb. 11.5 ersichtlich, verlässt ein Teil der während der Transmutation abgestoßenen Neutronen in Vorwärtsrichtung die Reaktionskammer und wandert durch einen Kollimator, der innen mit Beryllium beschichtet ist. Beryllium besitzt einen hohen Wirkungsquerschnitt für (n,2n)-Reaktionen bei Energien > 1,8 MeV. Dadurch entsteht eine weitere Neutronenmultiplikation. Durch Einsatz von z. B. Paraffinfilter können die Neutronen auf gewünschte Energie abgebremst werden und unterschiedlichen experimentellen Zwecken zugeführt werden. Dazu könnte z. B. auch eine ADS-Konfiguration gehören – also ein durch den LINAC gepulster unterkritischer Reaktor. Die Steuerung der Kritikaltät stellt allerdings eine besondere Herausforderung dar, da sie mit der Pulsfrequenz des LINACs zwischen Über- und Unterkritikalität schwanken würde.

Literatur

1. P. M. Brown, Remediation of Radioactive Waste by Stimulated Radioactive Decay, US 2002/0169351 A1
2. W. Osterhage, Spaltprodukt-Transmutator, DE 10 2018 001 445 B3 2019.06.19

MIX
Papier aus verantwortungsvollen Quellen
Paper from responsible sources
FSC® C105338

If you have any concerns about our products,
you can contact us on
ProductSafety@springernature.com

In case Publisher is established outside the EU,
the EU authorized representative is:
Springer Nature Customer Service Center GmbH
Europaplatz 3, 69115 Heidelberg, Germany

Printed by Libri Plureos GmbH
in Hamburg, Germany